计算机类精品系列教材

U0192375

SQL Server 数据库基础教程

赵明渊　唐明伟　主编

电子工业出版社
Publishing House of Electronics Industry
北京·BEIJING

内 容 简 介

依据当前高等学校 SQL Server 数据库教学和实验的需要，本书系统地介绍了 SQL Server 2019 的基础知识和应用开发。全书分为两篇：第 1 篇介绍 SQL Server 数据库基础，内容为：SQL Server 2019 概述、SQL Server 数据库、数据表、数据查询、索引和视图、完整性约束、数据库程序设计、数据库编程技术、安全管理、备份和还原、事务和锁、基于 Visual C#和 SQL Server 数据库的学生管理系统的开发；第 2 篇介绍 SQL Server 数据库实验，包含验证性实验和设计性实验，与第 1 篇各章内容对应。

本书可作为高等学校相关专业的教材，也适合计算机应用人员和计算机爱好者自学。

图书在版编目（CIP）数据

SQL Server 数据库基础教程 / 赵明渊，唐明伟主编. —北京：电子工业出版社，2022.9

ISBN 978-7-121-44128-8

Ⅰ. ①S… Ⅱ. ①赵… ②唐… Ⅲ. ①关系数据库系统—教材 Ⅳ. ①TP311.138

中国版本图书馆 CIP 数据核字（2022）第 147525 号

责任编辑：刘　瑀　　　　　特约编辑：田学清

印　　刷：三河市兴达印务有限公司

装　　订：三河市兴达印务有限公司

出版发行：电子工业出版社

　　　　　北京市海淀区万寿路 173 信箱　　　邮编：100036

开　　本：787×1092　　1/16　　印张：22.5　　字数：534 千字

版　　次：2022 年 9 月第 1 版

印　　次：2022 年 9 月第 1 次印刷

定　　价：69.00 元

凡所购买电子工业出版社图书有缺损问题，请向购买书店调换。若书店售缺，请与本社发行部联系，联系及邮购电话：（010）88254888，88258888。

质量投诉请发邮件至 zlts@phei.com.cn，盗版侵权举报请发邮件至 dbqq@phei.com.cn。

本书咨询联系方式：liuy01@phei.com.cn。

前　言

本书以数据库理论为基础，以 Microsoft 公司的 SQL Server 2019 作为平台，系统地介绍了数据库的基础知识和相应的实验，使学生掌握数据库理论知识并培养数据库管理、操作、语言编程的能力，以及简单数据库应用项目的开发能力。

本书特点如下：

（1）教学和实验配套，深化实验课教学，将实验分为验证性实验和设计性实验两个阶段，逐步培养学生独立设计、编写和调试 SQL 语句代码的能力。

（2）以销售数据库为案例数据库，以学生数据库为实验数据库，将师生互动的课堂教学和引导学生独立进行编程的操作实验结合起来。

（3）介绍大数据、NoSQL 等前沿内容。

（4）在数据库设计中，着重培养学生掌握基础知识和画出合适的 E-R 图并将 E-R 图转换为关系模式的能力。

（5）详细介绍了 T-SQL 中的数据查询语言和 T-SQL 程序设计，着重培养学生掌握有关知识以及编写 T-SQL 查询语句的能力和使用数据库语言编程的能力。

本书可作为高等学校相关专业的教材，也适合计算机应用人员和计算机爱好者自学。

本书的教学课件（PPT）、教学大纲、教案、授课计划、所有实例的源代码，读者可以通过华信教育资源网（https://www.hxedu.com.cn/）下载。书末附录 A 提供习题参考答案。

本书由赵明渊、唐明伟担任主编，程小菊、蔡露、袁育廷、赵凯文为本书的出版做了很多工作，在此表示感谢！由于编者水平有限，本书难免存在不足之处，敬请读者批评指正。

编　者

目　　录

第 1 篇　SQL Server 数据库基础

第 2 篇　SQL Server 数据库实验

第 1 篇

SQL Server 数据库基础

第 1 章　SQL Server 2019 概述

数据库技术已成为各个行业业务处理、数据资源共享和信息化服务的重要基础和核心技术。SQL Server 是微软公司开发的大型关系数据库管理系统，功能全面，效率高，被很多大中型企业和单位选作数据平台。SQL Server 2019 是新一代数据库平台产品，它不仅延续了现有数据平台的强大能力，而且全面支持云技术。本章首先介绍数据库的基本概念，然后介绍 SQL Server 2019 的组成和新功能、SQL Server 2019 的安装、SQL Server 服务器的启动和停止、SQL Server Management Studio 环境，最后介绍 SQL 和 T-SQL、大数据简介等内容。

1.1　数据库的基本概念

本节介绍数据库、数据库管理系统和数据库系统，数据模型，关系数据库，数据库设计等内容。

1.1.1　数据库、数据库管理系统和数据库系统

1. 数据

描述事物的符号称为数据（Data）。数据的表现形式除了数字，还有文字、图像、声音等。各种形式的数据都可以用二进制的形式存入计算机中进行处理和使用。

在日常生活中，人们直接用自然语言描述事物，在计算机中，就要抽象出事物的特征，组成一个记录来间接地描述，例如，一个员工数据如下所示。

（E001，孙浩然，男，1982-02-15，北京，4600.00，D001）

2. 信息

数据的含义称为信息，数据是信息的载体，信息是数据的内涵、是对数据的语义解释。例如，对上面列举的员工数据做出解释后，得出以下信息：孙浩然是一个男员工，他的员工号为 E001，部门号为 D001，北京人，生于 1982 年 2 月 15 日，每月工资为4600 元。

3．数据库

数据库（Database）是以特定的组织结构、存放在计算机的存储介质中的相互关联的数据集合。

数据库具有以下特征。

- ❖ 是相互关联的数据集合，而不是杂乱无章的数据集合。
- ❖ 数据存储在计算机的存储介质中。
- ❖ 数据结构比较复杂，有专门的理论支持。

数据库包含以下含义。

- ❖ 提高了数据和程序的独立性，有专门的语言支持。
- ❖ 建立数据库的目的是为应用服务。

4．数据库管理系统

数据库管理系统（Database Management System，DBMS）是在操作系统的支持下的系统软件，是数据库应用系统的核心组成部分，主要功能如下。

- ❖ 数据定义功能：提供数据定义语言以定义数据库和数据库对象。
- ❖ 数据操纵功能：提供数据操纵语言，对数据库中的数据进行查询、插入、修改、删除等操作。
- ❖ 数据控制功能：提供数据控制语言，对数据进行控制，即提供数据的安全性、完整性、并发控制等功能。
- ❖ 数据库建立和维护功能：包括数据库初始数据的装入、转储、恢复和系统性能监视、分析等功能。

5．数据库系统

数据库系统（Database System，DBS）由数据库、数据库管理系统、应用程序、用户、数据库管理员等组成，如图 1.1 所示。

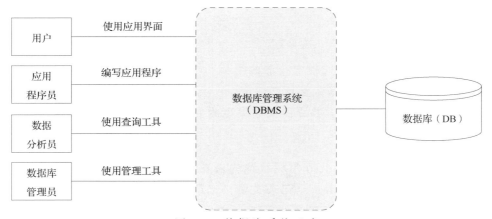

图 1.1　数据库系统示意

数据库系统分为客户/服务器模式和浏览器/服务器模式。

1．客户/服务器模式

在客户/服务器（Client/Server，C/S）模式中，应用被划分为前台和后台两部分。命令客户端、图形用户界面、应用程序等可以被称为"前台""客户端""客户程序"，主要负责向服务器发送用户请求和接收服务器返回的处理结果；而数据库管理系统可以被称为"后台""服务器""服务器程序"，主要负责数据库的管理工作，按用户的请求进行数据处理并返回处理结果，如图1.2所示。

图 1.2　客户/服务器（C/S）模式

2．浏览器/服务器模式

在浏览器/服务器（Browser/Server，B/S）模式中，将客户端细分为表示层和处理层两部分：表示层是用户的展示和操作界面，一般由浏览器担任，这就减轻了数据库系统中客户端负责的工作，使其成为瘦客户端；处理层主要负责应用的业务逻辑，它与数据层的数据库管理系统共同组成功能强大的胖服务器。这样将应用划分为表示层、处理层和数据层三部分的模式，称为一种基于 Web 应用的客户/服务器模式，又称三层客户/服务器模式，如 1.3 所示。

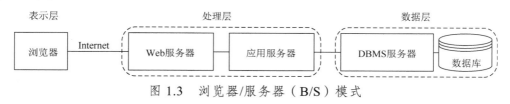

图 1.3　浏览器/服务器（B/S）模式

1.1.2　数据模型

数据模型（Data Model）是对现实世界的模拟，它按照计算机的观点对数据建立模型，包含数据结构、数据操作和数据完整性三要素。在数据库系统中，最常用的逻辑模型有层次模型、网状模型、关系模型。其中，关系模型的应用最为广泛。

1．层次模型

层次模型（Hierarchical Model）用树状结构来表示现实世界中的实体和实体之间的联系。树状结构中的每个节点表示一个记录类型，记录类型之间的联系是一对多的。

层次模型有且只有一个没有双亲的节点，这个节点称为根节点，位于树状结构的顶部。根节点以外的其他节点有且只有一个双亲节点。层次模型的特点是节点的双亲是唯一的，只能直接处理一对多的联系。某工厂按层次模型组织数据的示例如图1.4所示。

层次模型简单易用，但现实世界中的很多联系是非层次性的，如多对多联系等，用层次模型表示起来比较笨拙且不直观。

2．网状模型

网状模型（Network Model）采用网状结构组织数据，网状结构中的每个节点表示一个记录类型，记录类型之间可以有多种联系。

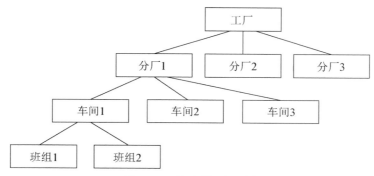

图 1.4　层次模型示例

网状模型是对层次模型的扩展，允许多个节点无双亲，同时允许一个节点有多个双亲。层次模型为网状模型中的一种简单情况。按网状模型组织数据的示例如图 1.5 所示。

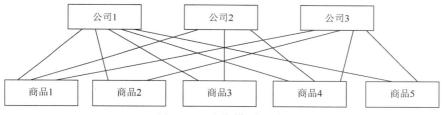

图 1.5　网状模型示例

网状模型可以更直接地描述现实世界，层次模型是网状模型的特例。网状模型结构复杂，不易掌握。

3．关系模型

关系模型采用关系的形式组织数据，一个关系就是一个二维表，二维表由行和列组成。按关系模型组织数据的示例如图 1.6 所示。

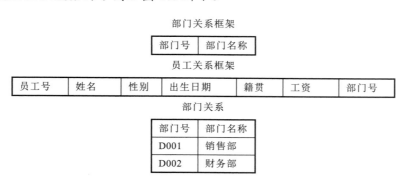

图 1.6　关系模型示例

员工关系

员工号	姓名	性别	出生日期	籍贯	工资	部门号
E001	孙浩然	男	1982-02-15	北京	4600.00	D001
E002	乔桂群	女	1991-12-04	上海	3500.00	NULL
E003	夏婷	女	1986-05-13	四川	3800.00	D003

图 1.6 关系模型示例（续）

关系模型建立在严格的数学概念的基础上，数据结构简单清晰，易懂易用。关系数据库是目前应用最为广泛，也最为重要的数学模型之一。

1.1.3 关系数据库

关系数据库采用关系模型组织数据，是目前最流行的数据库之一。关系数据库管理系统（Relational Database Management System，RDBMS）是支持关系模型的数据库管理系统。

1．关系数据库基本概念

❖ 关系：关系就是表（Table）。在关系数据库中，一个关系被存储为一个数据表。
❖ 元组：表中一行（Row）为一个元组（Tuple），一个元组对应数据表中的一条记录（Record），元组的各个分量对应于关系的各个属性。
❖ 属性：表中的列（Column）称为属性（Property），对应数据表中的字段（Field）。
❖ 域：属性的取值范围。
❖ 关系模式：对关系的描述称为关系模式，格式如下：

关系名(属性名 1，属性名 2，…属性名 n)

❖ 候选码：属性或属性组，数值可唯一标识其对应元组。
❖ 主关键字（主键）：在候选码中选择一个作为主键（Primary Key）。
❖ 外关键字（外键）：在一个关系中的属性或属性组不是该关系的主键，但它是另一个关系的主键，称为外键（Foreign Key）。

在图 1.6 中，部门的关系模式为：

部门(部门号，部门名称)

主键为部门号。
员工的关系模式为：

员工(员工号，姓名，性别，出生日期，籍贯，工资，部门号)

主键为员工号，外键为部门号。

2．关系运算

关系数据操作称为关系运算，选择、投影、连接是最重要的关系运算，关系数据库管理系统支持关系数据库和选择、投影、连接运算。

1）选择

选择（Selection）是指选出满足给定条件的记录。它是从行的角度进行的单目运算，运算对象是一个表，运算结果形成一个新表。

【例 1.1】从员工表中选择性别为女的行进行选择运算，选择后的新表如表 1.1 所示。

表 1.1　选择后的新表

员工号	姓名	性别	出生日期	籍贯	工资	部门号
E002	乔桂群	女	1991-12-04	上海	3500.00	NULL
E003	夏婷	女	1986-05-13	四川	3800.00	D003

2）投影

投影（Projection）是指选择表中满足条件的列。它是从列的角度进行的单目运算。

【例 1.2】从员工表中选择员工号、姓名、出生日期进行投影运算，投影后的新表如表 1.2 所示。

表 1.2　投影后的新表

员工号	姓名	出生日期
E001	孙浩然	1982-02-15
E002	乔桂群	1991-12-04
E003	夏婷	1986-05-13

3）连接

连接（Join）是指将两个表中的行按照一定的条件横向结合，从而生成一个新表。选择和投影都是单目运算，其操作对象只是一个表，而连接是双目运算，其操作对象是两个表。

【例 1.3】将部门表与员工表以相同的部门号 D001、D003 为连接条件进行连接运算，连接后的新表如表 1.3 所示。

表 1.3　连接后的新表

部门号	部门名称	员工号	姓名	性别	出生日期	籍贯	工资	部门号
D001	销售部	E001	孙浩然	男	1982-02-15	北京	4600.00	D001
D003	财务部	E003	夏婷	女	1986-05-13	四川	3800.00	D003

1.1.4　数据库设计

数据库设计是将业务对象转换为数据库对象的过程，包括需求分析、概念结构设计、逻辑结构设计、物理结构设计、数据库实施及数据库运行和维护 6 个阶段。本节重点介绍概念结构设计和逻辑结构设计的内容。

1. 需求分析

需求分析阶段是整个数据库设计中最重要的一个步骤，需要从各方面对业务对象进行调查、收集、分析，以准确了解用户对数据和处理的需求。需求分析中的结构化分析方法会逐层分解系统，并通过数据流图、数据字典描述系统。

❖ 数据流图：数据流图用来描述系统的功能，表达了数据和处理的关系。

❖ 数据字典：数据字典是各类数据描述的集合，是对数据流图中的数据项、数据结构、数据流、存储、处理过程等的进一步定义。

2．概念结构设计

为了把现实世界的具体事物抽象、组织为某个 DBMS 所支持的数据模型，首先要将现实世界的具体事物抽象为信息世界的某种概念结构，这种结构不依赖于具体的计算机系统；然后，将概念结构转换为某个 DBMS 所支持的数据模型。

需求分析得到的数据描述是没有结构的，概念结构设计在需求分析的基础上将数据描述转换为有结构的、易于理解的精确表达。概念结构设计阶段的目标是形成整体数据库的概念结构，该结构独立于数据库逻辑结构和具体的 DBMS。描述概念结构的工具是 E-R 模型。

E-R 模型即实体–联系模型，E-R 模型的成分如下。

❖ 实体：客观存在且可以相互区别的事物称为实体。实体用矩形框表示，框内为实体名。实体可以是具体的人、事、物或抽象的概念。例如，在学生成绩管理系统中，"学生"就是一个实体。

❖ 属性：实体所具有的某一特性称为属性。属性用椭圆框表示，框内为属性名，用无向边连接与其相应的实体。例如，在学生成绩管理系统中，学生的特性有学号、姓名、性别、出生日期、专业、总学分，它们就是学生实体的 6 个属性。

❖ 实体型：用实体名及其属性名的集合来抽象和刻画同类实体，称为实体型。例如，学生（学号，姓名，性别，出生日期，专业，总学分）就是一个实体型。

❖ 实体集：同型实体的集合称为实体集。例如，全体学生的记录就是一个实体集。

❖ 联系：实体之间的联系，可分为一对一的联系、一对多的联系、多对多的联系。实体间的联系用菱形框表示，并以适当的含义命名，名字写在菱形框中，用无向边将参加联系的实体矩形框分别与菱形框相连，并在连线上标明联系的类型，即 $1:1$、$1:n$ 或 $m:n$。如果联系也具有属性，则将属性椭圆框与联系菱形框也用无向边相连。

1）一对一的联系（$1:1$）

例如，一个班只有一个正班长，而一个正班长只属于一个班，班级与正班长两个实体间具有一对一的联系。

2）一对多的联系（$1:n$）

例如，一个班可有若干个学生，一个学生只能属于一个班，班级与学生两个实体间具有一对多的联系。

3）多对多的联系（$m:n$）

例如，一个学生可以选修多门课程，一门课程可以被多个学生选修，学生与课程两个实体间具有多对多的联系。

实体之间的三种联系如图 1.7 所示。

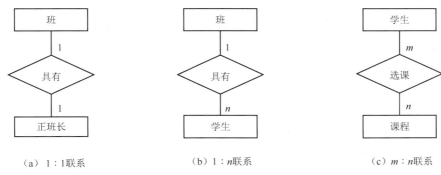

(a) 1 : 1 联系　　　　　　　(b) 1 : n联系　　　　　　　(c) m : n联系

图 1.7　实体之间的联系

【例 1.4】画出销售管理系统 E-R 图。

销售管理系统的部门、员工、订单、商品实体如下所示。

部门：部门号、部门名称。

员工：员工号、姓名、性别、出生日期、籍贯、工资。

订单：订单号、客户号、销售日期、总金额。

商品：商品号、商品名称、商品类型代码、单价、库存量、未到货商品数量。

它们存在如下联系。

（1）一个部门拥有多个员工，一个员工只属于一个部门。

（2）一个员工可开出多个订单，一个订单只能由一个员工开出。

（3）一个订单可订购多类商品，一类商品可有多个订单。

解：

销售管理系统 E-R 图如图 1.8 所示。

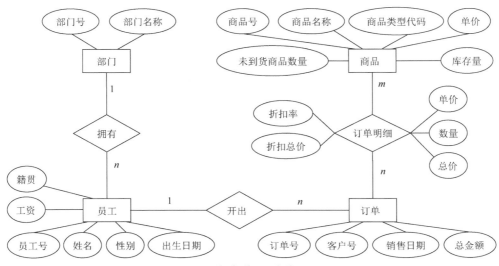

图 1.8　销售管理系统 E-R 图

3．逻辑结构设计

为了建立用户要求的数据库，必须将概念结构转换为某个 DBMS 所支持的数据模型，由于当前主流的数据模型是关系模型，所以逻辑结构设计是将概念结构转换为关系模型，即将 E-R 图转换为一组关系模式。

1）1∶1 联系的 E-R 图到关系模式的转换

以学校和校长之间的联系为例，一个学校只有一个校长，一个校长只在一个学校任职，属于一对一关系（下画线"_"表示该字段为主键）。

（1）为每个实体设计一个表。

学校(<u>学校编号</u>，名称，地址)
校长(<u>校长编号</u>，姓名，职称)

（2）任选一个表，使其中的主键在另一个表中充当外键。

选择校长表中的主键在学校表中充当外键，设计以下关系模式。

学校(<u>学校编号</u>，名称，地址，校长编号)
校长(<u>校长编号</u>，姓名，职称)

2）1∶n 联系的 E-R 图到关系模式的转换

以班级和学生之间的联系为例，一个班级中有若干个学生，每个学生只在一个班级中学习，属于一对多关系。

（1）为每个实体设计一个表。

班级(<u>班级编号</u>，教室号，人数)
学生(<u>学号</u>，姓名，性别，出生日期，专业，总学分)

（2）选"1"方表，其主键在"n"方表中充当外键。

选择班级表中的主键在学生表中充当外键，设计以下关系模式。

班级(<u>班级编号</u>，教室号，人数)
学生(<u>学号</u>，姓名，性别，出生日期，专业，总学分，班级编号)

3）m∶n 联系的 E-R 图到关系模式的转换

以学生和课程之间的联系为例，一个学生可以选修多门课程，一门课程可以被多个学生选修，属于多对多关系。

（1）为每个实体设计一个表。

学生(<u>学号</u>，姓名，性别，出生日期，专业，总学分)
课程(<u>课程号</u>，课程名，学分)

（2）产生一个新表，"m"端和"n"端的主键在新表中充当外键。

选择学生表中的主键和课程表中的主键在新表选课表中充当外键，设计以下关系模式。

学生(<u>学号</u>，姓名，性别，出生日期，专业，总学分)
课程(<u>课程号</u>，课程名，学分)
选课(<u>学号</u>，<u>课程号</u>，分数)

【例 1.5】将图 1.8 所示的销售管理系统的 E-R 图转换为关系模式。

将"部门"实体、"员工"实体、"订单"实体、"商品"实体分别设计成一个关系模式，将"拥有"联系（1∶n 联系）合并到"员工"实体（n 端实体）对应的关系模式中，将"开出"联系（1∶n 联系）合并到"订单"实体（n 端实体）对应的关系模式中，将"订单明细"联系（m∶n 联系）转换为独立的关系模式。

部门(<u>部门号</u>，部门名称)
员工(<u>员工号</u>，姓名，性别，出生日期，籍贯，工资，部门号)
订单(<u>订单号</u>，客户号，销售日期，总金额，员工号)
商品(<u>商品号</u>，商品名称，商品类型代码，单价，库存量，未到货商品数量)
订单明细(<u>订单号</u>，<u>商品号</u>，单价，数量，总价，折扣率，折扣总价)

4．物理结构设计

数据库在物理设备上的存储结构和存取方法称为数据库的物理结构，依赖于给定的计算机系统。为逻辑数据模型选取一个最适合应用环境的物理结构的过程，就是物理结构设计。

数据库的物理结构设计通常分为两步。

❖ 确定数据库的物理结构，在关系数据库中主要指存取方法和存储结构。

❖ 对物理结构进行评价，评价的重点是时间和空间效率。

5．数据库实施

数据库实施包括以下工作。

❖ 建立数据库。

❖ 组织数据入库。

❖ 编制与调试应用程序。

❖ 数据库试运行。

6．数据库运行和维护

数据库正式投入运行后，经常性的维护工作主要由 DBA 完成，内容如下。

❖ 数据库的转储和恢复。

❖ 数据库的安全性、完整性控制。

❖ 数据库性能的监督、分析和改进。

❖ 数据库的重组织和重构造。

1.2　SQL Server 2019 的组成和新功能

本节内容包括 SQL Server 2019 的组成和 SQL Server 2019 的新功能。

1.2.1　SQL Server 2019 的组成

SQL Server 2019 主要由 4 部分组成，即数据库引擎、分析服务、报表服务、集成服务。

1．数据库引擎（Database Engine）

数据库引擎是 SQL Server 2019 系统的核心，负责完成数据的存储、处理和安全管理。

例如，创建数据库、创建表和视图、数据查询、访问数据库等操作。

实例（Instances）即 SQL Server 服务器（Server），在同一台计算机上可以同时安装多个 SQL Server 数据库引擎实例。例如，可以在同一台计算机上安装两个 SQL Server 数据库引擎实例，分别管理学生成绩数据和教师上课数据，两者互不影响。实例分为默认实例和命名实例两种类型，安装 SQL Server 数据库时通常选择默认实例。

❖ 默认实例：默认实例由运行该实例的计算机的名称唯一标识，SQL Server 默认实例的服务名称为 MSSQLSERVER，一台计算机上只能有一个默认实例。

❖ 命名实例：命名实例可以在安装过程中用指定的实例名标识，命名实例的格式为"计算机名/实例名"，命名实例的服务名称即指定的实例名。

2．分析服务（Analysis Services）

分析服务通过组合服务器和客户端技术提供联机分析处理（OLAP）和数据挖掘功能。

3．报表服务（Reporting Services）

报表服务主要提供用于创建和发布报表及报表模型的图形工具、可以管理报表服务器的管理工具，以及可以对报表服务对象模型进行编程和扩展的应用程序编程接口。

报表服务是基于服务器的报表平台，可以用于创建和管理包含关系数据源和多维数据源中数据的表格、矩阵报表、图形报表、自由格式报表等。

4．集成服务（Integration Services）

集成服务用于生成针对高性能数据集成和工作流的解决方案，负责完成数据的提取、转换和加载等操作，并且可以高效地处理各种数据源，如 SQL Server、Oracle、Excel、XML 的文档、文本文件等。上述的 3 种服务就是通过集成服务进行联系的。

1.2.2 SQL Server 2019 的新功能

本节介绍 SQL Server 2019 的一些新增功能。

1．数据虚拟化与大数据集群

（1）通过 PolyBase 可以进行数据虚拟化，可以访问 SQL Server、Oracle、Teradata 和 MongoDB 中的外部数据。

（2）使用 SQL Server 大数据集群，可以查询多个外部数据源的数据，并将数据用于 AI、机器学习和其他分析任务，以及部署和运行应用程序。

2．智能数据库

从智能查询处理到支持永久性内存设备，SQL Server 智能数据库功能提高了所有数据库工作负荷的可伸缩性，且无须更改应用程序或数据库设计。

1）批处理模式内存授予反馈

通过降低重复工作的负荷，批处理模式内存授予反馈会重新计算查询所需的实际内存容量，并更新内存缓存计划的授予值。

2）行模式内存授予反馈

通过调整批处理模式和行模式运算符的内存授予，行模式内存授予反馈功能扩展了批处理模式内存授予反馈功能。

3）近似查询处理

近似查询处理可以用于查询响应速度比绝对精度更关键的大型数据集。例如，使超过10亿行的 COUNT(DISTINCT()) 的计算结果快速显示在仪表板上，重要的是响应速度而不是绝对精度。

3．其他新增功能

1）边约束功能

边约束功能可用于实现 SQL Server 图数据库中的边数据表的特定语义和数据完整性。使用 T-SQL（Trarsact-SQL）可以定义 SQL Server 中的边约束。

2）图匹配查询

使用 MATCH 可以指定图的搜索条件。MATCH 在 SELECT 语句中作为 WHERE 子句的一部分，与图的节点和边缘表一起使用。

3）关键任务的安全性

在 Always Encrypted 功能中添加了具有高安全性的 Enclave，可以保护敏感数据的机密性，使其免受恶意软件以及具有高度特权但未经授权的用户的攻击。

4）高可用性的数据库环境

确保所有关键任务的实例以及其中的数据库对企业和最终用户随时可用。

5）更加灵活的平台选择

SQL Server 2019 能够使用户在所选平台上运行 SQL Server，并获得比以往更多的功能和更高的安全性。例如，Linux 上的 SQL Server 2019 现在支持变更数据捕获（CDC）功能以及 Microsoft 分布式事务处理协调器（MSDTC）等。

6）SQL Server 机器学习服务

新增基于分区的建模，可以使用添加到 sp_execute_external_script 的新参数来处理每个数据分区的外部脚本。此功能支持多个小型模型（每个数据分区为一个模型），但不支持大型模型。

SQL Server 机器学习服务中添加了 Windows Server 故障转移集群，可在 Windows Server 故障转移集群上配置机器学习服务的高可用性。

1.3　SQL Server 2019 的安装

可以从 Microsoft 官方网站下载 SQL Server 2019 免费的专用版本。

下面介绍 SQL Server 2019（Evaluation Edition）的安装。不同版本的 SQL Server 在安装时对软件和硬件有不同的要求，安装数据库中的组件内容也有不同，但安装过程大同小异。

1.3.1 SQL Server 2019 的安装要求

1．硬件要求

1）处理器

x64 处理器。最低要求为 1.4GHz，推荐使用 2.0GHz 或更快。

2）内存

最低要求为 1GB，推荐使用至少 4GB，并且随着数据库大小的增加而增加来确保最佳性能。

3）硬盘空间

要求最少 6GB 的可用硬盘空间。

2．软件要求

1）操作系统

Windows 10 TH1 1507 或更高版本。

Windows Server 2016 或更高版本。

2）.NET Framework

最低版本的操作系统包括最低版本的 .NET 框架。

1.3.2 SQL Server 2019 的安装步骤

SQL Server 2019 的安装步骤如下。

（1）双击 SQL Server 安装文件夹中的 setup.exe 应用程序，出现"SQL Server 安装中心"窗口，单击"安装"选项卡，如图 1.9 所示，选择"全新 SQL Server 独立安装或向现有安装添加功能"选项。

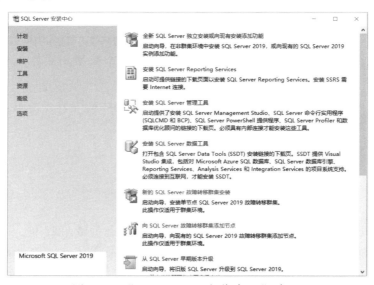

图 1.9 "SQL Server 安装中心"窗口

（2）进入"产品密钥"窗口，对于购买的产品，可以输入产品密钥，如果是体验产品，可以在"指定可用版本"下拉列表中选择"Evaluation"选项，如图 1.10 所示，单击"下一步"按钮。

图 1.10　"产品密钥"窗口

（3）进入"安装规则"窗口，只有通过安装程序规则，程序安装才能继续进行，如图 1.11 所示，单击"下一步"按钮。

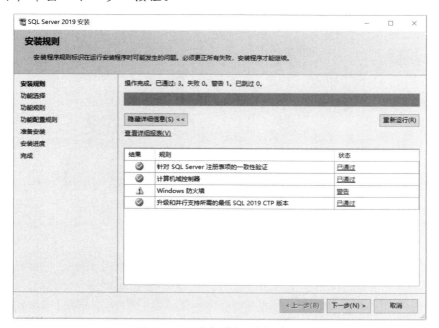

图 1.11　"安装规则"窗口

（4）进入"功能选择"窗口，如果需要安装某项功能，可以勾选其复选框，也可以单击"全选"按钮或"取消全选"按钮，如图 1.12 所示，单击"下一步"按钮。

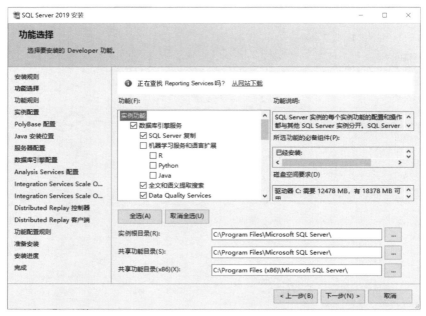

图 1.12 "功能选择"窗口

（5）进入"实例配置"窗口，选中"默认实例"单选按钮，如图 1.13 所示，单击"下一步"按钮。

图 1.13 "实例配置"窗口

（6）进入"PolyBase 配置"窗口，可以指定 PolyBase 扩大选项和端口范围，如图 1.14 所示，单击"下一步"按钮。

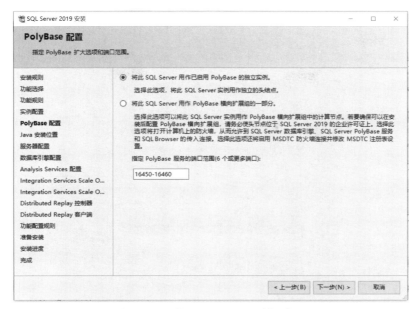

图 1.14　"PolyBase 配置"窗口

（7）进入"服务器配置"窗口，设置使用 SQL Server 各种服务的账户，如图 1.15 所示，单击"下一步"按钮。

图 1.15　"服务器配置"窗口[①]

（8）进入"数据库引擎配置"窗口，选中"混合模式（SQL Server 身份验证和 Windows 身份验证）"单选按钮，单击"添加当前用户"按钮，在"输入密码"和"确认密码"文本框中设置密码为 123456，如图 1.16 所示，单击"下一步"按钮。

---

① 注：图 1.15 中"服务帐户"应为"服务账户"。

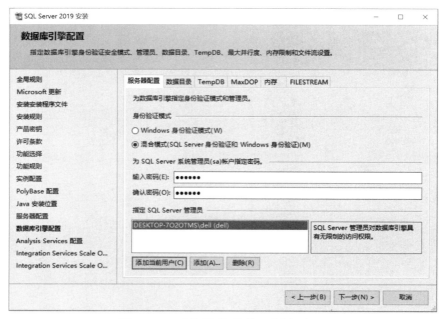

图 1.16　"数据库引擎配置"窗口

（9）进入"Analysis Services 配置"窗口，单击"添加当前用户"按钮，如图 1.17 所示，单击"下一步"按钮。

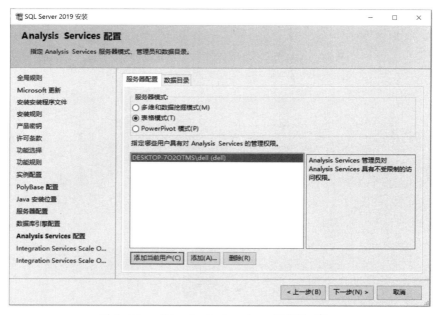

图 1.17　"Analysis Services 配置"窗口

（10）在接下来的"Integration Services Scale Out 配置-主节点"窗口、"Integration Services Scale Out 配置-辅助角色节点"窗口中，都单击"下一步"按钮。进入"Distributed Reply 控制器"窗口，单击"添加当前用户"按钮，单击"下一步"按钮，进入"Distributed Reply 客户端"窗口，单击"下一步"按钮。

进入"准备安装"窗口，单击"安装"按钮，如图1.18所示，进入安装过程。

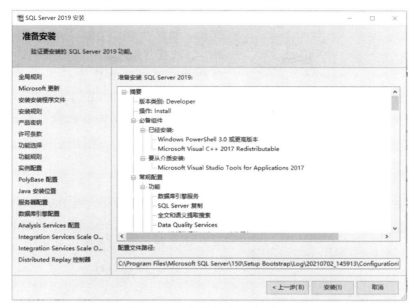

图 1.18 "准备安装"窗口

（11）安装完成后，进入"完成"窗口，如图1.19所示，单击"关闭"按钮。

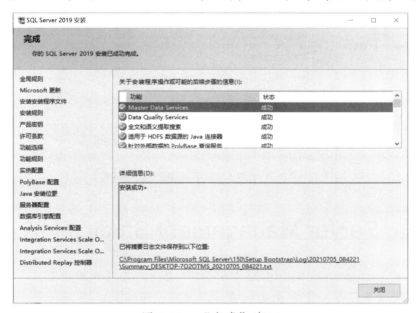

图 1.19 "完成"窗口

1.4 SQL Server 服务器的启动和停止

安装完成后，单击"开始"按钮，即可查看 Microsoft SQL Server 2019，如图 1.20
所示。

图 1.20 查看 Microsoft SQL Server 2019

单击"开始"菜单按钮,选择"Microsoft SQL Server 2019"→"SQL Server 2019 配置管理器"命令,出现 "Sql Server Configuration Manager"窗口,选择"SQL Server 服务"选项,在右边的列表框中选择所需要的服务,这里选择"SQL Server (MSSQLSERVER)"服务并右击,在弹出的快捷菜单中选择相应的命令,即可进行 SQL Server 服务的启动、停止、暂停、重启等操作,如图 1.21 所示。

在 SQL Server 正常运行以后,如果在启动 SQL Server Management Studio 并连接到 SQL Server 服务器时,出现不能连接到 SQL Server 服务器的错误,应首先检查 SQL Server 配置管理器中的 SQL Server 服务是否正在运行。

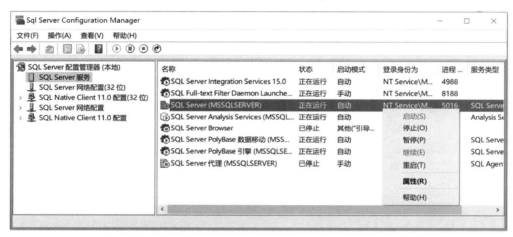

图 1.21 "Sql Server Configuration Manager"窗口

1.5 SQL Server Management Studio 环境

SQL Server Management Studio (简称 SSMS) 是一种集成开发环境,为数据库管理人员和开发人员提供了图形用户界面的数据库开发和管理工具。各种开发人员和管理人员可以使用该工具访问、配置、控制、管理和开发 SQL Server 的所有组件。

1.5.1 SQL Server Management Studio 的安装

SQL Server 2019 安装完毕,但 SQL Server Management Studio 还没有安装,下面介绍其安装步骤。

（1）进入"SQL Server 安装中心"窗口。单击"开始"菜单按钮，选择"Microsoft SQL Server 2019" → "SQL Server 2019 Installation Center（64-bit）"命令，出现"SQL Server 安装中心"窗口，单击"安装"选项卡，如图 1.22 所示，选择"安装 SQL Server 管理工具"选项。

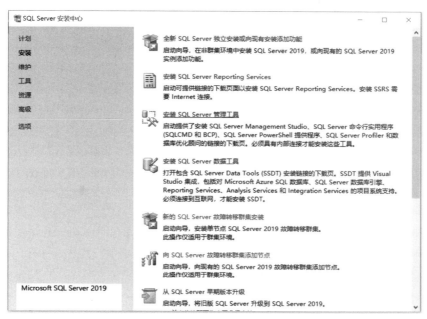

图 1.22　"SQL Server 安装中心"窗口

（2）出现"下载 SQL Server Management Studio（SSMS）"窗口，单击"下载 SSMS"文字链接，即可进行下载和安装，如图 1.23 所示。

图 1.23　"下载 SQL Server Management Studio"窗口

1.5.2　SQL Server Management Studio 的启动和连接

启动 SQL Server Management Studio 的操作步骤如下。

单击"开始"菜单按钮,选择"Microsoft SQL Server Tools 18"→"SQL Server Management Studio 18"命令,出现"连接到服务器"对话框,在"服务器名称"下拉列表中选择"DESKTOP-7O2OTMS"选项(这里是编者的主机名称),在"身份验证"下拉列表中选择"SQL Server 身份验证"选项,在"登录名"下拉列表中选择"sa"选项,在"密码"文本框中输入"123456"(此为安装过程中设置的密码),如图 1.24 所示。单击"连接"按钮,即可启动 SQL Server Management Studio,并连接到 SQL Server 服务器。

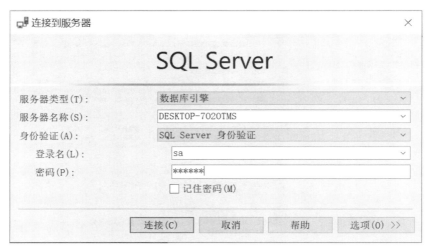

图 1.24 "连接到服务器"对话框

屏幕出现"Microsoft SQL Server Management Studio"窗口,如图 1.25 所示,其左侧显示的是"对象资源管理器"窗口。

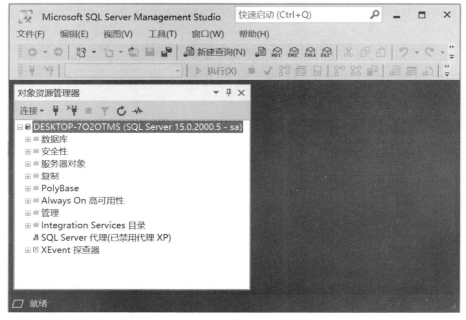

图 1.25 "Microsoft SQL Server Management Studio"窗口

1.5.3 SQL Server Management Studio 的组件

SQL Server Management Studio 的组件包括对象资源管理器、模板资源管理器、已注册的服务器、查询编辑器等。

1. 对象资源管理器

在"对象资源管理器"窗口中,包括数据库、安全性、服务器对象、复制、PolyBase、Always On 高可用性、管理、Integration Services 目录、SQL Server 代理(已禁用代理 XP)、XEvent 探查器等对象。选择"数据库"→"系统数据库"→"master"对象,即可展开表、视图、同义词、可编程性、Service Broker、存储、安全性等子对象,如图 1.26 所示。

2. 模板资源管理器

在"SQL Server Management Studio"窗口的菜单栏中,选择"视图"→"模板资源管理器"命令,该窗口右侧出现"模板浏览器"窗口,如图 1.27 所示。

图 1.26 "对象资源管理器"窗口

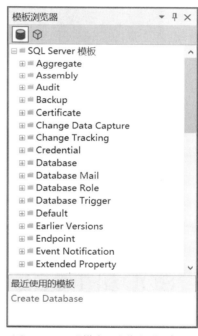

图 1.27 "模板浏览器"窗口

除了可以注册数据库引擎服务器,还可以注册 Analysis Services 服务器、Reporting Services 服务器、Integration Services 服务器等。

3. 已注册的服务器

在"SQL Server Management Studio"窗口的菜单栏中,选择"视图"→"已注册的服务器"命令,该窗口左侧出现"已注册的服务器"窗口,在"数据库引擎"节点的下方有"本地服务器组"和"中央管理服务器"节点;在"本地服务器组"节点的下方,有"desktop-7o2otms"服务器节点,如图 1.28 所示。

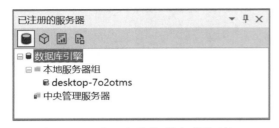

图 1.28 "已注册的服务器"窗口

4．查询编辑器

SQL Server Management Studio 中的查询编辑器是用于编写 T-SQL 语句的工具，这些语句可以直接在查询编辑器中执行，并用于查询和操纵数据。单击 SQL Server Management Studio 工具栏中的"新建查询"按钮，或者选择"文件"→"新建"→"数据库引擎查询"命令，"对象资源管理器"窗口右边出现"查询编辑器"窗口，如图 1.29 所示。

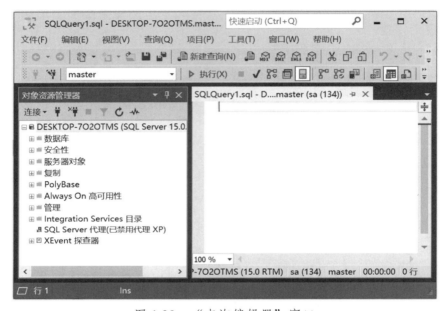

图 1.29 "查询编辑器"窗口

1.6 SQL 和 T-SQL

SQL（Structured Query Language）是用于关系数据库管理的标准语言，在标准的 SQL 的基础上进行扩展可以得到不同的数据库管理系统，T-SQL（Transact-SQL）是 Microsoft SQL Server 在 SQL 的基础上对控制语句和系统函数的扩展。

1.6.1 SQL

SQL 是应用于数据库的结构化查询语言，是一种非过程性语言，本身不能脱离数据库而存在。使用一般的高级语言存取数据库时，要按照程序的顺序处理许多动作，而使用 SQL 只需简单的几行命令，就可以控制数据库系统来完成具体的内部操作。

1．SQL 的分类

通常将 SQL 分为以下 4 类。

1）数据定义语言（Data Definition Language，DDL）

用于定义数据库对象，对数据库和数据库中的表、视图、索引等数据库对象进行创建和删除操作，DDL 包括 CREATE、ALTER、DROP 等语句。

2）数据操纵语言（Data Manipulation Language，DML）

用于对数据库中的数据进行插入、修改、删除等操作，DML 包括 INSERT、UPDATE、DELETE 等语句。

3）数据查询语言（Data Query Language，DQL）

用于对数据库中的数据进行查询操作，例如用 SELECT 语句进行查询操作。

4）数据控制语言（Data Control Language，DCL）

用于控制用户对数据库的操作权限，DCL 包括 GRANT、REVOKE 等语句。

2．SQL 的特点

SQL 采用面向集合的操作方式，是应用于数据库的语言，既是自含式语言，又是嵌入式语言，具有高度非过程化、综合统一、语言简洁和易学易用等特点。

1）高度非过程化

SQL 是非过程化语言。进行数据操作时，只需提出"做什么"，而无须指明"怎么做"，即无须说明具体的处理过程和存取路径，该部分由系统自动完成。

2）应用于数据库的语言

SQL 本身不能独立于数据库而存在，它是应用于数据库的语言，使用 SQL 时应熟悉数据库中的表结构和样本数据。

3）面向集合的操作方式

SQL 采用面向集合的操作方式，不仅操作对象、查询结果可以是记录的集合，一次插入、删除、更新操作的对象也可以是记录的集合。

4）既是自含式语言，又是嵌入式语言

SQL 作为自含式语言，能够用于联机交互，用户可以通过在终端键盘上直接输入 SQL 命令对数据库进行操作；作为嵌入式语言，SQL 语句能够嵌入高级语言（例如 C，C++，Java）程序中，供程序员在设计程序时使用。在两种不同的使用方式下，SQL 的语法结构基本上是一致的，从而提供了极大的灵活性与便利。

5）综合统一

SQL 集数据查询（Data Query）、数据操纵（Data Manipulation）、数据定义（Data Definition）和数据控制（Data Control）功能于一体。

6）语言简洁，易学易用

SQL 接近英语口语，易学易用，功能很强。由于设计巧妙、语言简洁，因此完成核心功能只需用 9 个动词，如表 1.4 所示。

表 1.4　SQL 的动词

功能	SQL 的动词
数据定义	CREATE、ALTER、DROP
数据操纵	INSERT、UPDATE、DELETE
数据查询	SELECT
数据控制	GRANT、　REVOKE

1.6.2　T-SQL 的预备知识

本节介绍 T-SQL 的预备知识：T-SQL 的语法约定，在 SQL Server Management Studio 中执行 T-SQL 语句。

1．T-SQL 的语法约定

T-SQL 的语法约定如表 1.5 所示，在 T-SQL 中不区分大写和小写。

表 1.5　T-SQL 的语法约定

语法约定	说明
大写	SQL 关键字
|	分隔括号或大括号中的语法项，只能选择其中一项
[ ]	可选项
{ }	必选项
[,...n]	指示前面的项可以重复 n 次，各项由逗号分隔
[...n]	指示前面的项可以重复 n 次，各项由空格分隔
<label> ::=	语法块的名称。此约定用于对可以在语句的多个位置上使用的过长语法段或语法单元进行分组和标记。可以使用语法块的每个位置都由尖括号内的 label 标签指示

2．在 SQL Server Management Studio 中执行 T-SQL 语句

在 SQL Server Management Studio 中，用户可以在查询编辑器的编辑窗口中输入或粘贴 T-SQL 语句、执行语句，在查询编辑器的结果窗口中查看结果。

在 SQL Server Management Studio 中执行 T-SQL 语句的步骤如下。

（1）启动 SQL Server Management Studio。

（2）在"对象资源管理器"窗口中展开"数据库"节点，选中"sales"数据库，单击左上方工具栏的"新建查询"按钮，或选择"文件"→"新建"→"数据库引擎查询"命令，右边出现"查询编辑器"窗口，即可输入或粘贴 T-SQL 语句。例如，在窗口中输入如下命令。

```
USE sales
SELECT *
FROM employee
```

如图 1.30 所示。

（3）单击左上方工具栏的"执行"按钮或按 F5 键，"查询编辑器"窗口一分为二，上半部分为查询编辑器的编辑窗口，下半部分为查询编辑器的结果窗口。结果窗口有两个选项卡，"结果"选项卡用于显示 T-SQL 语句的执行结果，如图 1.31 所示。"消息"选项卡

用于显示 T-SQL 语句执行情况。

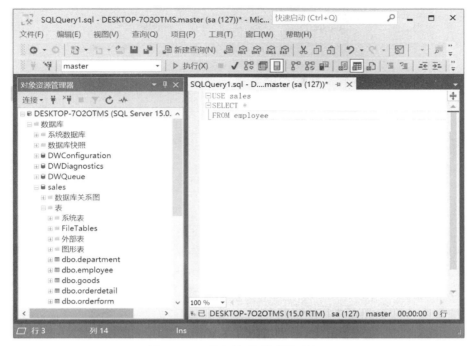

图 1.30　"查询编辑器"窗口

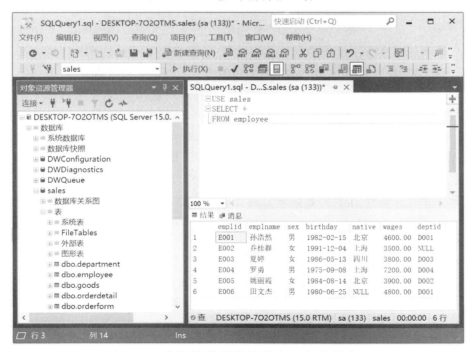

图 1.31　查询编辑器的编辑窗口和结果窗口

提示： 在查询编辑器的编辑窗口中执行 T-SQL 语句的方法有：单击工具栏中的"执行"按钮，或在编辑窗口的菜单中单击"执行"按钮，或按 F5 键。

1.7　大数据简介

随着 PB 级别的数据存储、快速的并发读写以及成千上万个节点的扩展，我们进入了大数据时代。下面介绍大数据的基本概念、大数据的处理过程、大数据的技术支撑、NoSQL 数据库等内容。

1.7.1　大数据的基本概念

以下为实际情况。

❖　每秒，全球消费者会产生 10000 笔银行卡交易。

❖　每小时，全球折扣百货连锁店沃尔玛需要处理超过 100 万单的客户交易。

❖　每天，Twitter 用户发表 5 亿篇推文，Facebook 用户发表 27 亿个赞和评论。

人们的日常生活已经与数据密不可分，科学研究所需的数据量急剧增加，各行各业也越来越依赖于大数据来开展工作，数据的产生越来越自动化，人类进入了"大数据"时代。

1．大数据的基本概念

"大数据"这一概念的形成，有三个标志性事件。

2008 年 9 月，国际学术杂志 *Nature* 专刊组织了系列文章"Big data: The next google"，第一次正式提出"大数据"的概念。

2011 年 2 月，国际学术杂志 *Science* 专刊发表"Dealing with data"，通过社会调查的方式，第一次综合地分析了大数据对人们的生活造成的影响，详细地描述了人类面临的"数据困境"。

2011 年 5 月，麦肯锡研究院发布报告"Big data: The next frontier for innovation, competition, and productivity"，第一次为大数据做出了相对清晰的定义："大数据是指其大小超出了常规数据库工具获取、储存、管理和分析能力的数据"。

目前学术界和工业界对于大数据的定义尚未形成标准化的表述，比较流行的说法如下。

定义大数据为"规模超过了目前常用的工具在可接受的时间范围内进行采集、管理及处理的水平的数据集"。

美国国家标准技术研究院（NIST）定义大数据为"具有巨量（Volume）、多样（Variety）、快速（Velocity）和多变（Variability）特性，需要具备可扩展性的计算架构来进行有效存储、处理和分析的大规模数据集"。

概括上述情况和定义可以得出：大数据（Big Data）是指海量数据或巨量数据，需要以新的计算模式为手段，获取、存储、管理、处理并提炼数据以帮助使用者做出决策。

2．大数据的特点

大数据具有"4V+1C"的特点。

（1）巨量（Volume）：存储和处理的数据量巨大，超过了传统的 GB（1GB=1024MB）或 TB（1TB=1024GB）规模，达到了 PB（1PB=1024TB）甚至 EB（1EB=1024PB）量级，PB 级别已经是常态。

下面列举数据的存储单位。

bit（比特）：二进制位，是最基本的存储单位。

Byte（字节）：8 位二进制数。

1Byte=8bit

1KB（Kilobyte）=1024B=2^{10}Byte

1MB（Megabyte）=1024KB=2^{20}Byte

1GB（Gigabyte）=1024MB=2^{30}Byte

1TB（Terabyte）=1024GB=2^{40}Byte

1PB（Petabyte）=1024TB=2^{50}Byte

1EB（Exabyte）=1024PB=2^{60}Byte

1ZB（Zettabyte）=1024EB=2^{70}Byte

1YB（Yottabyte）=1024ZB=2^{80}Byte

1BB（Brontobyte）=1024YB=2^{90}Byte

1GPB（Geopbyte）=1024BB=2^{100}Byte

（2）多样（Variety）：数据的来源及格式是多样的，除了传统的结构化数据，还包括半结构化和非结构化数据，例如用户上传的音频和视频。而随着人类活动规模的进一步扩大，数据的来源会更加多样。

（3）快速（Velocity）：数据增长的速度快，而且越新的数据价值越大，这就要求对数据的处理速度也要快，以便能够从数据中及时地提炼知识，挖掘价值。

（4）价值（Value）：需要对大量数据进行处理，挖掘其潜在的价值。

（5）复杂（Complexity）：对数据的处理和分析的难度增大。

1.7.2 大数据的处理过程

大数据的处理过程包括数据的采集和预处理，大数据分析和数据可视化。

1．数据的采集和预处理

大数据的采集一般采用多个数据库来接收终端数据，终端数据来源包括智能终端、移动 app 端、网页端、传感器端等。

数据的预处理包括数据清理、数据集成、数据变换和数据归约等方法。

1）数据清理

目标是实现数据格式的标准化，清除异常数据和重复数据，纠正数据错误。

2）数据集成

将多个数据源中的数据结合起来并统一存储，建立数据仓库。

3）数据变换

通过平滑聚集、数据泛化、规范化等方式将数据转换成适用于数据挖掘的形式。

4）数据归约

寻找目标数据的有用特征，缩减数据规模，最大限度地精简数据量。

2．大数据分析

大数据分析包括统计分析、数据挖掘等方法。

1）统计分析

统计分析使用分布式数据库或分布式计算集群，对存储在内部的海量数据进行分析和分类汇总。

统计分析、绘图和操作环境通常采用 R 语言，它是一个用于统计计算和统计制图的、免费的和开放源代码的优秀软件。

2）数据挖掘

数据挖掘与统计分析不同，一般没有预先设定的主题。数据挖掘通过对提供的数据进行分析来查找特定类型的模式和趋势，最终形成模型。

数据挖掘常用的方法有分类、聚类、关联分析、预测建模等。

❖ 分类：根据重要数据类别的特征向量及其他约束条件，构造分类函数或分类模型，目的是根据数据集的特点把未知类别的样本映射到给定类别中。

❖ 聚类：目的在于将数据集内具有相似特征的数据聚集成一类。同一类中的数据特征要尽可能地相似，不同类中的数据特征要有明显的区别。

❖ 关联分析：搜索系统中的所有数据，找出所有能把一组事件或数据项与另一组事件或数据项联系起来的规则，以获得未知的和被隐藏的信息。

❖ 预测建模：一种可以用于统计和数据挖掘的方法，可以在结构化与非结构化数据中使用以确定未来结果的算法和技术，可以为预测、优化、预报和模拟等许多业务系统所使用。

3．数据可视化

通过图形、图像等技术直观形象和清晰有效地表达数据，从而为发现数据隐藏的规律提供技术手段。

1.7.3 大数据的技术支撑

大数据的技术支撑有三大因素：计算速度提高、存储成本下降和对人工智能的需求增多，如图 1.32 所示。

1）计算速度提高

在大数据的发展过程中，计算速度是关键的支撑因素。借助分布式系统基础架构 Hadoop 的高效性，基于内存的集群计算系统 Spark 的快速数据分析能力，HDFS 为海量数据提供的存储空间，以及 MapReduce 为海量数据提供的并行计算功能，计算效率得到了大幅度的提高。

大数据需要强大的计算能力支撑，工业和信息化部电子科学技术情报研究所做的大数据需求调查表明：实时分析能力差、海量数据处理效率低等是目前中国企业分析处理数据的主要难题。

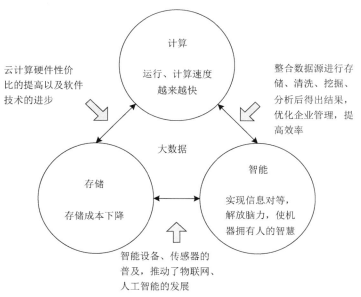

图 1.32 大数据的技术支撑的三大因素

2）存储成本下降

新的云计算数据中心的出现，降低了企业的计算和存储成本。例如，可以通过租用硬件设备的方式建设企业网站，不需要购买服务器，也不需要雇用技术人员维护服务器，并且可以长期保留历史数据，为大数据的实现做好基础工作。

3）对人工智能的需求增多

大数据让机器拥有智能。例如，Google 的 AlphaGo 战胜了世界围棋冠军李世石，阿里云小 Ai 成功地预测出了《我是歌手》总决赛的冠军。

1.7.4 NoSQL 数据库

在大数据和云计算时代，很多信息系统需要对海量的非结构化数据进行存储和计算，NoSQL 数据库应运而生。

1. 传统的关系数据库存在的问题

随着互联网应用的发展，传统的关系数据库在读写速度、支撑容量、扩展性能、管理和运营成本方面存在以下问题。

1）读写速度慢

关系数据库系统逻辑复杂，当数据达到一定规模时，读写速度会快速下降，即使能勉强应付每秒上万次的 SQL 查询，硬盘 I/O 也会无法承担每秒上万次的 SQL 写数据的压力。

2）支撑容量有限

Facebook 和 Twitter 等社交网站，每月能产生上亿条用户动态，使用关系数据库在一个有数亿条记录的表中进行查询的效率极低，查询速度极慢。

3）扩展困难

当一个应用系统的用户量和访问量不断增加时，其中的关系数据库无法通过简单添加更多的硬件和服务节点来扩展性能和增加负载，该应用系统必须停机维护以完成扩展工作。

4）管理和运营成本高

企业级数据库的 License 价格高，加上系统规模不断扩大，管理和运营系统的成本高。

同时，关系数据库的一些特性，例如复杂的 SQL 查询、多表关联查询等，在云计算和大数据中往往无用武之地，因此，传统的关系数据库已经难以独立地满足云计算和大数据时代应用的需要了。

2．NoSQL 的基本概念

NoSQL 数据库泛指非关系型的数据库，NoSQL（Not Only SQL）在设计上和传统的关系数据库不同，常用的数据模型有 Cassandra、Hbase、BigTable、Redis、MongoDB、CouchDB、Neo4j 等。

NoSQL 数据库具有以下特点。

（1）读写速度快、数据容量大，且具有对数据的高并发读写和海量存储的能力。

（2）易于扩展。可以在系统运行的时候，动态地增加或者删除节点，而不需要停机维护。

（3）一致性策略。遵循 BASE（Basically available，Soft state，Eventual consistency）原则，即 Basically available（基本可用），指允许数据出现短期的不可用；Soft state（柔性状态），指系统状态可以有一段时间的不同步；Eventual consistency（最终一致），指数据要最终一致，而不是严格的一致。

（4）灵活的数据模型。不需要预先定义数据模型或表结构。数据中的每条记录都可能有不同的属性和格式，当插入数据时，并不需要预先定义它们的模型。

（5）高可用性。NoSQL 数据库将记录分散在多个节点上，对各个数据分区进行备份（通常是 3 份），以应对节点的失败。

3．NoSQL 的分类

随着大数据和云计算的发展，出现了众多的 NoSQL 数据库，常用的 NoSQL 数据库根据其存储特点及存储内容可以分为以下 4 类。

1）键值（Key-Value）模型

一个关键字（Key）对应一个值（Value），键值模型是简单易用的数据模型，能够提供快速查询、海量存储和高并发操作，适合通过主键对数据进行查询和修改，例如 Redis 模型。

2）列存储模型

列对数据进行存储，可以存储结构化和半结构化数据，对数据查询操作有利，适合数据库类的应用，代表模型有 Cassandra、Hbase、BigTable。

3）文档型模型

该类模型也是一个关键字（Key）对应一个值（Value），但这个值是以 JSON 或 XML 等文档的形式进行存储的，常用的模型有 MongoDB、CouchDB。

4）图（Graph）模型

将数据以图形的方式进行存储，记为 $G（V, E）$，V 为节点（node）的集合，E 为边（edge）的集合，该模型支持图结构的各种基本算法，可以直观地表达和展示数据之间的联系，例如 Neo4j 模型。

4．NewSQL 的兴起

现有的 NoSQL 数据库产品大多是面向特定应用的，其应用具有一定的局限性，产品缺乏通用性。虽然已经有一些研究成果和改进的 NoSQL 数据存储系统，但它们都是针对不同的应用需求而提出的相应的解决方案，还没有形成系列化的研究成果，缺乏强有力的理论、技术和标准的支持，并且缺乏足够的安全措施。

NoSQL 数据库以其读写速度快、数据容量大、扩展性能好的特点，在大数据和云计算时代取得了迅速发展。但 NoSQL 不支持 SQL，不支持应用所需的 ACID 原则，这使应用程序开发变得困难。而新的 NewSQL 数据库将 SQL 和 NoSQL 的优势结合了起来，代表的模型有 VoltDB、Spanner 等。

1.8　小结

本章主要介绍了以下内容。

（1）数据库（Database，DB）是长期存放在计算机内的、有组织的、可共享的数据集合。数据库管理系统（Database Management System，DBMS）是数据库系统的核心组成部分，它是在操作系统支持下的系统软件。数据库系统（Database System，DBS）是在计算机系统中引入数据库后的系统构成，由数据库、操作系统、数据库管理系统、应用程序、用户、数据库管理员组成。

（2）数据模型（Data Model）是对现实世界的模拟，一般由数据结构、数据操作、数据完整性约束三部分组成。数据模型有层次模型、网状模型、关系模型。

（3）关系数据库采用关系模型组织数据，是目前最流行的数据库之一。关系数据库管理系统（Relational Database Management System，RDBMS）是支持关系模型的数据库管理系统。

（4）数据库设计是将业务对象转换为数据库对象的过程，它包括需求分析、概念结构设计、逻辑结构设计、物理结构设计、数据库实施及数据库运行和维护 6 个阶段。

需求分析得到的数据描述是无结构的，概念结构设计在需求分析的基础上将数据描述转换为有结构的、易于理解的精确表达。概念结构设计阶段的目标是形成整体数据库的概念结构，该结构独立于数据库的逻辑结构和具体的 DBMS。描述概念结构的工具是 E-R 图，即实体-联系模型。

为了建立用户所要求的数据库，必须将概念结构转换为某个 DBMS 所支持的数据模型，由于当前主流的数据模型是关系模型，因此逻辑结构设计是将概念结构转换为关系模型，即将 E-R 图转换为一组关系模式。

（5）SQL Server 2019 的新功能。SQL Server 2019 的安装要求和安装步骤。SQL Server

主要由数据库引擎、分析服务、报表服务、集成服务这四部分组成。启动 SQL Server Management Studio 的操作步骤，SQL Server Management Studio 的组件包括对象资源管理器、已注册的服务器、模板资源管理器、查询编辑器等。

（6）SQL（Structured Query Language）是用于关系数据库管理的标准语言，T-SQL（Transact-SQL）是 Microsoft SQL Server 在 SQL 的基础上对控制语句和系统函数的扩展。通常将 SQL 分为以下 4 类：数据定义语言（Data Definition Language，DDL），数据操纵语言（Data Manipulation Language，DML），数据查询语言（Data Query Language，DQL），数据控制语言（Data Control Language，DCL）。

在 SQL Server Management Studio 中，用户可以在查询编辑器的编辑窗口中输入或粘贴 T-SQL 语句、执行语句，在查询编辑器的结果窗口中查看结果。

（7）大数据（Big Data）是指海量数据或巨量数据，大数据以云计算等新的计算模式为手段，获取、存储、管理、处理并提炼数据以帮助使用者做出决策。

NoSQL 数据库泛指非关系型的数据库，NoSQL（Not Only SQL）在设计上和传统的关系数据库不同，具有读写速度快、数据容量大、易于扩展、一致性策略、灵活的数据模型、高可用性等特点。

习题 1

一、选择题

1. 数据库（DB）、数据库系统（DBS）和数据库管理系统（DBMS）的关系是_____。
A. DBMS 包括 DBS 和 DB
B. DBS 包括 DBMS 和 DB
C. DB 包括 DBS 和 DBMS
D. DBS 就是 DBMS，也就是 DB
2. 如果关系中某一属性组的值能唯一地标识一个元组，则称为_____。
A. 候选码
B. 外码
C. 联系
D. 主码
3. 在数据库设计中，概念结构设计的主要工具是_____。
A. E-R 图
B. 概念模型
C. 数据模型
D. 范式分析
4. SQL Sever 是_____。
A. 数据库
B. 数据库系统
C. DBA
D. DBMS
5. SQL Sever 为数据库管理员和开发人员提供的图形化和集成开发环境是_____。
A. SQL Server 配置管理器
B. SQL Server Profiler
C. SQL Server Management Studio
D. SQL Server Profiler
6. SQL Server 服务器的组件不包括_____。
A. 数据库引擎
B. 分析服务
C. 报表服务
D. SQL Server 配置管理器

二、填空题

1. 数据模型由数据结构、数据操作和_____组成。
2. 实体之间的联系分为一对一、一对多和_____三类。
3. 数据库的特性包括共享性、独立性、完整性和_____。

4．SQL Server 服务器的组件包括数据库引擎、分析服务、报表服务和_____。

5．SQL Server 配置管理器用于管理与 SQL Server 相关联的服务，管理服务器和客户端的_____配置。

三、问答题

1．什么是数据库？

2．数据库管理系统有哪些功能？

3．什么是关系数据库？简述关系运算。

4．数据库设计分为哪几个阶段？

5．SQL Server 2019 具有哪些新功能？

6．SQL Server 2019 安装要求有哪些？

7．简述 SQL Server 2019 安装步骤。

8．SQL Server 2019 有哪些服务器组件？

9．SQL Server Management Studio 有哪些功能？

10．简述启动 SQL Server Management Studio 的操作步骤。

11．SQL Server 2019 的配置管理器有哪些功能？

12．什么是 SQL？什么是 T-SQL？

13．简述 SQL 的分类和特点。

14．简述在 SQL Server Management Studio 中执行 T-SQL 语句的步骤。

15．简述大数据的特点。

四、应用题

1．设学生成绩信息管理系统在需求分析阶段收集到以下信息。

学生信息：学号、姓名、性别、出生日期

课程信息：课程号、课程名、学分

该业务系统有以下规则。

Ⅰ．一名学生可选修多门课程，一门课程可被多名学生选修

Ⅱ．学生选修的课程要在数据库中记录课程成绩

（1）根据以上信息画出合适的 E-R 图；

（2）将 E-R 图转换为关系模式，并用下画线标出每个关系的主码、说明外码。

2．设图书借阅系统在需求分析阶段收集到以下信息。

图书信息：书号、书名、作者、价格、复本量、库存量

学生信息：借书证号、姓名、专业、借书量

该业务系统有以下规则。

Ⅰ．一个学生可借阅多种图书，一种图书可被多个学生借阅

Ⅱ．学生借阅的图书要在数据库中记录索书号、借阅时间

（1）根据以上信息画出合适的 E-R 图；

（2）将 E-R 图转换为关系模式，并用下画线标出每个关系的主码、说明外码。

第 2 章　SQL Server 数据库

在 SQL Server 中，通常所说的数据保存在表中，而数据库包含的内容不仅是数据，还包含与数据管理和操作相关的数据库对象，如表、视图、索引、存储过程、触发器等。所以，SQL Server 数据库是存储数据库对象的容器，是 SQL Server 用于组织和管理数据的基本对象。了解和掌握数据库的管理方法，是学习 SQL Server 应用的基础。本章介绍 SQL Server 数据库概述、使用图形用户界面创建 SQL Server 数据库、使用 T-SQL 语句创建 SQL Server 数据库、数据库快照等内容。

2.1　SQL Server 数据库概述

下面介绍 SQL Server 2019 系统数据库、SQL Server 数据库文件和存储空间分配、数据库文件组等内容。

2.1.1　SQL Server 2019 系统数据库

从数据库的管理和应用的角度出发，可将 SQL Server 2019 中的数据库分为两大类：系统数据库和用户数据库。

系统数据库用于存储与 SQL Server 相关的系统信息，当系统数据库受到破坏时，SQL Server 将不能正常启动。

用户数据库是由用户创建的数据库，用于保存某些特定的信息，在本书中创建的数据库都是用户数据库，它和系统数据库在结构上是相同的。

系统数据库由 SQL Server 系统预设。在 SQL Server 2019 安装完成后，就默认创建了5 个系统数据库：master、model、msdb、tempdb 和 Resource。

1）master 数据库

master 数据库是 SQL Server 系统中最重要的系统数据库，是整个数据库服务器的核心。它记录了 SQL Server 的系统信息，如所有用户的登录信息、用户所在的组、所有系统的配置选项、服务器中本地数据库的名称和信息、SQL Server 的初始化方式等，用于控制用户数据库和 SQL Server 的运行。

数据库管理员应该定期备份 master 数据库。需要注意的是，用户不能直接修改该数据库，如果破坏了 master 数据库，那么整个 SQL Server 服务器将不能工作。

2）model 数据库

model 数据库是模板数据库。在 SQL Server 中创建用户数据库时，都会以 model 数据库为模板，创建拥有相同对象和结构的数据库。

如果修改了 model 数据库，那么以后创建的所有数据库都将继承这些修改。例如，用户希望创建的数据库有相同大小的初始化文件，则可以在 model 数据库中保存文件大小的信息；用户希望所有的数据库都有一个相同的数据表，同样可以将该数据表保存在 model 数据库中。

3）msdb 数据库

msdb 数据库是代理服务数据库。SQL Server 代理服务运行所需的作业信息，如作业运行的时间、频率、操作步骤、警报等都保存在 msdb 数据库中。

msdb 数据库提供运行 SQL Server Agent 所需的信息。SQL Server Agent 是 SQL Server 中的一个 Windows 服务，该服务用来运行已经制定的计划和任务。

用户在使用 SQL Server 时不可以直接修改 msdb 数据库，SQL Server 中的其他程序会自动使用该数据库。

4）tempdb 数据库

tempdb 数据库是一个临时数据库，用于存放临时对象和中间结果，在 SQL Server 被关闭后，该数据库中的内容会被清空。重新启动服务器之后，tempdb 数据库将被重建。

5）Resource 数据库

Resource 数据库是一个只读数据库，用于存储可执行的系统对象。可执行的系统对象是指不存储数据的系统对象，包括系统存储过程、系统视图、系统函数、系统触发器等。系统对象在物理上保存在 Resource 数据库中，但在逻辑上显示在每个数据库的 sys 架构上，故在对象资源管理器中的系统数据库下是看不到这个数据库的，这样既能避免 Resource 数据库被错误地修改，又能便于用户管理升级。

2.1.2　SQL Server 数据库文件和存储空间分配

SQL Server 采用操作系统文件来存放数据库，在存储空间分配中使用的是较小的数据存储单元，即页和盘区。

1．数据库文件

SQL Server 存放数据库时采用的操作系统文件可以分为两类：数据文件和事务日志文件。数据文件用于存储数据，事务日志文件用于记录对数据库的操作。数据文件又可以分为主数据文件和辅助数据文件。

1）主数据文件（Primary Data File）

主数据文件的扩展名为 MDF，是 SQL Server 数据库中最重要的文件。它可以保存 SQL Server 数据库中的所有数据，包含数据库的系统信息，也可以保存用户数据。每个 SQL Server 数据库有且仅有一个主数据文件。

2）辅助数据文件（Secondary Data File）

辅助数据文件又称次数据文件，其扩展名为 NDF，用于保存用户数据，如用户数据表、用户视图等，但是不能保存系统数据。一个数据库可以创建多个辅助数据文件，也可以不创建。辅助数据文件可被创建在一个磁盘上，也可被分别创建在不同的磁盘上。

3）事务日志文件（Log File）

事务日志文件的扩展名为 LDF，是 SQL Server 数据库中用于记录操作事务的文件。每个数据库至少有一个事务日志文件，也可以有多个。

2．存储空间分配

SQL Server 在存储空间分配中使用的数据存储单元是页和盘区。

1）页

每个页的大小是 8KB，它是 SQL Server 中数据存储的最基本单位。根据页保存的数据类型的不同，可以将其划分为数据页、全局分配图页、索引页、索引分配图页、页面自由空间页和文本/图像页。

2）盘区

每 8 个连接的页组成一个盘区，大小是 64KB，用于控制表和索引的存储。

2.1.3　数据库文件组

为了管理和分配数据，将多个文件组织在一起成为文件组，对它们进行整体管理，可以提高管理效率。文件组的概念类似于操作系统中的文件夹。在 SQL Server 2019 中，数据库文件组可以被划分为主文件组、次文件组和默认文件组。

1）主文件组（Primary File Group）

主文件组是数据库默认提供的文件组，该文件组不能被删除。主数据文件只能被存放在主文件组中。

2）次文件组（Secondary File Group）

次文件组是由用户创建的文件组，用户可以根据管理的需要在一个数据库中创建多个次文件组。次文件组又被称为用户定义文件组（User-defined File Group）。

3）默认文件组（Default File Group）

在新增数据库文件时，如果未明确地指定该数据文件所属的文件组，那么该数据文件就会被放置在默认文件组中。

2.2　使用图形用户界面创建、修改、删除 SQL Server 数据库

SQL Server 提供了两种创建 SQL Server 数据库的方法：一种方法是使用 SQL Server Management Studio 的图形用户界面；另一种方法是使用 T-SQL 语句。本节介绍使用图形用户界面创建 SQL Server 数据库。

使用图形用户界面创建 SQL Server 数据库包括创建数据库、修改数据库、删除数据库等内容，下面分别进行介绍。

2.2.1　创建数据库

使用图形用户界面创建数据库，最简单的方法为采用默认值。进入"数据库属性"窗口，单击"文件"选项卡，输入数据库名称后，单击"确定"按钮即可。

下面以创建 sample 数据库为例，说明创建数据库的步骤。

【例 2.1】使用图形用户界面创建采用默认值的 sample 数据库。

创建 sample 数据库的操作步骤如下。

（1）单击"开始"按钮，选择"Microsoft SQL Server Tools 18"→"SQL Server Management Studio 18"命令，出现"连接到服务器"对话框，在"服务器名称"下拉列表中选择"DESKTOP-7O2OTMS"选项，在"身份验证"下拉列表中选择"SQL Server 身份验证"选项，在"登录名"下拉列表中选择"sa"选项，在"密码"文本框中输入"123456"，单击"连接"按钮，即可启动 SQL Server Management Studio，并连接到 SQL Server 服务器。

（2）屏幕中出现"SQL Server Management Studio"窗口，在左边的"对象资源管理器"窗口中右击"数据库"节点，在弹出的快捷菜单中选择"新建数据库"命令，如图 2.1 所示。

图 2.1　选择"新建数据库"命令

（3）进入"新建数据库"窗口，左上方有 3 个选项卡："常规"选项卡、"选项"选项卡和"文件组"选项卡。"常规"选项卡首先出现。

在"数据库名称"文本框中输入创建的数据库名称"sample"，"所有者"文本框中使用系统默认值，系统自动在"数据库文件"列表框中生成了一个主数据文件"sample.mdf"和一个事务日志文件"sample_log.ldf"。主数据文件"sample.mdf"的初始大小为 8MB，增量为 64MB，存放的路径为 C:\Program Files\Microsoft SQL Server\MSSQL15.MSSQLSERVER\MSSQL\DATA\。事务日志文件"sample_log.ldf"的初始大小为 8MB，增量为 64MB，存放的路径与主数据文件的路径相同，如图 2.2 所示。

这里只配置"常规"选项卡，其他选项卡采用系统默认设置。

（4）单击"确定"按钮，sample 数据库创建完成。在 C:\Program Files\Microsoft SQL Server\MSSQL15.MSSQLSERVER\MSSQL\DATA\文件夹中，增加了两个数据文件 sample.mdf 和 sample_log.ldf。

图 2.2 "新建数据库"窗口

2.2.2 修改数据库

在创建数据库之后,用户可以根据需要对数据库进行以下修改:

❖ 增加或删除数据文件,改变数据文件的大小和增长方式。

❖ 增加或删除事务日志文件,改变事务日志文件的大小和增长方式。

❖ 增加或删除文件组。

【例 2.2】为已有的数据库增加数据文件和事务日志文件。设 gh 数据库已经被创建,在该数据库中增加数据文件 ghbk.ndf 和事务日志文件 ghbk_log.ldf。

操作步骤如下。

(1)启动 SQL Server Management Studio,在"对象资源管理器"窗口中展开"数据库"节点,右击"gh"数据库,在弹出的快捷菜单中选择"属性"命令。

(2)在"数据库属性-gh"窗口中,选择"选择页"→"文件"选项,进入文件设置窗口,如图 2.3 所示。通过该窗口可以增加数据文件和事务日志文件。

(3)增加数据文件。单击"添加"按钮,在"数据库文件"列表框中出现一个新的文件位置,在"逻辑名称"文本框中输入"ghbk",单击"大小"文本框,通过该文本框后的数值调节按钮将大小设置为 15MB,单击"自动增长/最大大小"文本框中的"…"按钮,出现"更改 ghbk 的自动增长设置"对话框,将文件增长设置为 8%,最大文件大小无限制,"文件类型"文本框、"文件组"文本框和"路径"文本框都采用默认值。

(4)增加事务日志文件。单击"添加"按钮,在"数据库文件"列表框中出现一个新的文件位置,在"逻辑名称"文本框中输入"ghbk_log",在"文件类型"下拉列表中选择

"日志"选项，单击"大小"文本框，通过该文本框后的数值调节按钮将大小设置为 10MB，单击"自动增长/最大大小"文本框中的"…"按钮，出现"更改 ghbk_log 的自动增长设置"对话框，将文件增长设置为 2MB，最大文件大小设置为 120MB，"文件组"文本框和"路径"文本框都采用默认值，如图 2.4 所示，单击"确定"按钮。

图 2.3　文件设置窗口

图 2.4　增加数据文件和事务日志文件

在 C:\Program Files\Microsoft SQL Server\MSSQL15.MSSQLSERVER\MSSQL\DATA 文件夹中，增加了数据文件 ghbk.ndf 和事务日志文件 ghbk_log.ldf。

【例 2.3】为已有的数据库增加文件组。在 sample 数据库中添加 4 个文件组 FG1、FG2、FG3、FG4。

操作步骤如下。

（1）启动 SQL Server Management Studio，在"对象资源管理器"窗口中展开"数据库"节点，右击"sample"数据库，在弹出的快捷菜单中选择"属性"命令。在"数据库属性- sample"窗口中，选择"选择页"→"文件组"选项，进入文件组设置窗口。

（2）增加文件组。单击"添加文件组"按钮，在"行"列表框中出现一个新的文件位置，在"名称"文本框中输入名称"FG1"。重复以上操作，依次在"名称"文本框中输入名称"FG2""FG3""FG4"，如图 2.5 所示。

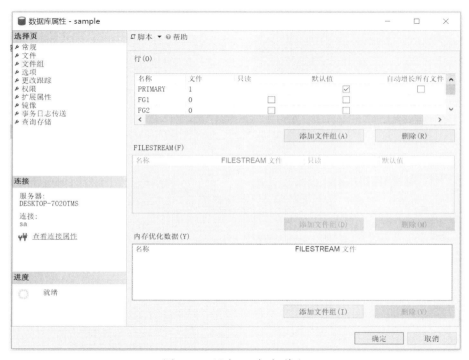

图 2.5　添加 4 个文件组

（3）给每个文件组添加一个辅助数据文件。选择"选择页"→"文件"选项，进入文件设置窗口。单击"添加"按钮，在"数据库文件"列表框中出现一个新的文件位置，在"逻辑名称"文本框中输入"f1"，在"文件组"下拉列表中，将"PRIMARY"修改为"FG1"。

重复以上操作，依次在"逻辑名称"文本框中输入名称"f2""f3""f4"，相应地，在"文件组"下拉列表中，将"PRIMARY"分别修改为"FG2""FG3""FG4"。如图 2.6 所示，单击"确定"按钮。

在 C:\Program Files\Microsoft SQL Server\MSSQL15.MSSQLSERVER\MSSQL\DATA 文件夹中，增加了辅助数据文件 f1、f2、f3、f4。

图 2.6　给每个文件组添加一个辅助数据文件

【例 2.4】删除在例 2.2 中为 gh 数据库增加的数据文件和事务日志文件。

操作步骤如下。

（1）启动 SQL Server Management Studio，在"对象资源管理器"窗口中展开"数据库"节点，右击"gh"数据库，在弹出的快捷菜单中选择"属性"命令。

（2）出现"数据库属性- gh"窗口，选择"选择页"→"文件"选项，进入文件设置窗口，通过该窗口可以删除数据文件和事务日志文件。

（3）选择"ghbk"数据文件，单击"删除"按钮，该数据文件被删除。

（4）选择"ghbk_log"事务日志文件，单击"删除"按钮，该事务日志文件被删除。

（5）单击"确定"按钮，返回"SQL Server Management Studio"窗口。

2.2.3　删除数据库

运行数据库需要消耗资源，往往会降低系统运行效率。通常可以将不再需要的数据库删除，释放资源。删除数据库后，其文件及数据都会从服务器上的磁盘中永久删除，除非使用以前的备份，所以删除数据库应谨慎。

【例 2.5】删除 gh 数据库。

删除 gh 数据库的操作步骤如下。

（1）启动 SQL Server Management Studio，在"对象资源管理器"窗口中展开"数据库"节点，右击"gh"数据库，在弹出的快捷菜单中选择"删除"命令。

（2）出现"删除对象"窗口，单击"确定"按钮，gh 数据库被删除。

2.3　使用 T-SQL 语句创建、修改、删除 SQL Server 数据库

本节介绍使用 T-SQL 语句创建 SQL Server 数据库。与图形用户界面相比，使用 T-SQL 语句创建 SQL Server 数据库更为灵活、方便。

2.3.1　创建数据库

创建数据库使用 CREATE DATABASE 语句，语法格式如下。

```
CREATE DATABASE database_name
    [ ON
        [ PRIMARY ] [ <filespec> [ ,…n ]
        [ , <filegroup> [ ,…n ] ]
        [ LOG ON { <filespec> [ ,…n ] } ]
    ]

<filespec>::=
{
(
    NAME = logical_file_name ,
    FILENAME = { 'os_file_name' | 'filestream_path' }
    [, SIZE = size [ KB | MB | GB | TB ] ]
        [, MAXSIZE = {max_size [ KB | MB | GB | TB ] | UNLIMITED }]
    [, FILEGROWTH = growth_increament [ KB | MB | GB | TB | % ] ]
) [ ,…n ]
}

<filegroup>::=
{
 FILEGROUP filegroup_name [ CONTAINS FILESTREAM ] [ DEFAULT ]
    <filespec> [ ,…n ]
}
```

各参数含义如下。

❖ database_name：创建数据库的名称，命名必须是唯一的且符合 SQL Server 的命名规则，最多为 128 个字符。

❖ ON：指定数据库文件和文件组的属性。

❖ LOG ON：指定事务日志文件的属性。

❖ filespec：指定数据文件的属性，包括文件的逻辑名称、存储路径、初始大小及增长特性。

❖ NAME：指定 filespec 定义的文件的逻辑名称。

❖ FILENAME: 指定 filespec 定义的文件的操作系统文件名，指出定义物理文件时使用的路径和文件名。

❖ SIZE: 指定 filespec 定义的文件的初始大小。

❖ MAXSIZE: 指定 filespec 定义的文件的最大大小。

❖ FILEGROWTH: 指定 filespec 定义的文件的增量。

使用 T-SQL 语句创建数据库，最简单的方法是省略所有参数，全部采用默认值。使用 CREATE DATABASE database_name 语句而不带参数，创建的数据库大小将与 model 数据库的大小相等。

【例 2.6】创建全部采用默认值的数据库。使用 T-SQL 语句创建 sales 销售数据库。

在 SQL Server 查询编辑器中输入以下语句。

```
CREATE DATABASE sales
```

在查询编辑器的编辑窗口中单击"执行"按钮或按 F5 键，系统提示"命令已成功完成"。由 SQL Server 自动创建了一个主数据文件和一个事务日志文件，其逻辑名称分别为 sales 和 sales_log。

【例 2.7】创建指定数据文件和事务日志文件的数据库。使用 T-SQL 语句创建 sample1 数据库，主数据文件的初始大小为 14MB，最大文件大小为 120MB，增量为 3MB，事务日志文件的初始大小为 3MB，最大文件大小无限制，增量为 12%。

在 SQL Server 查询编辑器中输入以下语句。

```
CREATE DATABASE sample1
    ON
    (
        NAME='sample1',
        FILENAME='C:\Program Files\Microsoft SQL Server\MSSQL15.MSSQLSERVER\
MSSQL\DATA\sample1.mdf',
        SIZE=14MB,
        MAXSIZE=120MB,
        FILEGROWTH=3MB
    )
    LOG ON
    (
        NAME='sample1_log',
        FILENAME='C:\Program Files\Microsoft SQL Server\MSSQL15.MSSQLSERVER\
MSSQL\DATA\sample1_log.ldf',
        SIZE=3MB,
        MAXSIZE=UNLIMITED,
        FILEGROWTH=12%
    )
```

【例 2.8】创建一个有两个文件组的数据库 sample2，主文件组包括文件 sample2_dat1，文件的初始大小为 14MB，最大文件大小无限制，按 5MB 增长；另一个文件组名为 sample2group，包括文件 sample2_dat2，文件的初始大小为 8MB，最大文件大小为 120MB，按 7%增长。

在 SQL Server 查询编辑器中输入以下语句。

```
CREATE DATABASE sample2
    ON
    PRIMARY
    (
        NAME = ' sample2_dat1',
        FILENAME = 'D:\data\ sample2_dat1.mdf',
        SIZE =14MB,
        MAXSIZE = UNLIMITED,
        FILEGROWTH = 5MB
    ),
    FILEGROUP sample2group
    (
        NAME = ' sample2_dat2',
        FILENAME = 'D:\data\ sample2_dat2.ndf',
        SIZE = 8MB,
        MAXSIZE = 120MB,
        FILEGROWTH = 7%
    )
```

创建数据库后可以通过 USE 语句使用数据库，语法格式如下。

```
USE database_name
```

其中，database_name 是使用的数据库的名称。

说明：USE 语句只在第一次打开数据库时使用，后续默认都作用于该数据库。如果要作用于另一数据库，那么需要重新使用 USE 语句打开该数据库。

2.3.2 修改数据库

修改数据库使用 ALTER DATABASE 语句，语法格式如下。

```
ALTER DATABASE database
{ ADD FILE filespec
| ADD LOG FILE filespec
| REMOVE FILE logical_file_name
| MODIFY FILE filespec
| MODIFY NAME = new_dbname
}
```

各参数含义如下。

❖ database：需要修改的数据库的名称。

❖ ADD FILE 子句：指定要增加的数据文件。

❖ ADD LOG FILE 子句：指定要增加的事务日志文件。

❖ REMOVE FILE 子句：指定要删除的数据文件。

❖ MODIFY FILE 子句：指定要更改的文件属性。

❖ MODIFY NAME 子句：重命名数据库。

【例 2.9】在 sample2 数据库中，增加一个数据文件 sample2add，大小为 12MB，最大文件为 110 MB，按 9%增长。

```
ALTER DATABASE sample2
    ADD FILE
    (
        NAME = 'sample2add',
        FILENAME = 'C:\Program Files\Microsoft SQL Server\MSSQL15.MSSQLSERVER\
MSSQL\DATA\sample2add.ndf',
        SIZE = 12MB,
        MAXSIZE = 110MB,
        FILEGROWTH = 9%
    )
```

2.3.3　删除数据库

删除数据库使用 DROP DATABASE 语句，语法格式如下。

```
DROP DATABASE database_name
```

其中，database_name 是要删除的数据库的名称。

【例 2.10】使用 T-SQL 语句删除 sample2 数据库。

```
DROP DATABASE sample2
```

2.4　数据库快照

数据库快照是指在某一指定时刻对数据库进行的数据备份，反映了数据库在该时刻的状态，提供了源数据库在创建快照时刻的只读静态视图。数据库快照如同生活中的"快照"，可以完整地反映数据库在执行快照时刻的情况。得出的数据是静态数据，而且不允许修改。

数据库快照可以用于报表。当源数据库出现错误时，还可以使用快照将源数据库还原到创建数据库快照时的状态。

1．创建数据库快照

创建数据库快照使用 CREATE DATABASE 语句，语法格式如下。

```
CREATE DATABASE database_snapshot_name
```

```
    ON
    (
        NAME = logical_file_name,
        FILENAME = 'os_file_name'
    ) [ ,…n]
    AS SNAPSHOT OF source_database_name
```

各参数含义如下。

❖ database_snapshot_name：要创建的数据库快照的名称，这个名称在服务器中必须是唯一的且符合标识符的命名规则。

❖ logical_file_name：源数据库的数据文件的逻辑名称。

❖ os_file_name：数据库快照中的数据文件在操作系统中的物理名称及路径。

❖ source_database_name：源数据库的名称。

【例 2.11】使用 CREATE DATABASE 语句创建数据库快照 sample_snapshot。

```
USE master
GO
CREATE DATABASE sample_snapshot
    ON
    (
        NAME='sample',
        FILENAME='D:\SQLServer2019\sample_snapshot.mdf'
    )
    AS SNAPSHOT OF sample
GO
```

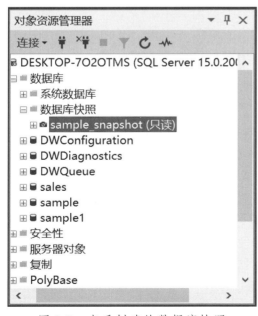

图 2.7　查看创建的数据库快照

命令执行成功后，在"对象资源管理器"窗口中刷新"数据库"节点，展开"数据库"→"数据库快照"节点，可以看见新创建的快照 sample_snapshot，如图 2.7 所示。

2．删除数据库快照

删除数据库快照使用 DROP DATABASE 语句，语法格式如下。

```
DROP DATABASE database_snapshot_name
```

其中，database_snapshot_name 为要删除的数据库快照的名称。

【例 2.12】使用 DROP DATABASE 语句删除数据库快照 sample_snapshot。

```
DROP DATABASE sample_snapshot
```

2.5 小结

本章主要介绍了以下内容。

（1）SQL Server 数据库是存储数据库对象的容器，是 SQL Server 用于组织和管理数据的基本对象。

SQL Server 2019 安装完成后，默认创建了 5 个系统数据库：master、model、msdb、tempdb 和 Resource。

SQL Server 存放数据库时采用的操作系统文件可以分为两类：数据文件和事务日志文件。数据文件用于存储数据，事务日志文件用于记录对数据库的操作。数据文件又可以分为主数据文件和辅助数据文件。

在 SQL Server 2019 中数据库文件组可以被划分为主文件组、次文件组和默认文件组。

（2）使用图形用户界面创建 SQL Server 数据库，包括创建数据库、修改数据库、删除数据库。

（3）使用 T-SQL 语句创建 SQL Server 数据库，包括使用 CREATE DATABASE 语句创建数据库、使用 ALTER DATABASE 语句修改数据库、使用 DROP DATABASE 语句删除数据库。

（4）数据库快照是指在某一指定时刻对数据库进行的数据备份，反映了数据库在该时刻的状态，提供了源数据库在创建快照时刻的只读静态视图。创建数据库快照使用 CREATE DATABASE 语句，删除数据库快照使用 DROP DATABASE 语句。

习题 2

一、选择题

1. 在 SQL Server 中创建用户数据库，其主要数据文件的大小必须大于_____。

    A．master 数据库的大小   B．model 数据库的大小

    C．msdb 数据库的大小   D．3MB

2. 在 SQL Server 中，如果 tempdb 数据库的空间不足，可能会导致一些操作无法进行，此时需要扩大 tempdb 的空间。下列关于扩大 tempdb 空间的方法中，错误的是_____。

    A．手动扩大 tempdb 中某数据文件的大小

    B．设置 tempdb 中的数据文件为自动增长方式，每当空间不够时让其自动增长

    C．手动为 tempdb 增加一个数据文件

    D．删除 tempdb 中的日志内容，以获得更多的数据空间

3. 在 SQL Server 中创建用户数据库，实际就是定义数据库所包含的文件以及文件的属性。下列不属于数据文件属性的是_____。

    A．初始大小   B．物理文件名

    C．文件结构   D．最大大小

4．SQL Server 数据库是由文件组成的。下列关于数据库所包含的文件的说法中，正确的是_____。

A．一个数据库可以包含多个主要数据文件和多个事务日志文件

B．一个数据库只能包含一个主要数据文件和一个事务日志文件

C．一个数据库可以包含多个次要数据文件，但只能包含一个事务日志文件

D．一个数据库可以包含多个次要数据文件和多个事务日志文件

5．在 SQL Server 系统数据库中，用于存放用户数据库公共信息的是_____数据库。

A．master　　　　　　B．model　　　　　　C．msdb　　　　　　D．tempdb

二、填空题

1．SQL Server 数据库是存储数据库对象的_____。

2．SQL Server 的数据库对象包括表、_____、索引、存储过程、触发器等。

3．SQL Server 在存储空间分配中使用的数据存储单元是页和_____。

4．SQL Server 数据库的每个页的大小是 8KB，每个盘区的大小是_____。

5．SQL Server 使用的数据库文件有主数据文件、辅助数据文件、_____三类。

三、问答题

1．SQL Server 2019 有哪些系统数据库？

2．SQL Server 数据库中包含哪几种文件？

3．简述使用图形用户界面创建 SQL Server 数据库的步骤。

4．使用 T-SQL 语句创建数据库包含哪些语句？

5．什么是数据库快照？有何作用？

四、应用题

1．使用 T-SQL 语句创建 rs1 数据库，主数据文件为 rs1.mdf，初始大小为 14MB，增量为 8MB，增长无限制；事务日志文件为 rs1_log.ldf，初始大小为 3MB，增量为 10%，最大文件大小为 110MB。

2．使用图形用户界面创建 rs2 数据库，主数据文件和事务日志文件的初始大小、增量、最大文件大小与上题相同。

第 3 章　数据表

数据库是 SQL Server 用于存储数据库对象的容器。数据表（简称表）是最重要的数据库对象，数据库的数据存放在数据表中。其他的数据库对象，如视图、索引、存储过程、触发器等，都是为更有效地使用和管理表中数据服务的。掌握表的概念、管理和操作是掌握 SQL Server 的基础。本章介绍数据表概述、数据类型、使用 T-SQL 语句创建 SQL Server 表、使用图形用户界面创建 SQL Server 表、使用 T-SQL 语句操作 SQL Server 表数据、使用图形用户界面操作 SQL Server 表数据、分区表等内容。

3.1　数据表概述

下面先介绍数据库对象，再介绍表的概念、表结构设计、SQL Server 2019 表的类型。

3.1.1　数据库对象

SQL Server 的数据库对象包括表（ table ）、视图（ view ）、索引（ index ）、存储过程（ stored procedure ）、触发器（ trigger ）等，下面介绍常用的数据库对象。

1）表

表是包含数据库中所有数据的数据库对象，由行和列构成，它是最重要的数据库对象。

2）视图

视图是由一个表或多个表导出的表，又称虚拟表。

3）索引

索引是可以加快数据检索速度并保证数据唯一性的数据库对象。

4）存储过程

存储过程是可以完成特定功能的 T-SQL 语句的集合，编译后存放于服务器端的数据库中。

5）触发器

触发器是一种特殊的存储过程，当某个规定的事件发生时，该存储过程可以被自动执行。

3.1.2　表的概念

表是 SQL Server 中最基本的数据库对象，是一种用于存储数据的逻辑结构，由行和列组成，又被称为二维表。例如，销售管理系统中的员工表（employee），如表 3.1 所示。

表 3.1　销售管理系统中的员工表（employee）

员工号	姓名	性别	出生日期	籍贯	工资	部门号
E001	孙浩然	男	1982-02-15	北京	4600.00	D001
E002	乔桂群	女	1991-12-04	上海	3500.00	NULL
E003	夏婷	女	1986-05-13	四川	3800.00	D003
E004	罗勇	男	1975-09-08	上海	7200.00	D004
E005	姚丽霞	女	1984-08-14	北京	3900.00	D002
E006	田文杰	男	1980-06-25	NULL	4800.00	D001

1）表

表是数据库中用来存储数据的数据库对象。每个数据库都包含了若干个表，表由行和列组成。例如，表 3.1 由 6 行 7 列（不包含表头）组成。

2）表结构

每个表都具有一定的结构。表结构包含一组固定的列，列由数据类型、长度、允许 NULL 值等组成。

3）记录

每个表都包含若干行数据，表中的一行称为一个记录（Record）。例如，表 3.1 有 6 个记录。

4）字段

表中的每列称为字段（Field），每个记录由若干个数据项（列）构成，构成记录的每个数据项就称为字段。例如，表 3.1 有 7 个字段。

5）空值

空值（NULL）通常表示未知、不可用或将在以后添加的数据。

6）关键字

关键字用于唯一地标识记录。如果表中记录的某一字段或字段组合能唯一地标识记录，则该字段或字段组合被称为候选关键字（Candidate Key）。如果一个表有多个候选关键字，则选定其中的一个为主关键字（Primary Key），又称主键。例如，表 3.1 的主键为"员工号"。

3.1.3　表结构设计

创建表的核心是定义表结构及设置表和列的属性。创建表以前，要确定表名和表的属性，表所包含的列名，列的数据类型、长度、是否为空值、是否为主键等，这些属性构成了表结构。

我们以销售管理系统中的 employee 表为例介绍表结构设计。

employee 表包含 emplid、emplname、sex、birthday、native、wages、deptid 等列。其中，emplid 列是员工的员工号，列的数据类型选为固定长度的字符型数据类型 char[(n)]，n 的值为 4，不允许为空值；emplname 列是员工的姓名，姓名一般不超过 4 个中文字符，所以选为固定长度的字符型数据类型，n 的值为 8，不允许为空值；sex 列是员工的性别，选为固定长度的字符型数据类型，n 的值为 2，不允许为空值；birthday 列是员工的出生日期，选为 date 数据类型，不允许为空值；native 列是员工的籍贯，选为固定长度的字符型数据类型，n 的值为 10，允许为空值；wages 列是员工的工资，选为货币型数据类型 money，不允许为空值；deptid 列是员工的部门号，选为固定长度的字符型数据类型，n 的值为 4，允许为空值。在 employee 表中，只有 emplid 列能唯一地标识一个员工，所以将 emplid 列设为主键。employee 的表结构设计如表 3.2 所示。

表 3.2　employee 的表结构设计

列名	数据类型	允许 NULL 值	是否为主键	说明
emplid	char(4)		主键	员工号
emplname	char(8)			姓名
sex	char(2)			性别
birthday	date			出生日期
native	char(10)	√		籍贯
wages	money			工资
deptid	char(4)	√		部门号

3.1.4　SQL Server 2019 表的类型

在 SQL Server 2019 中，共有 9 种类型的数据表：系统表、用户表、临时表、分区表、FileTable、时态表、内存优化表、外部表和图形表。

1）系统表

系统表是由 SQL Server 系统提供的数据表，用于存储系统的运行信息，如有关的服务器配置、数据库选项的信息等。

2）用户表

用户表即普通表，是由用户创建的，用于存储用户数据的数据表。

3）临时表

因用户、应用程序或者系统运行的需要而临时创建的数据表。该数据表只能被临时存储在临时数据库 tempdb 中，当用户断开连接或者 SQL Server 服务重启或停止时，临时表会丢失。

4）分区表

分区表是一种特殊的数据表。为提高数据管理性能，将大型数据表分割成多个较小的数据表，即为分区表。

5）FileTable

FileTable 是一种用于存储非结构化数据的用户表，如 Word 文档、Excle 表格等文件都可以通过 FileTable 进行管理。

6）时态表

时态表是一种用于记录用户数据变化历史的数据表。通过时态表，系统可以记录用户对表中数据更新修改的情况。时态表又称系统版本控制表。

7）内存优化表

内存优化表是一种将表存储于内存中，通过内存的高性能读写速度来提升数据读写速度的数据表。

8）外部表

外部表是 SQL Server 用于实现数据虚拟化的重要工具。数据虚拟化是指不论数据以何种格式存放于何处，都能统一地进行管理和访问。

9）图形表

图形表是 SQL Server 用于反映实体间关系的数据表。通过图形表存储和处理实体联系，会有比采用普通表更高的效率和更好的处理性能。

3.2 数据类型

SQL Server 支持两种数据类型：系统数据类型和用户自定义数据类型。

3.2.1 系统数据类型

创建数据库最重要的一步是创建其中的数据表。创建数据表必须定义表结构并设置列的数据类型、长度等。下面我们介绍 SQL Server 系统数据类型，包括整数型、精确数值型、浮点型、货币型、位型、字符型、Unicode 字符型、文本型、二进制型、日期时间类型、时间戳型、图像型和其他数据类型，如表 3.3 所示。

表 3.3　SQL Server 系统数据类型

数据类型	符号标识
整数型	bigint，int，smallint，tinyint
精确数值型	decimal，numeric
浮点型	float，real
货币型	money，smallmoney
位型	bit
字符型	char，varchar、varchar(MAX)
Unicode 字符型	nchar，nvarchar、nvarchar(MAX)
文本型	text，ntext
二进制型	binary，varbinary、varbinary(MAX)
日期时间类型	datetime，smalldatetime, date, time, datetime2, datetimeoffset
时间戳型	timestamp
图像型	image
其他	cursor , sql_variant , table , uniqueidentifier , xml, hierarchyid

1）整数型

整数型包括 bigint、int、smallint 和 tinyint 4 类。

❖ bigint（大整数）

精度为 19 位，长度为 8 个字节，数值范围为 $-2^{63} \sim 2^{63}-1$。

❖ int（整数）

精度为 10 位，长度为 4 个字节，数值范围为 $-2^{31} \sim 2^{31}-1$。

❖ smallint（短整数）

精度为 5 位，长度为 2 个字节，数值范围为 $-2^{15} \sim 2^{15}-1$。

❖ tinyint（微短整数）

精度为 3 位，长度为 1 个字节，数值范围为 $0 \sim 255$。

2）精确数值型

精确数值型包括 decimal 和 numeric 两类，这两类在 SQL Server 中的功能是完全等价的。

精确数值型数据由整数部分和小数部分构成，可存储数值范围为 $(-10^{38}+1) \sim (10^{38}-1)$、固定精度和小数位的数据，长度最少为 5 个字节，最多为 17 个字节。

精确数值型数据的格式如下。

numeric | decimal(p,[s])

其中 p 为精度，s 为小数位数，s 的默认值为 0。

例如指定某列为精确数值型，精度为 7 位，小数位数为 2，则为 decimal(7,2)。

3）浮点型

浮点型又称近似数值型。近似数值型包括 float[(n)]和 real 两类，这两类通常都使用科学记数法表示数据。科学记数法的格式如下。

尾数 E 阶数

其中，阶数必须为整数。

例如，4.804E9，3.682E-6，7 8594E-8 等都是浮点型数据。

❖ real

精度为 7 位，长度为 4 字节，数值范围为（-3.40E + 38）～（3.40E + 38）。

❖ float[(n)]

当 n 在 1～24 之间时，精度为 7 位，长度为 4 个字节，数值范围为（-3.40E + 38）～（3.40E + 38）。

当 n 在 25～53 之间时，精度为 15 位，长度为 8 个字节，数值范围为（-1.79E + 308）～（1.79E + 308）。

4）货币型

处理货币的数据类型有 money 和 smallmoney，它们用十进制数表示货币值。

❖ money

精度为 19 位，小数位数为 4、长度为 8 个字节，数值范围为 $-2^{63} \sim 2^{63}-1$。

❖ smallmoney

精度为 10 位，小数位数为 4、长度为 4 个字节，数值范围为 $-2^{31} \sim 2^{31} - 1$。

5）位型

SQL Server 中的位（bit）型数据只有 0 和 1，长度为 1 个字节，相当于其他语言中的逻辑型数据。当一个表中有小于 8 位的 bit 列时，其将作为 1 个字节被存储，如果表中有 9 到 16 位 bit 列，其将作为 2 个字节被存储，以此类推。

当为位型数据赋值为 0 时，其值为 0；而赋值为非 0 时，其值为 1。

字符串 TRUE 和 FALSE 可以转换为 bit 值：TRUE 转换为 1，FALSE 转换为 0。

6）字符型

字符型数据用于存储字符串，包括字母、数字和其他特殊符号。在输入字符串时，需要将串中的符号用单引号或双引号括起来，如'def'和"Def<Ghi"。

字符型包括固定长度（char）字符数据类型、可变长度（varchar）字符数据类型。

❖ char[(n)]

固定长度的字符数据类型。其中 n 定义字符型数据的长度，n 在 1~8000 之间，默认值为 1。若输入的字符串长度小于 n，则系统自动在它的后面添加空格以达到长度 n。例如某列的数据类型为 char(100)，而输入的字符串为 "NewYear2013"，则存储的是字符 NewYear2013 和 89 个空格。若输入的字符串长度大于 n，则会截断超出的部分。当列值的字符数基本相同时，可以采用数据类型 char[(n)]。

❖ varchar[(n)]

可变长度的字符数据类型。其中 n 的定义与固定长度的字符数据类型 char[(n)]中的 n 完全相同。与 char[(n)]不同的是，varchar[(n)]的存储空间随列值的字符数而变化。例如，表中某列的数据类型为 varchar(100)，而输入的字符串为 "NewYear2013"，则存储的是字符 NewYear2013 的 11 个字节，其后不添加空格。因此 varchar[(n)]可以节省存储空间，特别是在列值的字符数有明显的不同时。

7）Unicode 字符型

Unicode 是 "统一字符编码标准"。用于支持国际上非英语语种的字符数据的存储和处理。Unicode 字符型包括 nchar[(n)]和 nvarchar[(n)]两类。nchar[(n)]、nvarchar[(n)]和 char[(n)]、varchar[(n)]类似，只是前者使用 Unicode 字符集，后者使用 ASCII 字符集。

❖ nchar[(n)]

固定长度的 Unicode 字符型数据类型。n 的取值为 1~4000，长度为 2n 个字节，若输入的字符串长度不足 n，将以空格补足。

❖ nvarchar[(n)]

可变长度的 Unicode 字符型数据类型。n 的取值为 1~4000，长度为所输入字符个数的两倍。

8）文本型

由于字符型数据的最大长度为 8000 个字符，当存储的字符数据超出上述长度时（如较长的备注、日志等），即不能满足应用需求，此时需要文本型数据。

文本型包括 text 和 ntext 两类，分别对应 ASCII 字符和 Unicode 字符。

❖ text

最大长度为 $2^{31}-1$（2 147 483 647）个字符，存储的字节数与实际字符个数相同。

❖ ntext

最大长度为 $2^{30}-1$（1 073 741 823）个 Unicode 字符，存储的字节数是实际字符个数的 2 倍。

9）二进制型

二进制数据类型表示的是位数据流，包括 binary（固定长度）和 varbinary（可变长度）两种。

❖ binary[(n)]

固定长度的 n 字节二进制数据，n 的取值范围为 1~8000，默认值为 1。

binary[(n)]数据的存储长度为（n+4）个字节。若输入的数据长度小于 n，则不足的部分用 0 填充；若输入的数据长度大于 n，则多余部分被截断。

输入二进制值时，在数据前面要加上 0x，可以用的数字符号为 0~9、A~F（字母大小写均可）。例如 0xBE、0x5F0C 分别表示值 BE 和 5F0C。由于每字节的最大数为 F，故"0x"格式的数据每两位占 1 个字节，二进制数据有时也称为十六进制数据。

❖ varbinary[(n)]

可变长度的 n 字节二进制数据，n 的取值范围为 1~8000，默认值为 1。

varbinary[(n)]数据的存储长度为实际输入的数据长度加 4 个字节。

10）日期时间类型

日期时间类型用于存储日期和时间信息，有 datetime、smalldatetime、date、time、datetime2、datetimeoffset 共 6 种。

❖ datetime

datetime 类型可以表示从 1753 年 1 月 1 日到 9999 年 12 月 31 日的日期和时间数据，精度为 3.33 毫秒（或 0.00333 秒）。

datetime 类型的数据长度为 8 个字节，日期和时间分别使用 4 个字节存储。前 4 个字节用于存储 1900 年 1 月 1 日之前或之后的天数，正数表示日期在 1900 年 1 月 1 日之后，负数则表示日期在 1900 年 1 月 1 日之前。后 4 个字节用于存储 12:00（24 小时制）之前或之后的毫秒数。

默认的日期和时间是 January 1, 1900 12:00 A.M。可以接受的输入格式有：January 10 2012、Jan 10 2012、JAN 10 2012、January 10, 2012 等。

❖ smalldatetime

smalldatetime 类型与 datetime 类型类似，但日期和时间的范围较小，表示从 1900 年 1 月 1 日到 2079 年 6 月 6 日的日期和时间，存储长度为 4 个字节。

❖ date

date 类型可以表示从公元元年 1 月 1 日到 9999 年 12 月 31 日的日期，表示形式与 datetime 类型的日期部分相同，只存储日期数据，不存储时间数据，存储长度为 3 个字节。

❖ time

time 类型只存储时间数据，表示格式为"hh:mm:ss[.nnnnnnn]"。hh 表示小时，范围为

0 到 23；mm 表示分钟，范围为 0 到 59；ss 表示秒数，范围为 0 到 59；n 是 0 位到 7 位的数字，范围为 0 到 9999999，表示秒的小数部分，即微秒数，默认为 7。所以 time 数据类型的取值范围为 00:00:00.0000000 到 23:59:59.9999999。time 类型的存储长度为 5 个字节。另外还可以自定义 time 类型中微秒数的位数，例如 time(1)表示小数位数为 1。

❖ datetime2

新的 datetime2 类型和 datetime 类型一样，用于存储日期和时间信息。但是 datetime2 类型的取值范围更广。日期部分取值范围从公元元年 1 月 1 日到 9999 年 12 月 31 日，时间部分的取值范围从 00:00:00.0000000 到 23:59:59.999999。另外，用户可以自定义 datetime2 数据类型中微秒数的位数，例如 datetime(2)表示小数位数为 2。datetime2 类型的存储长度随着微秒数的位数（精度）而改变，精度小于 3 时为 6 个字节，精度为 4 和 5 时为 7 个字节，其他精度时则为 8 个字节。

❖ datetimeoffset

datetimeoffset 类型也用于存储日期和时间信息，取值范围与 datetime2 类型相同。但 datetimeoffset 类型具有时区偏移量，此偏移量用于指定时间相对于协调世界时（UTC）偏移的小时和分钟数。datetimeoffset 的格式为 "YYYY-MM-DD hh:mm:ss[.nnnnnnn][{+|-}hh:mm]"，其中 hh 为时区偏移量中的小时数，范围为 00 到 14；mm 为时区偏移量中的额外分钟数，范围为 00 到 59。时区偏移量中必须包含 "+"（加）或 "-"（减）号。这两个符号表示在 UTC 时间的基础上加上还是减去时区偏移量以得出本地时间。时区偏移量的有效范围为-14:00 ~ +14:00。

11）时间戳型

反映系统对该记录修改的相对（相对于其他记录）顺序，标识符是 timestamp。timestamp 类型的数据是二进制数据，长度为 8 个字节。

若创建表时定义一列的数据类型为时间戳类型，那么每当对该表加入新行或修改已有行时，都由系统自动将一个计数器值加到该列，即给原来的时间戳值加上一个增量。

12）图像型

用于存储图片、照片等，标识符为 image，实际存储的是可变长度的二进制数据，介于 0 与 $2^{31}-1$（2 147 483 647）字节之间。

13）其他

SQL Server 还提供其他几种数据类型：cursor、sql_variant、table、uniqueidentifier、xml 和 hierarchyid。

❖ cursor

游标数据类型，用于创建游标变量或定义存储过程的输出参数。

❖ sql_variant

用于存储 SQL Server 支持的各种数据类型（除 text、ntext、image、timestamp 和 sql_variant 外）。sql_variant 的最大长度可达 8016 个字节。

❖ table

用于存储结果集的数据类型，结果集可以供后续处理。

❖ uniqueidentifier

唯一标识符类型，系统将为这种类型的数据产生唯一标识值，它是一个 16 个字节长的二进制数据。

❖ xml

用于在数据库中保存 xml 文档和片段的数据类型，文件大小不能超过 2GB。

❖ hierarchyid

hierarchyid 数据类型是 SQL Server 新增的一种可变长度的系统数据类型，可以表示层次结构中的位置。

3.2.2 用户自定义数据类型

在 SQL Server 中，除系统提供的数据类型外，用户可以根据基本数据类型自定义数据类型，将一个名称用于一个数据类型，能更好地说明该对象中存储的值的类型。例如 employee 表的 emplid 列，该列应有相同的数据类型，即均为字符型、长度为 4 个字节，不允许为空值。为了明确含义、便于使用，由用户定义一个数据类型，命名为 employee_num，作为 employee 表的 emplid 列的数据类型。

创建用户自定义数据类型应有以下三个属性。

❖ 新数据类型的名称。

❖ 新数据类型所依据的系统数据类型。

❖ 是否为空值。

1）创建用户自定义数据类型

使用 CREATE TYPE 语句来实现用户数据类型的定义，其语法格式如下。

```
CREATE TYPE [ schema_name. ] type_name
    FROM base_type [ ( precision [ , scale ] ) ]
    [ NULL | NOT NULL ]
[ ; ]
```

其中，type_name 为用户自定义数据类型的名称，base_type 为用户自定义数据类型所依据的系统数据类型。

【例 3.1】使用 CREATE TYPE 命令创建用户自定义数据类型 employee_num。

```
USE sales
CREATE TYPE employee_num
FROM char(4) NOT NULL
```

该语句创建了用户自定义数据类型 employee_num。

2）删除用户自定义数据类型

使用 DROP TYPE 语句删除用户自定义数据类型的语法格式如下。

```
DROP TYPE [ schema_name. ] type_name [ ; ]
```

例如，删除在例 3.1 中定义的 employee_num 数据类型的语句如下。

```
DROP TYPE employee_num
```

3.3 使用 T-SQL 语句创建、修改、删除 SQL Server 表

可以使用 T-SQL 语句或图形用户界面创建 SQL Server 表，本节介绍使用 T-SQL 语句对表进行创建、修改和删除。

3.3.1 创建表

1. 使用 CREATE TABLE 语句创建表

使用 CREATE TABLE 语句创建表的语法格式如下。

```
CREATE TABLE  [ database_name . [ schema_name ] . | schema_name . ] table_name
(
{    <column_definition>
   | column_name AS computed_column_expression [PERSISTED [NOT NULL]]
   }
   [ <table_constraint> ] [ ,…n ]
)
[ ON { partition_scheme_name ( partition_column_name ) | filegroup | "default" } ]
 [ { TEXTIMAGE_ON { filegroup | "default" } ]
[ FILESTREAM_ON { partition_scheme_name | filegroup | "default" } ]
 [ WITH ( <table_option> [ ,…n ] ) ]
[ ; ]

<column_definition> ::=
column_name data_type
   [ FILESTREAM ]
   [ COLLATE collation_name ]
   [ NULL | NOT NULL ]
   [
     [ CONSTRAINT constraint_name ]
     DEFAULT constant_expression ]
   | [ IDENTITY [ ( seed ,increment ) ] [ NOT FOR REPLICATION ] ]
   ]
   [ ROWGUIDCOL ]
[ <column_constraint> [ ...n ] ]
   [ SPARSE ]
```

各参数含义如下。

（1）database_name 是数据库名，schema_name 是表所属的架构名，table_name 是表名。如果省略数据库名，则默认在当前数据库中创建表；如果省略架构名，则默认是"dbo"。

（2）<column_definition> 列定义。

❖ column_name 为列名，data_type 为列的数据类型。

❖ FILESTREAM 是 SQL Server 新增的一项特性，允许以独立文件的形式存放对象中的数据。

❖ NULL | NOT NULL：确定列是否可以为空值。

❖ DEFAULT constant_expression：为所在列指定默认值。

❖ IDENTITY：表示该列是标识符列。

❖ ROWGUIDCOL：表示该列是全局唯一标识符列。

❖ <column_constraint>：列的完整性约束，指定主键、外键等。

❖ SPARSE：指定稀疏列。

（3）column_name AS computed_column_expression [PERSISTED [NOT NULL]]：用于定义计算字段。

（4）<table_constraint>：表的完整性约束。

（5）ON 子句：filegroup | "default"指定存储表的文件组。

（6）TEXTIMAGE_ON {filegroup | "default"}：TEXTIMAGE_ON 指定存储 text、ntext、image、xml、varchar(MAX)、nvarchar(MAX)、varbinary(MAX)和 CLR 用户定义类型数据的文件组。

（7）FILESTREAM_ON 子句：filegroup | "default"指定存储 FILESTREAM 数据的文件组。

【例 3.2】使用 T-SQL 语句，在 sales 数据库中创建 employee 表。

在 sales 数据库中创建 employee 表的语句如下。

```
USE sales
CREATE TABLE employee
    (
        emplid char(4) NOT NULL PRIMARY KEY,
        emplname  char(8) NOT NULL,
        sex char(2) NOT NULL,
        birthday date NOT NULL,
        native char(10) NULL,
        wages money NOT NULL,
        deptid char(4) NULL
    )
GO
```

在上面的 T-SQL 语句中，首先指定 sales 数据库为当前数据库，然后使用 CREATE TABLE 语句在 sales 数据库中创建 employee 表。

◀)) 提示：由一条或多条 T-SQL 语句组成的程序，通常以.sql 为扩展名存储，称为 sql 脚本文件。双击 sql 脚本文件，其 T-SQL 语句会出现在查询编辑器的编辑窗口中，可选择"文件"菜单中的"另存为"命令将其命名并存入指定目录。

◀)) 注意：批处理是包含一个或多个 T-SQL 语句的组，作为一批发送到 SQL Server 的实例来执行，SQL Server Management Studio 使用 GO 命令作为结束批处理的信号，详见第 8 章。

2．由其他表创建新表

使用 SELECT INTO 语句创建一个新表，并用 SELECT 的结果集填充该表，其语法格式如下。

```
SELECT 列名表 INTO 表1
FROM 表2
…                              /*其他行过滤、分组等子句*/
```

该语句的功能是由"表2"的"列名表"来创建新表"表1",并将查询结果插入新表中。

【例 3.3】在 sales 数据库中,由 employee 表创建 employee1 表。

```
USE sales
SELECT emplid, emplname, sex, birthday, native, wages, deptid INTO employee1
FROM employee
```

3.3.2 修改表

使用 ALTER TABLE 语句修改表的结构,其语法格式如下。

```
ALTER TABLE table_name
{
ALTER COLUMN column_name
{
        new_data_type [ (precision,[,scale])] [NULL | NOT NULL]
        | {ADD | DROP } { ROWGUIDCOL | PERSISTED | NOT FOR REPLICATION | SPARSE }
}/
| ADD {[<column_definition>]}[,…n]
| DROP {[CONSTRAINT] constraint_name | COLUMN column}[,…n]
}
```

各参数含义如下。

❖ table_name 为表名。
❖ ALTER COLUMN 子句:修改表中指定列的属性。
❖ ADD 子句:增加表中的列。
❖ DROP 子句:删除表中的列或约束。

【例 3.4】在 employee1 表中,修改 native 列的属性。

```
USE sales
ALTER TABLE employee1
ALTER COLUMN native varchar(10) NULL
```

【例 3.5】在 employee1 表中新增一列 remarks,然后删除该列。

```
USE sales
ALTER TABLE employee1
ADD remarks char(20) NULL
GO

ALTER TABLE employee1
```

```
DROP COLUMN remarks
GO
```

3.3.3　删除表

使用 DROP TABLE 语言删除表，语法格式如下。

```
DROP TABLE table_name
```

其中，table_name 是要删除的表的名称。

【例 3.6】删除 sales 数据库中 employee1 表。

```
USE sales
DROP TABLE employee1
```

3.4　使用图形用户界面创建、修改、删除 SQL Server 表

使用图形用户界面创建 SQL Server 表包括创建表、修改表、删除表等内容。

3.4.1　创建表

【例 3.7】在 sales 数据库中创建 employee2 表。

操作步骤如下。

（1）启动 SQL Server Management Studio，在"对象资源管理器"窗口中展开"数据库"节点，展开"sales"数据库，右击"表"，在弹出的快捷菜单中选择"新建"→"表"命令，如图 3.1 所示。

图 3.1　选择"新建"→"表"命令

（2）屏幕中出现表设计器窗口，根据已经设计好的 employee2 的表结构分别输入或选择各列的数据类型、长度、允许 NULL 值。根据需要，可以在每列的"列属性"表格中填入相应内容，输入完成后的结果如图 3.2 所示。

（3）在"emplid"行上右击，在弹出的快捷菜单中选择"设置主键"命令，如图 3.3 所示，此时，"emplid"左边会出现一个钥匙图标。

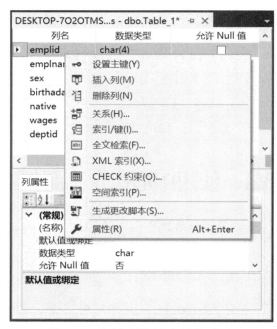

图 3.2　输入或选择各列的数据　　　　图 3.3　选择"设置主键"命令
类型、长度、允许 Null 值

注意：如果主键由两列或以上组成，需要按住 Ctrl 键选择多个列，再执行上述操作选择"设置主键"命令。

（4）单击工具栏中的"保存"按钮，出现"选择名称"对话框，输入表名称"employee2"，如图 3.4 所示，单击"确定"按钮，即可创建 employee2 表，如图 3.5 所示。

3.4.2　修改表

在 SQL Server 中，当用户使用 SQL Server Management Studio 修改表的结构时，如增加列、删除列、修改已有列的属性等，必须要先删除原表，再创建新表才能完成表的修改。如果强行修改会弹出"不允许保存更改"对话框。

为了在进行表的修改时不出现此对话框，需要进行的操作如下。

在"SQL Server Management Studio"窗口中选择"工具"→"选项"命令，在出现的"选项"窗口中单击"设计器"中的"表设计器和数据库设计器"选项，取消勾选"阻止保存要求重新创建表的更改"复选框，如图 3.6 所示，单击"确定"按钮，就可以进行表的修改了。

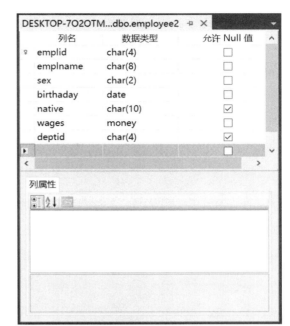

图 3.4　输入表名称　　　　　　　图 3.5　创建 employee2 表

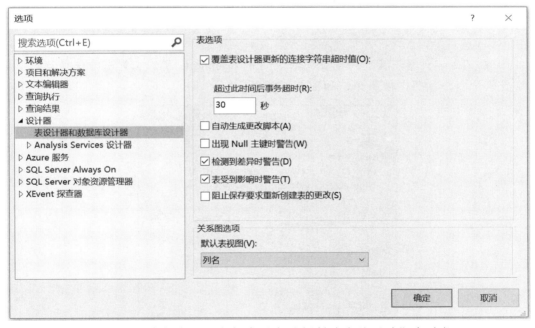

图 3.6　取消勾选"阻止保存要求重新创建表的更改"复选框

【例 3.8】在 employee2 表的 wages 列之前增加一列 telephone（电话），然后删除该列。

（1）启动 SQL Server Management Studio，在"对象资源管理器"中展开"数据库"→"sales"→"表"节点，右击表"dbo.employee"，在弹出的快捷菜单中选择"设计"命令，打开"表设计器"窗口，右击 wages 列，在弹出的快捷菜单中选择"插入列"命令，如图 3.7 所示。

（2）"表设计器"窗口中的 wages 列前出现空白行，输入列名"telephone"，选择数据类型为"char(14)"，允许为空值，如图 3.8 所示，完成插入新列操作。

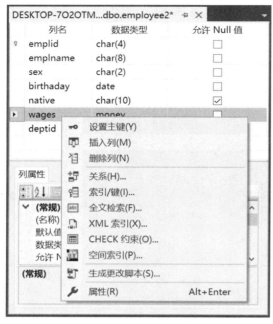 

图 3.7　选择"插入列"命令　　　　　　　　图 3.8　插入新列

（3）在"表设计器"窗口中右击需要删除的 telephone 列，在弹出的快捷菜单中选择"删除列"命令，该列即被删除，如图 3.9 所示。

图 3.9　选择"删除列"命令

【例 3.9】将 ab 表（已创建）的表名修改为 cd。

（1）启动 SQL Server Management Studio，在"对象资源管理器"窗口中展开"数据库"→"sales"→"表"节点，右击表"dbo.ab"，在弹出的快捷菜单中选择"重命名"命令。

（2）此时，表 dbo.def 的名称处于可编辑状态，将名称修改为"dbo.cd"，修改表名完成。

3.4.3　删除表

删除表时，表的结构定义、表中的所有数据以及索引、触发器、约束等都会被删除，因此删除表操作时一定要谨慎。

【例 3.10】删除 cd 表（已创建）。

（1）启动 SQL Server Management Studio，在"对象资源管理器"窗口中展开"数据库"→"sales"→"表"节点，右击表"dbo.cd"，在弹出的快捷菜单中选择"删除"命令。

（2）系统弹出"删除对象"窗口，单击"确定"按钮，即可删除 cd 表。

3.5　使用 T-SQL 语句操作 SQL Server 表数据

本节介绍使用 T-SQL 语句操作 SQL Server 表数据。

3.5.1　插入语句

INSERT 语句用于向数据表或视图中插入由 VALUES 指定的各列值所在的行，其语法格式如下。

```
INSERT [ TOP ( expression ) [ PERCENT ] ]
  [ INTO ]
{ table_name                          /*表名*/
  | view_name                         /*视图名*/
  | rowset_function_limited           /*可以是 OPENQUERY 或 OPENROWSET 函数*/
  [WITH (<table_hint_limited>[…n])]   /*指定表提示，可省略*/
}
{
  [ ( column_list ) ]                 /*列名表*/
  {   VALUES ( ( { DEFAULT | NULL | expression } [ ,…n ] ) [ ,…n ] )
                                      /*指定列值的 value 子句*/
      | derived_table                 /*结果集*/
      | execute_statement             /*有效的 EXECUTE 语句*/
      | DEFAULT VALUES                 /*强制新行包含每个列定义的默认值*/
  }
}
```

各参数含义如下。

（1）table_name：被操作的表的表名。

（2）view_name：视图名。

（3）column_list：列名表。包含了新插入数据行的各列的名称。如果只对表的部分列插入数据，需要用 column_list 指出这些列。

（4）VALUES 子句：包含了各列需要插入的数据，数据的顺序要与列的顺序相对应。若省略 column_list，则 VALUES 子句给出每一列（除了 IDENTITY 属性和 timestamp 类型的列）的值。VALUES 子句中的值有三种。

❖ DEFAULT：指定该列的默认值。这要求定义表时必须指定该列的默认值。

❖ NULL：指定该列为空值。

❖ expression：可以是一个常量、变量或是一个表达式，其值的数据类型要与列的数据类型一致。注意表达式中不能有 SELECT 或 EXECUTE 语句。

1．对表的所有列插入数据

1）省略列名表

必须为每个列都插入数据，值的顺序必须与表定义的列的顺序一一对应，且数据类型相同。

设 employee 表、employee1 表已创建，其表结构参见附录。

【例 3.11】使用省略列名表的插入语句，向 employee1 表插入一条记录('E001','孙浩然','男','1982-02-15','北京',4600.00,'D001')。

```
INSERT INTO employee1
    VALUES('E001','孙浩然','男','1982-02-15','北京',4600.00,'D001')
```

由于插入的数据包含了各列的值并按表中各列的顺序列出了这些值，所以省略列名表。

2）不省略列名表

如果插入值的顺序和表定义的列的顺序不同，在插入全部列时，则不能省略列名表。

【例 3.12】使用不省略列名表的插入语句，向 employee1 表插入一条记录，姓名为"乔桂群"、员工号为"E002"、部门号为"NULL"、籍贯为"上海"、工资为 3500.00、性别为"女"、出生日期为"1991-12-04"。

```
INSERT INTO employee1 (emplname, emplid, deptid, native, wages, sex, birthday)
    VALUES('乔桂群','E002',NULL,'上海',3500.00,'女','1991-12-04')
```

2．对表的指定列插入数据

在插入语句中，只给出了部分列的值，其他列的值为表定义时的默认值或空值，此时，不能省略列名表。

【例 3.13】只给出部分列的值，向 employee1 表插入一条记录，姓名为"田文杰"、性别为"男"、出生日期为"1980-06-25"、员工号为"E006"、部门号为"D001"、工资为 3500.00。

```
INSERT INTO employee1 (emplname, sex, birthday, emplid, deptid, wages)
    VALUES('田文杰','男','1980-06-25','E006','D001',3500.00)
```

3．插入多条记录

在插入语句中，只需指定多个插入值列表，插入值列表之间用逗号隔开。

【例 3.14】向 employee 表插入表 3.1 的 6 行数据。

向 employee 表插入表 3.1 的各行数据的语句如下。

```
USE sales
INSERT INTO employee
    VALUES('E001','孙浩然','男','1982-02-15','北京',4600.00,'D001'),
    ('E002','乔桂群','女','1991-12-04','上海',3500.00,NULL),
    ('E003','夏婷','女','1986-05-13','四川',3800.00,'D003'),
    ('E004','罗勇','男','1975-09-08','上海',7200.00,'D004'),
    ('E005','姚丽霞','女','1984-08-14','北京',3900.00,'D002'),
    ('E006','田文杰','男','1980-06-25',NULL,4800.00,'D001');
GO
```

注意：将多行数据插入表中时，由于提供了所有列的值并按表中各列的顺序列出了这些值，因此不必在 column_list 中指定列名，VALUES 子句后所接多行的值用逗号隔开。

3.5.2　修改语句

UPDATE 语句用于修改数据表或视图中特定记录或列的数据，语法格式如下。

```
UPDATE { table_name | view_name }
SET column_name = {expression | DEFAULT | NULL } [,…n]
[WHERE <search_condition>]
```

该语句的功能是：选择 table_name 指定的表或 view_name 指定的视图中满足<search_condition>条件的记录，将其中由 SET 指定的各列的列值设置为 SET 指定的新值。如果不使用 WHERE 子句，则更新所有记录的指定列值。

1．修改指定记录

修改指定记录需要通过 WHERE 子句指定该记录满足的条件。

【例 3.15】在 employee1 表中，将员工田文杰的籍贯修改为北京。

```
USE sales
UPDATE employee1
SET native ='北京'
WHERE emplname ='田文杰'
```

2．修改全部记录

修改全部记录可以不指定 WHERE 子句。

【例 3.16】将 employee1 表中所有员工的工资增加 200 元。

```
USE sales
```

```
UPDATE employee1
SET wages = wages+200
```

3.5.3　删除语句

UPDATE 语句可以使用 DELETE 语句或 TRUNCATE 语句。DELETE 语句可以删除表中的指定或全部记录，TRUNCATE 语句则用于删除表中的全部记录。

1. 删除指定记录

DELETE 语句用于删除表或视图中的一行或多行记录，其语法格式如下。

```
DELETE [FROM] { table_name | view_name }
[WHERE <search_condition>]
```

该语句的功能为从 table_name 指定的表或 view_name 指定的视图中删除满足<search_condition>条件的行。若省略该条件，则删除所有行。

【例 3.17】删除 employee1 表中员工号为 E006 的员工记录。

```
USE sales
DELETE employee1
WHERE emplid ='E006'
```

2. 删除全部记录

1）DELETE 语句

【例 3.18】使用 DELETE 语句，删除 employee1 表的全部记录。

```
USE sales
DELETE employee1
```

2）TRUNCATE 语句

TRUNCATE 语句用于删除表中的全部记录，其语法格式如下。

```
TRUNCATE TABLE table_name
```

TRUNCATE 语句和 DELETE 语句均可用于删除表中的全部记录，但 TRUNCATE 语句的速度更快，消耗资源更少。

【例 3.19】使用 TRUNCATE 语句，删除 employee 表的全部记录。

```
USE sales
TRUNCATE TABLE employee
```

3.6　使用图形用户界面操作 SQL Server 表数据

本节介绍使用图形用户界面进行 SQL Server 表数据的插入、删除和修改。

【例 3.20】向 sales 数据库中插入 employee2 表的有关记录。

（1）启动 SQL Server Management Studio，在"对象资源管理器"窗口中展开"数据库"→"sales"→"表"节点，右击表"dbo.employee2"，在弹出的快捷菜单中选择"编辑前 200 行"命令，如图 3.10 所示。

图 3.10　选择"编辑前 200 行"命令

（2）屏幕中出现"dbo.employee2 表编辑"窗口，可在各个字段中输入或编辑有关数据，这里插入 employee2 表的 6 个记录，如图 3.11 所示。

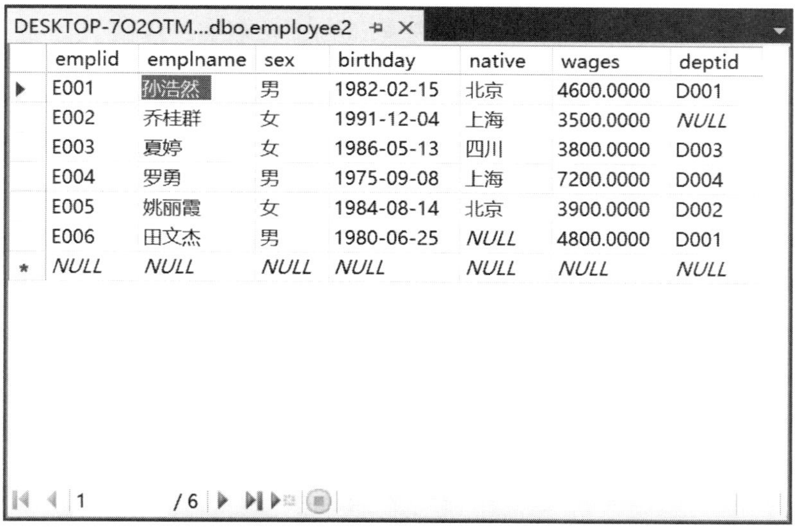

	emplid	emplname	sex	birthday	native	wages	deptid
▶	E001	孙浩然	男	1982-02-15	北京	4600.0000	D001
	E002	乔桂群	女	1991-12-04	上海	3500.0000	NULL
	E003	夏婷	女	1986-05-13	四川	3800.0000	D003
	E004	罗勇	男	1975-09-08	上海	7200.0000	D004
	E005	姚丽霞	女	1984-08-14	北京	3900.0000	D002
	E006	田文杰	男	1980-06-25	NULL	4800.0000	D001
*	NULL	NULL	NULL	NULL	NULL	NULL	NULL

图 3.11　插入 employee2 表的记录

【例 3.21】在 employee2 表中删除、修改记录。

（1）在"dbo.employee2 表编辑"窗口中，右击需要删除的记录，在弹出的快捷菜单中选择"删除"命令，如图 3.12 所示。

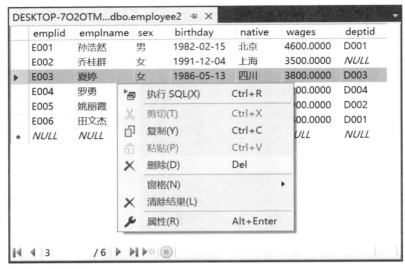

图 3.12　删除记录

（2）此时出现一个确认对话框，单击"是"按钮，即可删除该记录。

（3）定位到需要修改的字段，对该字段进行修改，然后将光标移到下一个字段即可保存修改的内容。

3.7　分区表

分区表将表中数据水平划分成不同的子集，划分的数据子集存储在数据库的一个或多个文件组中。分区表可以快速有效地管理和访问数据子集，使大型表和具有各种访问模式的表更易于管理，从而提高数据库的性能。

当表的数据量很大，数据是分段的，且对不同段的数据操作不同时，适合使用分区表。例如，销售管理系统中的订单表，对于今年的数据操作频繁，经常进行增加、修改、删除和查询等操作，而对于往年的数据操作很少且仅限于查询，可以按年份对表进行分区。

分区表从物理上将一个大表分成几个小表，但逻辑上还是一个大表，用户面对的仍然是一个大表。例如，对于插入记录，用户只需将记录插入大表，数据库管理系统会自动将数据放置到对应的物理小表中。对于查询也是这样。

创建分区表的步骤如下。

（1）创建分区函数。

分区函数定义了分区列的值。

（2）创建分区方案。

分区方案根据分区函数，将不同的数据分区映射到不同的文件组中。

（3）创建分区表。

根据分区方案的要求创建分区表。

3.7.1 创建分区函数

使用 T-SQL 语句创建分区函数的语法格式如下。

```
CREATE PARTITION FUNCTION partition_function_name ( input_parameter_type )
AS RANGE [ LEFT | RIGHT ]
FOR VALUES ( [ boundary_value [ ,…n ] )
[ ; ]
```

各参数含义如下。

- ❖ partition_function_name：分区函数名。在数据库中，分区函数名必须是唯一的。
- ❖ input_parameter_type：分区列的数据类型。
- ❖ boundary_value：为每个分区指定边界值。
- ❖ …n：提供的边界值的数目。n≤999，所创建的分区数等于n+1。
- ❖ LEFT | RIGHT：指定间隔值在由数据库引擎按升序从左至右排序时，属于每个边界间隔的左侧或右侧。如果未指定，则默认为 LEFT。

【例 3.22】对 sample 数据库中的订单信息表的数据创建分区函数。在 date 列上创建左侧分区函数 orderinfoPF，分区范围为 2015 年及以前，2016 年至 2018 年，2019 年至 2020 年，2021 年及以后，如表 3.4 所示。

表 3.4 orderinfoPF 函数的分区情况

分区	1	2	3	4
值	2015-12-31 以前	2015-12-31~2018-12-31	2018-12-31~2021-01-01	2021-01-01 以后

```
USE sample
CREATE PARTITION FUNCTION orderinfoPF(date)
AS RANGE LEFT
FOR VALUES('2015-12-31', '2018-12-31', '2021-01-01')
```

创建的分区函数 orderinfoPF，保存在"对象资源管理器"的"sample"→"存储"→"分区函数"节点中。

【例 3.23】在 int 列上创建左侧分区函数 rangePF，将表分为 4 个分区，如表 3.5 所示。

表 3.5 rangePF 函数的分区情况

分区	1	2	3	4
值	$(-\infty, 1]$	$(1, 100]$	$(100, 10000]$	$(10000, +\infty)$

```
USE sample
CREATE PARTITION FUNCTION rangePF(int)
```

```
AS RANGE LEFT
FOR VALUES(1, 100, 10000)
```

3.7.2 创建分区方案

使用 T-SQL 语句创建分区方案的语法格式如下。

```
CREATE PARTITION SCHEME partition_scheme_name
CREATE PARTITION partition_function_name
[ ALL ] TO ( [ file_group_name | [ PRIMARY ] ) [ ,…n ]
[ ; ]
```

各参数含义如下。

❖ partition_scheme_name：分区方案名。在数据库中，分区方案名必须是唯一的。

❖ partition_function_name：使用分区方案的分区函数名，必须是数据库中已经存在的。分区函数所创建的分区将映射到分区方案指定的文件组中。

❖ ALL：所有分区都将映射到 file_group_name 提供的文件组中，或映射到主文件组中（如果指定 PRIMARY）。

❖ file_group_name | [PRIMARY] [,…n]：file_group_name 必须是数据库中已经存在的。如果指定了 [PRIMARY]，则分区将存储在主文件组中。如果指定了 ALL，则只能指定一个 file_group_name。

在数据库 sample 中，已经添加了 4 个文件组 FG1、FG2、FG3、FG4。

【例 3.24】创建分区方案 orderinfoPS，对订单信息表的数据依据分区函数 orderinfoPF 分别映射到 4 个文件组 FG1、FG2、FG3、FG4，如表 3.6 所示。

表 3.6 文件组与分区的对照关系

分区	1	2	3	4
值	2015-12-31 以前	2015-12-31~2018-12-31	2018-12-31~2021-01-01	2021-01-01 以后
文件组	FG1	FG2	FG3	FG4

```
USE sample
CREATE PARTITION SCHEME orderinfoPS
AS PARTITION orderinfoPF
TO (FG1, FG2, FG3, FG4)
```

创建的分区方案 orderinfoPS，保存在"对象资源管理器"的"sample"→"存储"→"分区方案"节点中。

3.7.3 创建分区表

创建分区表与创建普通表的语句类似。其区别为：创建分区表的语句需要添加 ON 参数。

【例 3.25】对 sample 数据库，依据分区函数 orderinfoPF 和分区方案 orderinfoPS，创建分区表 orderinfo（订单信息表）。

```
USE sample
CREATE TABLE orderinfo
    (
        orderid int IDENTITY(1,1) NOT NULL,
        customerid int NOT NULL,
        ordertime date NULL DEFAULT Getdate()
    ) ON orderinfoPS(ordertime)
```

创建的分区表 orderinfo，保存在"对象资源管理器"的"sample"→"表"节点中。

为验证分区表，向分区表 orderinfo 的 4 个分区分别插入一条数据。

```
USE sample
INSERT INTO orderinfo(ordertime, customerid) VALUES('2014-11-02',1),
('2016-06-17',1),
('2020-09-24',1),
('2021-03-12',1);
```

通过查询语句，查看上述数据在分区表中的位置。

```
USE sample
SELECT ordertime, $PARTITION.[orderinfoPF](ordertime) AS '分区号'
FROM orderinfo
```

查询结果如图 3.13 所示，插入分区表的数据，已经分别存储到 4 个分区中了。

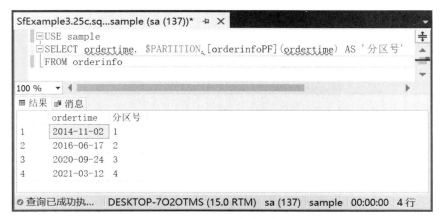

图 3.13　分区数据验证

3.8　小结

本章主要介绍了以下内容。

（1）表是 SQL Server 中最基本的数据库对象，它是用于存储数据的一种逻辑结构，由行和列组成。表结构包含一组固定的列，列由数据类型、长度、允许 NULL 值等组成。创建表以前，要进行表结构设计，确定表名和表的属性，表所包含的列名，列的数据类型、长度、是否为空值、是否为主键等。

（2）SQL Server 支持两类数据类型：系统数据类型和用户自定义数据类型。系统数据类型包括整数型、精确数值型、浮点型、货币型、位型、字符型、Unicode 字符型、文本型、二进制型、日期时间类型、时间戳型、图像型和其他数据类型。用户自定义数据类型的创建和删除。

（3）使用 T-SQL 语句创建 SQL Server 表的语句有：创建表使用 CREATE TABLE 语句、修改表使用 ALTER TABLE 语句、删除表使用 DROP TABLE 语句。

（4）使用图形用户界面创建 SQL Server 表，包括创建表、修改表、删除表等内容。

（5）使用 T-SQL 语句操作 SQL Server 表数据的语句有：在表中插入记录使用 INSERT 语句，在表中修改记录或列使用 UPDATE 语句，在表中删除记录使用 DELETE 语句。

（6）使用图形用户界面操作 SQL Server 表数据，包括数据的插入、删除和修改等内容。

（7）分区表将表中数据水平划分成不同的子集，划分的数据子集存储在数据库的一个或多个文件组中。创建分区表的步骤如下：创建分区函数、创建分区方案、创建分区表。

习题 3

一、选择题

1. 出生日期字段不宜选择_____。

A．datetime   B．bit   C．char   D．date

2. 性别字段不宜选择_____。

A．char   B．tinyint   C．int   D．float

3. _____字段可以采用默认值。

A．出生日期   B．姓名   C．专业   D．学号

4. 设在 SQL Server 中，某关系表需要存储职工的工资信息，工资的范围为 2000～6000，采用整数型存储。下列数据类型中最合适的是_____。

A．int   B．smallint   C．tinyint   D．bigint

5. 表的数据操作的基本语句不包括_____。

A．INSERT   B．DELETE   C．UPDATE   D．DROP

6. 删除表的全部记录采用_____。

A．DROP   B．ALTER   C．DELETE   D．INSERT

7. 修改记录内容不能采用_____。

A．UPDATE   B．ALTER

C．DELETE 和 INSERT   D．图形用户界面

二、填空题

1．表结构包含一组固定的列，列由列名、_____、长度、允许 NULL 值等组成。

2．空值通常表示未知、_____或将在以后添加的数据。

3．创建表以前，首先要进行表结构设计，确定表名和表的属性，表所包含的_____、数据类型、长度、是否为空值、是否为主键等。

4．整数型包括 bigint、int、smallint 和_____4 类。

5．字符型包括固定长度的字符数据类型和_____两类。

6．Unicode 字符型用于支持国际上_____的字符数据的存储和处理。

7．以命令方式操作 SQL Server 表数据的语句有：INSERT，_____和 DELETE。

8．当插入的数据包含各列的值并按表中各列的_____列出这些值，可以省略列名表。

9．在 UPDATE 语句中，如果不使用 WHERE 子句，则更新_____的指定列值。

10．在 DELETE 语句中，若省略 WHERE 子句，则删除_____。

11．分区表将表中数据水平划分成不同的子集，划分的数据子集存储在数据库的一个或多个_____中。

三、问答题

1．什么是表？什么是表结构？

2．简述 SQL Server 常用的数据类型。

3．分别写出 employee 表、course 表、score 表的表结构。

4．可以使用哪些方式创建数据表？

5．简述以命令方式创建 SQL Server 表的语句。

6．简述以图形用户界面进行 SQL Server 表数据的插入、删除和修改。

7．简述创建分区表的步骤。

四、应用题

1．在 sales 数据库中，使用 T-SQL 语句分别创建 employee 表、orderform 表、orderdetail 表、goods 表和 department 表，表结构参见附录。

2．在 sales 数据库中，使用图形用户界面分别创建 employee1 表、orderform1 表、orderdetail1 表、goods1 表和 department 1 表，表结构参见附录。

3．在 sales 数据库中，使用 T-SQL 语句分别向 employee 表、orderform 表、orderdetail 表、goods 表和 department 表中插入样本数据，样本数据参见附录。

4．在 sales 数据库中，使用图形用户界面分别向 employee1 表、orderform1 表、orderdetail1 表、goods1 表和 department1 表中插入样本数据，样本数据参见附录。

第 4 章　数据查询

数据库管理系统最重要的功能是数据查询，数据查询是通过 T-SQL 中的 SELECT 语句完成的。SELECT 语句可以按用户要求查询数据，并将查询结果以表的形式返回。本章介绍数据查询概述、单表查询、多表查询、查询结果处理等内容。

4.1　数据查询概述

T-SQL 对数据库的查询使用 SELECT 语句。其功能强大，使用灵活方便，可以从数据库中的一个或多个表或视图中查询数据，SELECT 语句的基本语法格式如下。

```
SELECT select_list                          /*SELECT 子句，指定要选择的列*/
FROM table_source                           /*FROM 子句，指定表或视图*/
[ WHERE search_condition ]                  /*WHERE 子句，指定查询条件*/
[ GROUP BY group_by_expression ]            /*GROUP BY 子句，指定分组表达式*/
[ HAVING search_condition ]                 /*HAVING 子句，指定分组统计条件*/
[ ORDER BY order_expression [ ASC | DESC ]] /*ORDER 子句,指定排序表达式和顺序*/
```

4.2　单表查询

单表查询使用的 SELECT 语句包括 SELECT 子句、FROM 子句、WHERE 子句、GROUP BY 子句、HAVING 子句、ORDER BY 子句等，下面分别介绍。

4.2.1　SELECT 子句

使用 SELECT 语句的 SELECT 子句可以进行投影查询，由选择表中的部分或全部列组成结果表，SELECT 子句的语法格式如下。

```
SELECT [ ALL | DISTINCT ] [ TOP n [ PERCENT ] [ WITH TIES ] ] <select_list>
```

select_list 指定了结果的形式，其格式如下。

```
{ *                                         /*选择当前表或视图的所有列*/
```

```
  | { table_name | view_name | table_alias } . *    /*选择指定的表或视图的所有列*/
  | { column_name | expression | $IDENTITY | $ROWGUID }
     /*选择指定的列并更改列标题，为列指定别名，还可用于为表达式结果指定名称*/
    [ [ AS ] column_alias ]
  | column_alias = expression
} [ , … n ]
```

1．投影指定的列

使用 SELECT 子句可以选择表中的一列或多列。如果是多列，各列名中间要用逗号分隔，语法格式如下。

```
SELECT column_name [ , column_name…]
FROM table_name
WHERE search_condition
```

其中，FROM 子句用于指定表，WHERE 子句在该表中检索符合 search_condition 条件的列。

【例 4.1】对 sales 数据库中的 employee 表，查询所有员工的员工号、姓名和部门号。

```
USE sales
SELECT emplid, emplname, deptid
FROM employee
```

查询结果如下。

```
emplid      emplname       deptid
----------- -------------- ---------------
E001        孙浩然          D001
E002        乔桂群          NULL
E003        夏婷            D003
E004        罗勇            D004
E005        姚丽霞          D002
E006        田文杰          D001
```

2．投影全部的列

在 SELECT 子句中使用*号，则为查询表中的所有列。

【例 4.2】对 sales 数据库中的 employee 表查询所有列。

```
USE sales
SELECT *
FROM employee
```

该语句与下面的语句等价。

```
USE sales
SELECT emplid, emplname, sex, birthday, native, wages, deptid
FROM employee
```

查询结果如下。

```
emplid      emplname     sex     birthday           native      wages        deptid
----------- ------------ ------- ------------------ ----------- ------------ -------------------- -
E001        孙浩然        男       1982-02-15         北京         4600.00      D001
E002        乔桂群        女       1991-12-04         上海         3500.00      NULL
E003        夏婷          女       1986-05-13         四川         3800.00      D003
E004        罗勇          男       1975-09-08         上海         7200.00      D004
E005        姚丽霞        女       1984-08-14         北京         3900.00      D002
E006        田文杰        男       1980-06-25         NULL         4800.00      D001
```

3. 修改查询结果的列标题

为了修改查询结果中显示的列标题，可以在列名后使用 AS 子句，语法格式如下。

```
AS column_alias
```

其中，column_alias 指定显示的列标题，AS 可以省略。

【例 4.3】对 employee 表查询 emplid, emplname, sex, deptid 列，并将结果中各列的标题分别修改为员工号、姓名、性别和部门号。

```
USE sales
SELECT emplid AS '员工号', emplname AS '姓名', sex AS '性别', deptid AS '部门号'
FROM employee
```

查询结果如下。

```
员工号       姓名            性别      部门号
----------- --------------- --------- -----------
E001        孙浩然           男        D001
E002        乔桂群           女        NULL
E003        夏婷             女        D003
E004        罗勇             男        D004
E005        姚丽霞           女        D002
E006        田文杰           男        D001
```

4. 去掉重复行

去掉查询结果中的重复行可以使用 DISTINCT 关键字，其语法格式如下。

```
SELECT DISTINCT column_name [ , column_name…]
```

【例 4.4】对 employee 表中的 deptid 列，去掉查询结果中的重复行。

```
USE sales
SELECT DISTINCT deptid
FROM employee
```

查询结果如下。

```
deptid
------------
NULL
D001
D002
D003
D004
```

4.2.2　FROM 子句

FROM 子句用于指定查询源为表或视图，语法格式如下。

```
[ FROM {<table_source>} [,…n] ]
<table_source> ::=
{
    table_or_view_name [ [ AS ] table_alias ]       /*查询表或视图，可指定别名*/
    | rowset_function [ [ AS ] table_alias ]         /*行集函数*/
        [ ( bulk_column_alias [ ,...n ] ) ]
    | user_defined_function [ [ AS ] table_alias ]   /*指定表值函数*/
    | OPENXML <openxml_clause>                        /*XML 文档*/
    | derived_table [ AS ] table_alias [ ( column_alias [ ,…n ] ) ] /*子查询*/
    | <joined_table>                                  /*连接表*/
    | <pivoted_table>                                 /*将行转换为列*/
    | <unpivoted_table>                               /*将列转换为行*/
}
```

各参数含义如下。

❖ table_or_view_name：指定 SELECT 语句要查询的表或视图。

❖ rowset_function：是一个行集函数，通常返回一个表或视图。

❖ derived_table：是从 SELECT 语句返回的表，必须为其指定一个别名，也可以为列指定别名。

❖ joined_table：为连接表。

❖ pivoted_table：将行转换为列。

　<pivoted_table>的格式如下。

```
<pivoted_table> ::=
        table_source PIVOT <pivot_clause> [AS] table_alias
<pivot_clause> ::=
        ( aggregate_function ( value_column ) FOR pivot_column  IN (<column_list>) )
```

❖ <unpivoted_table>：将列转换为行。

<unpivoted_table>的语法格式如下。

```
<unpivoted_table> ::=
```

```
        table_source UNPIVOT <unpivot_clause> table_alias
<unpivot_clause> ::=
        ( value_column FOR pivot_column IN ( <column_list> ) )
```

【例 4.5】对 employee 表，列出员工的姓名和性别及所属的部门号。在记录中，1 表示属于该部门，0 表示不属于该部门。

```
USE sales
SELECT emplname, sex , D001, D002, D003, D004
FROM employee
PIVOT
(
COUNT(emplid)
FOR deptid
IN (D001, D002, D003, D004)
)AS pvt
```

该语句通过 pivot 子句将 D001、D002、D003、D004 等行转换为列。

查询结果如下。

```
emplname    sex    D001    D002    D003    D004
--------------  ------  -----------  -----------  -----------  -----------
孙浩然      男      1       0       0       0
田文杰      男      1       0       0       0
罗勇        男      0       0       0       1
乔桂群      女      0       0       0       0
夏婷        女      0       0       1       0
姚丽霞      女      0       1       0       0
```

4.2.3 WHERE 子句

WHERE 子句用于指定查询条件，位于 FROM 子句的后面。选择查询通过 WHERE 子句实现。

WHERE 子句的语法格式如下。

```
WHERE <search_condition>
```

其中，search_condition 为查询条件，<search_condition>的语法格式如下。

```
{ [ NOT ] <predicate> | (<search_condition> ) }
    [ { AND | OR } [ NOT ] { <predicate> | (<search_condition>) } ]
} [ ,…n ]
```

其中，predicate 为判定运算，<predicate>的语法格式如下。

```
{ expression { = | < | <= | > | >= | <> | != | !< | !> } expression /*比较运算*/
```

```
            | string_expression [ NOT ] LIKE  string_expression [ ESCAPE  'escape_
character' ]
                                                              /*字符串模式匹配*/
            | expression [ NOT ] BETWEEN expression AND expression    /*指定范围*/
            | expression IS [ NOT ] NULL                  /*是否空值判断*/
            | CONTAINS ( { column | * },'<contains_search_condition>')  /*包含式查询*/
            | FREETEXT ({ column | * },'freetext_string')     /*自由式查询*/
            | expression [ NOT ] IN ( subquery | expression [,…n] )    /*IN 子句*/
            | expression { = | < | <= | > | >= | <> | != | !< | !> } { ALL | SOME | ANY }
( subquery )
                                                              /*比较子查询*/
            | EXIST ( subquery )                          /*EXIST 子查询*/
        }
```

WHERE 子句常用的查询条件如表 4.1 所示。

表 4.1　查询条件

查询条件	谓词
比较	<=, <, =,>=, >, !=, <>, !>, !<
指定范围	BETWEEN AND, NOT BETWEEN AND, IN
确定集合	IN, NOT IN
字符匹配	LIKE, NOT LIKE
空值	IS NULL, IS NOT NULL
多重条件	AND, OR

说明： 在 SQL 中，返回逻辑值的运算符或关键字都称为谓词。

1. 表达式比较

比较运算符用于比较两个表达式的值，比较运算的语法格式如下。

```
expression { = | < | <= | > | >= | <> | != | !< | !> } expression
```

其中 expression 是除 text、ntext 和 image 类型之外的表达式。

【例 4.6】对 employee 表，列出月工资在 3500 元至 5000 元之间的员工。

```
USE sales
SELECT *
FROM employee
WHERE wages>=3500 AND wages<=5000
```

查询结果如下。

```
emplid   emplname   sex   birthday    native   wages     deptid
------   --------   ---   --------    ------   -----     ------
E001     孙浩然      男    1982-02-15  北京     4600.00   D001
E002     乔桂群      女    1991-12-04  上海     3500.00   NULL
E003     夏婷        女    1986-05-13  四川     3800.00   D003
```

| E005 | 姚丽霞 | 女 | 1984-08-14 | 北京 | 3900.00 | D002 |
| E006 | 田文杰 | 男 | 1980-06-25 | NULL | 4800.00 | D001 |

【例 4.7】对 employee 表，列出部门号为 D004 或性别为女的员工。

```
USE sales
SELECT *
FROM employee
WHERE deptid='D004' OR sex='女'
```

查询结果如下。

```
emplid    emplname    sex    birthday    native    wages    deptid
--------- ----------- ------ ----------- --------- -------- -------------------- -
E002      乔桂群      女     1991-12-04  上海      3500.00  NULL
E003      夏婷        女     1986-05-13  四川      3800.00  D003
E004      罗勇        男     1975-09-08  上海      7200.00  D004
E005      姚丽霞      女     1984-08-14  北京      3900.00  D002
```

2. 范围比较

BETWEEN、NOT BETWEEN、IN 是用于范围比较的三个关键字，用于查找字段值在（或不在）指定范围内的行。

【例 4.8】对 employee 表，列出部门号为 D002、D003、D004 的员工。

```
USE sales
SELECT *
FROM employee
WHERE deptid IN('D002', 'D003', 'D004')
```

查询结果如下。

```
emplid   emplname   sex   birthday    native    wages    deptid
-------- ---------- ----- ----------- --------- -------- --------------------
E003     夏婷       女    1986-05-13  四川      3800.00  D003
E004     罗勇       男    1975-09-08  上海      7200.00  D004
E005     姚丽霞     女    1984-08-14  北京      3900.00  D002
```

3. 模式匹配

字符串的模式匹配使用 LIKE 谓词。其表达式的语法格式如下。

```
string_expression [ NOT ] LIKE string_expression [ ESCAPE 'escape_ character']
```

其含义是查找指定列值与匹配串相匹配的行。匹配串（string_expression）可以是一个完整的字符串，也可以含有通配符。通配符有以下两种。

%：代表 0 或多个字符。

_：代表 1 个字符。

在 LIKE 匹配中使用通配符的查询也称为模糊查询。

【例 4.9】对 employee 表，列出姓夏的员工。

```
USE sales
SELECT *
FROM employee
WHERE emplname LIKE '夏%'
```

查询结果如下。

```
emplid      emplname        sex     birthday        native      wages       deptid
----------  --------------- ------- --------------- ----------- ----------- --------------------- -
E003        夏婷            女      1986-05-13      四川        3800.00     D003
```

4. 空值使用

空值是未知的值。判定一个表达式的值是否为空值时，要使用 IS NULL 关键字，语法格式如下。

```
expression IS [ NOT ] NULL
```

【例 4.10】列出籍贯为空值的员工。

```
USE sales
SELECT *
FROM employee
WHERE native IS NULL
```

查询结果如下。

```
emplid      emplname        sex     birthday        native      wages       deptid
-------     --------------- ------- --------------- ----------- ----------- --------------------- -
E006        田文杰          男      1980-06-25      NULL        4800.00     D001
```

4.2.4　GROUP BY 子句、HAVING 子句和聚合函数

本节介绍 GROUP BY 子句、HAVING 子句和聚合函数。聚合函数常用于统计，经常与 GROUP BY 子句一起使用。

1. 聚合函数

T-SQL 提供聚合函数来实现数据统计，计算表中的数据并返回单个计算结果。除 COUNT 函数之外的聚合函数会忽略空值。

SQL Server 提供的常用的聚合函数如表 4.2 所示。

表 4.2　聚合函数

函数名	功能
AVG	求组中数值的平均值
COUNT	求组中项数
MAX	求最大值

函数名	功能
MIN	求最小值
SUM	返回表达式中的数值的总和
STDEV	返回给定表达式中的所有数值的统计标准偏差
STDEVP	返回给定表达式中的所有数值的填充统计标准偏差
VAR	返回给定表达式中的所有数值的统计方差
VARP	返回给定表达式中的所有数值的填充统计方差

聚合函数的语法格式如下。

```
( [ ALL | DISTINCT ] expression )
```

其中，ALL 表示对所有值进行聚合函数运算，ALL 为默认值。DISTINCT 表示去除重复值，expression 指定进行聚合函数运算的表达式。

【例 4.11】列出 D001 部门员工的最高工资、最低工资、平均工资。

```
USE sales
SELECT MAX(wages) AS '最高工资',MIN(wages) AS '最低工资',AVG(wages) AS '平均工资'
FROM employee
WHERE deptid='D001'
```

该语句采用 MAX 为最高工资、MIN 为最低工资、AVG 为平均工资。

查询结果如下。

```
最高工资          最低工资          平均工资
--------------------  --------------------  --------------------
4800.00        4600.00        4700.00
```

【例 4.12】列出部门号为 D001 的员工总人数。

```
USE sales
SELECT COUNT(*) AS '总人数'
FROM employee
WHERE deptid='D001'
```

该语句采用 COUNT(*)计算总人数，并用 WHERE 子句指定的条件限定部门号为 D001。

查询结果如下。

```
总人数
-----------
2
```

2. GROUP BY 子句

GROUP BY 子句用于将查询结果按指定列进行分组，其语法格式如下。

```
[ GROUP BY [ ALL ] group_by_expression [,…n]
    [ WITH { CUBE | ROLLUP } ] ]
```

其中，group_by_expression 为分组表达式，通常包含字段名。ALL 显示所有分组。WITH 指定 CUBE 或 ROLLUP 操作符，在查询结果中增加汇总记录。

◀)) **注意**：聚合函数常与 GROUP BY 子句一起使用。

【例 4.13】统计各部门的平均工资和人数。

```
USE sales
SELECT deptid AS '部门号', AVG(wages) AS '平均工资', COUNT(*) AS '人数'
FROM employee
GROUP BY deptid
```

该语句采用 AVG、COUNT 等聚合函数，并用 GROUP BY 子句对 deptid 进行分组。查询结果如下。

```
部门号     平均工资          人数
---------- ---------------- -----------
NULL      3500.00         1
D001      4700.00         2
D002      3900.00         1
D003      3800.00         1
D004      7200.00         1
```

【例 4.14】统计各部门男员工和女员工的人数。

```
USE sales
SELECT deptid AS '部门号', sex AS '性别', COUNT(*) AS '人数'
FROM employee
GROUP BY ROLLUP(deptid ,sex)
```

该语句采用 GROUP BY 子句将查询结果按 deptid 列和 sex 列进行分组，并使用 ROLLUP 操作符在查询结果中增加汇总记录。

查询结果如下。

```
部门号     性别       人数
---------- --------- -----------
NULL      女        1
NULL      NULL      1
D001      男        2
D001      NULL      2
D002      女        1
D002      NULL      1
D003      女        1
D003      NULL      1
D004      男        1
D004      NULL      1
```

【例 4.15】统计男员工总数和每个部门的男员工人数、女员工总数和每个部门的女员工人数以及员工总数和各部门的员工总数。

```
USE sales
SELECT deptid AS '部门号', sex AS '性别', COUNT(*) AS '人数'
FROM employee
GROUP BY CUBE(deptid ,sex)
```

该语句采用 GROUP BY 子句将查询结果按 deptid 列和 sex 列进行分组，并使用 CUBE 操作符在查询结果中增加汇总记录。

查询结果如下。

```
部门号       性别      人数
----------- --------- -----------
D001        男        2
D004        男        1
NULL        男        3
NULL        女        1
D002        女        1
D003        女        1
NULL        女        3
NULL        NULL      6
NULL        NULL      1
D001        NULL      2
```

3．HAVING 子句

HAVING 子句用于按指定条件进一步筛选分组后的查询结果，最后只输出满足指定条件的分组，HAVING 子句的语法格式如下。

```
[ HAVING <search_condition> ]
```

其中，search_condition 为查询条件，可以使用聚合函数。

当 WHERE 子句、GROUP BY 子句、HAVING 子句在一个 SELECT 语句中时，执行顺序如下。

（1）执行 WHERE 子句，在表中选取行。

（2）执行 GROUP BY 子句，对选取行进行分组。

（3）执行聚合函数。

（4）执行 HAVING 子句，筛选分组后满足条件的查询结果。

【例 4.16】列出平均工资大于 3600 元的部门号和平均工资。

```
USE sales
SELECT deptid AS '部门号', AVG(wages) AS '平均工资'
FROM employee
```

```
GROUP BY deptid
HAVING AVG(wages)>=3600
```

该语句采用 AVG 聚合函数、WHERE 子句、GROUP BY 子句、HAVING 子句。

查询结果如下。

```
部门号       平均工资
----------- ----------------------
D001        4700.00
D002        3900.00
D003        3800.00
D004        7200.00
```

4.2.5 ORDER BY 子句

为了使查询结果有序地输出，需要使用 ORDER BY 子句，可以按照一个或多个字段的值进行排序，ORDER BY 子句的语法格式如下。

```
[ ORDER BY { order_by_expression [ ASC | DESC ] } [ ,…n ]
```

其中，order_by_expression 是排序表达式，可以是列名、表达式或一个正整数。默认情况下按升序排序，默认关键字是 ASC。如果用户要求按降序排序，必须使用 DESC。

【例 4.17】对 D001 部门的员工按出生时间的先后顺序排序。

```
USE sales
SELECT *
FROM employee
WHERE deptid ='D001'
ORDER BY birthday
```

该语句采用 ORDER BY 子句进行排序。

查询结果如下。

```
emplid      emplname   sex   birthday     native   wages              deptid
----------- ---------------- ----- ------------ ------- ------------------ --------------------
E006        田文杰      男    1980-06-25   NULL     4800.00            D001
E001        孙浩然      男    1982-02-15   北京     4600.00            D001
```

4.3 多表查询

前面介绍的查询都是单表查询，本节介绍多表查询。下面分别介绍多表查询中的连接查询和嵌套查询。

4.3.1 连接查询

连接查询的方式有连接谓词和 JOIN 连接，下面分别介绍。

1．连接谓词

在 WHERE 子句中使用比较运算符给出连接条件，在 FROM 子句中指定要连接的表，其一般语法格式如下。

[<表名 1.>] <列名 1> <比较运算符> [<表名 2.>] <列名 2>

比较运算符有：<、<=、=、>、>=、!=、<>、!<、!>。

连接谓词还有以下格式。

[<表名 1.>] <列名 1> BETWEEN [<表名 2.>] <列名 2>AND[<表名 3.>] <列名 3>

由于连接的多个表中存在公共列，为了区分是哪个表中的列，引入了表名前缀来指定连接列。例如，student.stno 表示 student 表的 stno 列，score.stno 表示 score 表的 stno 列。

为了简化输入，SQL 允许在查询中使用表的别名，可以先在 FROM 子句中为表定义别名，然后在查询中引用。

经常用到的连接如下。

- ❖ 等值连接：表之间通过比较运算符 "=" 连接起来，称为等值连接。
- ❖ 非等值连接：表之间使用非等号进行连接，称为非等值连接。
- ❖ 自然连接：在目标列中去除相同的字段名，称为自然连接。
- ❖ 自连接：将同一个表进行连接，称为自连接。

【例 4.18】对 sales 数据库的员工表和部门表进行等值连接。

```
USE sales
SELECT employee.*, department.*
FROM employee, department
WHERE employee.deptid=department.deptid
```

该语句采用等值连接。

查询结果如下。

emplid	emplname	sex	birthday	native	wages	deptid	deptid	deptname
E001	孙浩然	男	1982-02-15	北京	4600.00	D001	D001	销售部
E003	夏婷	女	1986-05-13	四川	3800.00	D003	D003	财务部
E004	罗勇	男	1975-09-08	上海	7200.00	D004	D004	经理办
E005	姚丽霞	女	1984-08-14	北京	3900.00	D002	D002	人事部
E006	田文杰	男	1980-06-25	NULL	4800.00	D001	D001	销售部

【例 4.19】对例 4.18 进行自然连接查询。

```
USE sales
SELECT employee.*, department.deptname
FROM employee, department
WHERE employee.deptid=department.deptid
```

该语句采用自然连接。

查询结果如下。

emplid	emplname	sex	birthday	native	wages	deptid	deptname
E001	孙浩然	男	1982-02-15	北京	4600.00	D001	销售部
E003	夏婷	女	1986-05-13	四川	3800.00	D003	财务部
E004	罗勇	男	1975-09-08	上海	7200.00	D004	经理办
E005	姚丽霞	女	1984-08-14	北京	3900.00	D002	人事部
E006	田文杰	男	1980-06-25	NULL	4800.00	D001	销售部

【例 4.20】列出所有员工的销售单，要求有姓名、订单号、商品号、商品名称、订单数量、折扣总价、总金额。

分析题意可得：

（1）查询姓名、订单号、商品号、商品名称、订单数量、折扣总价、总金额，涉及 4 个表为 employee、goods、orderform，orderdetail，可选用多表连接。

（2）连接可用谓词连接或 JOIN 连接，这里选用谓词连接，后面的例题选用 JOIN 连接。注意比较谓词连接与 JOIN 连接写法上的不同。

```
USE sales
SELECT emplname, b.orderid, c.goodsid, goodsname, quantity, discounttotal, cost
FROM employee a, orderform b, orderdetail c, goods d
WHERE a.emplid=b.emplid AND b.orderid=c.orderid AND c.goodsid=d.goodsid
```

该语句用谓词连接实现了 4 个表的连接，并采用别名以缩写表名。本例中为 employee 指定的别名是 a，为 orderform 指定的别名是 b，为 orderdetail 指定的别名是 c，为 goods 指定的别名是 d。

查询结果如下。

emplname	orderid	goodsid	goodsname	quantity	discounttotal	cost
田文杰	S00001	3001	DELL Precision T3450	2	12058.20	21503.70
田文杰	S00001	4002	HP LaserJet Pro M405d	5	9445.50	21503.70
孙浩然	S00002	2001	DELL 5510 11	2	9718.20	27536.40
孙浩然	S00002	3002	HP HPE ML30GEN10	2	17818.20	27536.40
乔桂群	S00003	1002	Apple iPad Pro 11	2	10078.20	10078.20

2．JOIN 连接

在 FROM 子句中建立以 JOIN 关键字指定连接的表示方式，有助于将连接操作和 WHERE 子句中的筛选条件区分开，推荐在 T-SQL 中使用这种方式。

在 FROM 子句的< joined_table >中指定 JOIN 连接，语法格式如下。

```
<joined_table> ::=
{
<table_source> <join_type> <table_source> ON <search_condition>
  | <table_source> CROSS JOIN <table_source>
  | <joined_table>
}
```

<join_type>为连接类型，ON 用于指定连接条件。

<join_type>的语法格式如下。

```
[INNER]|{LEFT|RIGHT|FULL}[OUTER][<join_hint>]JOIN
```

INNER JOIN 表示内连接，OUTER JOIN 表示外连接，CROSS JOIN 表示交叉连接，此为 JOIN 关键字指定的 3 种连接类型。

1）内连接

内连接按照 ON 指定的连接条件合并两个表，返回满足条件的行，它是系统默认的，可省略 INNER 关键字。

【例 4.21】列出所有员工的销售单，要求有姓名、订单号、商品号、商品名称、订单数量、折扣总价、总金额，采用内连接。

```
USE sales
SELECT emplname, b.orderid, c.goodsid, goodsname, quantity, discounttotal, cost
FROM employee a JOIN orderform b ON a.emplid=b.emplid
    JOIN orderdetail c ON b.orderid=c.orderid
    JOIN goods d ON c.goodsid=d.goodsid
```

该语句采用 JOIN 连接中的内连接来实现 4 个表的连接，省略 INNER 关键字，查询结果与例 4.20 相同。

2）外连接

在内连接的结果表中，只有满足连接条件的行才能作为结果输出。外连接的结果表不但包括满足连接条件的行，还包括相应表中的所有行。外连接有以下 3 种。

❖ 左外连接（LEFT OUTER JOIN）：结果表中除了包括满足连接条件的行，还包括左表的所有行；

❖ 右外连接（RIGHT OUTER JOIN）：结果表中除了包括满足连接条件的行，还包括右表的所有行；

❖ 全外连接（FULL OUTER JOIN）：结果表中除了包括满足连接条件的行，还包括两个表的所有行。

【例 4.22】员工表 employee 左外连接订单表 orderform。

```
USE sales
SELECT a.emplid, a.emplname, b.orderid, b.cost
FROM employee a LEFT OUTER JOIN orderform b ON a.emplid=b.emplid
```

该语句采用左外连接。

查询结果如下。

```
emplid      emplname        orderid        cost
----------- --------------- -------------- ---------------------
E001        孙浩然          S00002         27536.40
E002        乔桂群          S00003         10078.20
E003        夏婷            NULL           NULL
E004        罗勇            NULL           NULL
E005        姚丽霞          NULL           NULL
E006        田文杰          S00001         21503.70
```

【例 4.23】员工表 employee 右外连接订单表 orderform。

```
USE sales
SELECT a.emplid, a.emplname, b.orderid, b.cost
FROM employee a RIGHT OUTER JOIN orderform b ON a.emplid =b.emplid
```

该语句采用右外连接。

查询结果如下。

```
emplid      emplname        orderid        cost
----------- --------------- -------------- ---------------------
E006        田文杰          S00001         21503.70
E001        孙浩然          S00002         27536.40
E002        乔桂群          S00003         10078.20
NULL        NULL            S00004         11318.40
```

【例 4.24】员工表 employee 全外连接订单表 orderform。

```
USE sales
SELECT a.emplid, a.emplname, b.orderid, b.cost
FROM employee a FULL OUTER JOIN orderform b ON a.emplid=b.emplid
```

该语句采用全外连接。

查询结果如下。

```
emplid      emplname        orderid        cost
----------- --------------- -------------- ---------------------
E001        孙浩然          S00002         27536.40
E002        乔桂群          S00003         10078.20
E003        夏婷            NULL           NULL
E004        罗勇            NULL           NULL
```

E005	姚丽霞	NULL	NULL
E006	田文杰	S00001	21503.70
NULL	NULL	S00004	11318.40

📢》 **注意：** 外连接只能对两个表进行。

3）交叉连接

【例 4.25】采用交叉连接列出员工表 employee 和部门表 department 所有可能的组合。

```
USE sales
SELECT a.deptid, a.deptname, b.emplid, b.emplname
FROM department a CROSS JOIN employee b
```

该语句采用交叉连接。

4.3.2 嵌套查询

在 SQL 中，一个 SELECT 语句称为一个查询块。有时使用一个 SELECT 语句无法完成查询任务，需要将另一个 SELECT 语句的查询结果作为查询条件的一部分，这种查询称为嵌套查询，又称子查询，举例如下。

```
USE sales
SELECT *
FROM employee
WHERE deptid IN
    (SELECT deptid
     FROM department
     WHERE deptname='销售部' OR deptname='财务部'
    )
```

在本例中，将下层查询块"SELECT deptid FROM department WHERE deptname='销售部' OR deptname='财务部'"的查询结果，作为上层查询块"SELECT * FROM employee WHERE deptid IN"的查询条件。上层查询块称为父查询或外层查询，下层查询块称为子查询或内层查询。嵌套查询的处理过程是由内向外的，即由子查询到父查询，将子查询的结果作为父查询的查询条件。

T-SQL 允许 SELECT 多层嵌套使用，即一个子查询可以嵌套其他子查询，以增强查询能力。

子查询通常与 IN、EXIST 谓词和比较运算符结合使用。

1．IN 子查询

IN 子查询用于判断一个给定值是否在子查询的结果集中，语法格式如下。

```
expression [ NOT ] IN ( subquery )
```

当表达式 expression 与子查询 subquery 的结果集中的某个值相等时，IN 谓词返回

TRUE，否则返回 FALSE；若使用了 NOT，则返回的值相反。

【例 4.26】对 sales 数据库，列出销售部和财务部所有员工的情况。

```
USE sales
SELECT *
FROM employee
WHERE deptid IN
    (SELECT deptid
     FROM department
     WHERE deptname='销售部' OR deptname='财务部'
    )
```

该语句采用 IN 子查询。

查询结果如下。

```
emplid   emplname   sex   birthday      native    wages     deptid
--------- ---------------- ------- ---------------- ---------------- -------------------- -
E001     孙浩然      男     1982-02-15    北京      4600.00   D001
E003     夏婷        女     1986-05-13    四川      3800.00   D003
E006     田文杰      男     1980-06-25    NULL      4800.00   D001
```

2. 比较子查询

比较子查询是指父查询与子查询之间用比较运算符进行关联，其语法格式如下。

```
expression { < | <= | = | > | >= | != | <> | !< | !> } { ALL | SOME | ANY }
( subquery )
```

其中，expression 为要进行比较的表达式，subquery 是子查询，ALL、SOME 和 ANY 是对比较运算的限制。

【例 4.27】对 sales 数据库，列出比所有 D001 部门员工年龄都小的员工的员工号和出生日期。

```
USE sales
SELECT emplid AS '员工号', birthday AS '出生日期'
FROM employee
WHERE birthday>ALL
    (SELECT birthday
     FROM employee
     WHERE deptid='D001'
    )
```

该语句在比较子查询中采用 ALL 运算符。

查询结果如下。

```
员工号    出生日期
--------- ------------------
E002     1991-12-04
```

```
E003    1986-05-13
E005    1984-08-14
```

3．EXISTS 子查询

EXISTS 谓词用于测试子查询的结果集是否为空表，若子查询的结果集不为空，则 EXISTS 返回 TRUE，否则返回 FALSE。如果为 NOT EXISTS，则其返回值与 EXIST 相反，语法格式如下。

```
[ NOT ] EXISTS ( subquery )
```

【例 4.28】对 sales 数据库，查询销售部的员工姓名。

```
USE sales
SELECT emplname AS '姓名'
FROM employee
WHERE EXISTS
    (SELECT *
     FROM department
     WHERE employee.deptid=department.deptid AND deptid='D001'
    )
```

该语句采用 EXISTS 子查询。

查询结果如下。

```
姓名
------------
孙浩然
田文杰
```

4.4　查询结果处理

当 SELECT 语句完成查询工作后，所有查询结果都默认显示在屏幕上。要对查询结果进行处理，需要配合使用 SELECT 的其他子句，包括 UNION 子句、EXCEPT 子句和 INTERSECT 子句、INTO 子句、CTE 子句、TOP 子句等，下面分别介绍。

4.4.1　UNION 子句

使用 UNION 子句可以将两个或多个查询的结果集合并成一个结果集，语法格式如下。

```
{ <query specification> | (<query expression> ) }
    UNION [ ALL ] <query specification> | (<query expression> )
    [ UNION [ ALL ] <query specification> | (<query expression> ) [...n] ]
```

<query specification>和<query expression>都是 SELECT 查询语句。

使用 UNION 子句合并两个查询的结果集的基本规则是：

❖ 所有查询的结果集中的列数和列的顺序必须相同。

❖ 数据类型必须兼容。

【例 4.29】列出销售部和人事部的员工。

```
USE sales
SELECT emplid, emplname, deptname
FROM employee a, department b
WHERE a.deptid=b.deptid AND deptname='销售部'
UNION
SELECT emplid, emplname, deptname
FROM employee a, department b
WHERE a.deptid=b.deptid AND deptname='人事部'
```

该语句使用 UNION 子句将两个查询的结果集合并成一个结果集。

查询结果如下。

```
emplid       emplname          deptname
-----------  ----------------  -------------------
E001         孙浩然            销售部
E005         姚丽霞            人事部
E006         田文杰            销售部
```

4.4.2 EXCEPT 子句和 INTERSECT 子句

EXCEPT 子句和 INTERSECT 子句用于比较两个查询结果，返回非重复值。EXCEPT 子句从左查询返回右查询没有找到的所有非重复的值，INTERSECT 子句返回其操作数左右两个查询都返回的所有非重复的值，语法格式如下。

```
{ <query_specification> | ( <query_expression> ) }
{ EXCEPT | INTERSECT }
{ <query_specification> | ( <query_expression> ) }
```

<query specification>和<query expression>都是 SELECT 查询语句。

使用 EXCEPT 或 INTERSECT 将两个查询的结果集组合起来的基本规则是：

❖ 所有查询的结果集中的列数和列的顺序必须相同。

❖ 数据类型必须兼容。

【例 4.30】对员工表 employee 和订单表 orderform 进行 EXCEPT 操作。

```
USE sales
SELECT emplid
FROM employee
EXCEPT
```

```
SELECT emplid
FROM orderform
```

该语句从 EXCEPT 操作数的左查询返回右查询没有找到的所有非重复的值。
查询结果如下。

```
emplid
----------
E003
E004
E005
```

【例 4.31】对员工表 employee 和订单表 orderform 进行 INTERSECT 操作。

```
USE sales
SELECT emplid
FROM employee
INTERSECT
SELECT emplid
FROM orderform
```

该语句返回 INTERSECT 操作数左、右两个查询都返回的所有非重复的值。
查询结果如下。

```
emplid
----------
E001
E002
E006
```

4.4.3 INTO 子句

INTO 子句用于创建新表并将查询所得的结果插入到新表中，语法格式如下。

```
[ INTO new_table ]
```

new_table 是要创建的新表的表名，新表的结构由 SELECT 选取的列决定，新表中的记录由 SELECT 的查询结果决定。若 SELECT 的查询结果为空，则创建一个只有结构而没有记录的空表。

【例 4.32】由 employee 表创建 empl 表，包括 emplid、emplname、sex、wages、deptid 列。

```
USE sales
SELECT emplid, emplname, sex, wages, deptid INTO empl
FROM employee
```

该语句通过 INTO 子句创建新表 empl，新表的结构和记录由 SELECT 语句决定。

4.4.4 CTE 子句

用于指定临时结果集，这些结果集称为公用表表达式（Common Table Expression, CTE），语法格式如下。

```
[ WITH <common_table_expression> [ ,…n ] ]
AS ( CTE_query_definition )
```

其中，<common_table_expression>的语法格式如下。

```
<common_table_expression>::=
    expression_name [ ( column_name [ ,…n ] ) ]
```

各参数含义如下。

❖ expression_name: CTE 的名称。

❖ column_name: 在 CTE 中指定的列名。其个数要和 CTE_query_definition 返回的字段个数相同。

❖ CTE_query_definition: 指定一个结果集用于填充 CTE 的 SELECT 语句。使用 CTE 下方的 SELECT 语句可以直接查询 CTE 中的数据。

📢 **注意**：CTE 源自简单查询，并且在单条 SELECT、INSERT、UPDATE 或 DELETE 语句的执行范围内被定义。该子句也可以用在 CREATE VIEW 语句中。公用表表达式可以包括对自身的引用，这种表达式称为递归公用表表达式。

【例 4.33】使用 CTE 子句从订单表 orderform 中查询订单号、商品号、员工号和总金额，并指定新列名为 c_orderid、c_goodsid、c_emplid、c_cost，再使用 SELECT 语句从 CTE 和 employee 表中查询姓名为"田文杰"的订单号、商品号、员工号和总金额。

```
USE sales;
WITH cte_emp(c_orderid, c_emplid, c_saledate, c_cost)
AS (SELECT orderid, emplid, saledate, cost FROM orderform)
SELECT c_orderid, c_emplid, c_saledate, c_cost
FROM cte_emp, employee
WHERE employee. emplname='田文杰' AND employee.emplid =cte_emp.c_emplid
```

该语句通过 CTE 子句查询姓名为"田文杰"的订单号、商品号、员工号和总金额。查询结果如下。

```
c_orderid     c_emplid     c_saledate       c_cost
------------- -------------- ---------------- --------------------
S00001        E006         2021-12-20      21503.70
```

【例 4.34】计算从 1 到 10 的阶乘。

```
WITH Cfact(n, k)
```

```
AS (
    SELECT n=1, k=1
    UNION ALL
    SELECT n=n+1, k=k*(n+1)
    FROM Cfact
    WHERE n<10
    )
SELECT n, k FROM Cfact
```

该语句通过递归公用表表达式计算从 1 到 10 的阶乘。

查询结果如下。

```
n                 k
----------------  -----------
1                 1
2                 2
3                 6
4                 24
5                 120
6                 720
7                 5040
8                 40320
9                 362880
10                3628800
```

4.4.5 TOP 子句

使用 SELECT 语句进行查询，有时需要列出前几行数据，可以使用 TOP 子句对结果集进行限定，语法格式如下。

```
TOP n [ percent ] [ WITH TIES]
```

各参数含义如下。

❖ TOP n：获取查询结果的前 n 行数据。

❖ TOP n [percent]：获取查询结果的前 n%行数据。

❖ WITH TIES：包括与最后一行取值并列的结果。

◁测 注意：TOP 谓词写在 SELECT 后面。使用 TOP 谓词时，应搭配 ORDER BY 子句，列出的前几行才有意义。如果选用 WITH TIES，则必须使用 ORDER BY 子句。

【例 4.35】列出销售总金额前两名的销售情况。

```
USE sales
SELECT TOP 2 orderid, emplid, saledate, cost
```

```
FROM orderform
ORDER BY cost DESC
```

该语句通过 TOP 子句，搭配 ORDER BY 子句，获取销售总金额前两名的销售情况。查询结果如下。

```
orderid     emplid     saledate        cost
----------  ---------- --------------- --------------------
S00002      E001       2021-12-20      27536.40
S00001      E006       2021-12-20      21503.70
```

4.5 小结

本章主要介绍了以下内容。

（1）T-SQL 对数据库的查询使用 SELECT 语句。其功能强大，使用灵活方便，可以从数据库中的一个或多个表或视图中查询数据。

（2）单表查询使用的 SELECT 语句包括 SELECT 子句、FROM 子句、WHERE 子句、GROUP BY 子句、HAVING 子句、ORDER BY 子句等。

SELECT 子句用于投影查询，结果表由选择表中的部分或全部列组成。

FROM 子句用于指定表或视图等查询源。

WHERE 子句给出查询条件以进行选择查询。

GROUP BY 子句用于将查询结果按指定列进行分组，经常与聚合函数一起用于统计。

HAVING 子句用于按指定条件对分组后的查询结果进行筛选。

ORDER BY 子句用于排序查询。

（3）多表查询中包括连接查询和嵌套查询。

（4）连接查询有两种表示形式：连接谓词和 JOIN 关键字。

在 SELECT 语句的 WHERE 子句中使用比较运算符给出连接条件对表进行连接，这种表示形式称为连接谓词表示形式。

在 JOIN 关键字指定的连接中，用 FROM 子句指定连接的多个表的表名，用 ON 子句指定连接条件。JOIN 关键字指定的连接类型有 3 种：INNER JOIN 表示内连接，OUTER JOIN 表示外连接，CROSS JOIN 表示交叉连接。外连接有 3 种：左外连接（LEFT OUTER JOIN），右外连接（RIGHT OUTER JOIN），全外连接（FULL OUTER JOIN）。

（5）将一个查询块嵌套在另一个查询块的条件中的查询称为嵌套查询。在嵌套查询中，上层查询块称为父查询或外层查询，下层查询块称为子查询（Subquery）或内层查询。子查询通常包括 IN 子查询、比较子查询和 EXIST 子查询。

（6）对查询结果进行处理的子句有 UNION 子句、EXCEPT 子句和 INTERSECT 子句、INTO 子句、CTE 子句、TOP 子句等。

习题 4

一、选择题

1. 使用 orderform 表查询销售总金额最大的员工号和总金额，在下面的查询语句中，正确的是_____。

   A. SELECT emplid, MAX(cost) FROM orderform

   B. SELECT emplid, cost FROM orderform WHERE cost= MAX(cost)

   C. SELECT TOP 1 emplid, cost FROM orderform

   D. SELECT TOP 1 emplid, cost FROM orderform ORDER BY cost DESC

2. 设在某 SELECT 语句的 WHERE 子句中，需要对 Grade 列的空值进行处理。下列关于空值的操作中，错误的是_____。

   A. Grade IS NOT NULL

   B. Grade IS NULL

   C. Grade = NULL

   D. Not(Grade IS NULL)

3. 设在 SQL Server 中，有员工表（员工号，姓名，出生日期）。其中，姓名为 varchar(10) 类型。查询姓"李"且名字是三个字的员工的详细信息，正确的语句是_____。

   A. SELECT *FROM 员工表 WHERE 姓名 LIKE '李_'

   B. SELECT *FROM 员工表 WHERE 姓名 LIKE '李__' AND LEN(姓名)=2

   C. SELECT *FROM 员工表 WHERE 姓名 LIKE '李__' AND LEN(姓名)=3

   D. SELECT *FROM 员工表 WHERE 姓名 LIKE '李_' AND LEN(姓名)=3

4. 设在 SQL Server 中，有学生表（学号，姓名，所在系）和选课表（学号，课程号，成绩）。查询没有选课的学生的姓名和所在系，下列语句中能够实现该查询要求的是_____。

   A. SELECT 姓名,所在系 FROM 学生表 a LEFT JOIN 选课表 b
      ON a.学号= b.学号 WHERE a.学号 IS NULL

   B. SELECT 姓名,所在系 FROM 学生表 a LEFT JOIN 选课表 b
      ON a.学号= b.学号 WHERE b.学号 IS NULL

   C. SELECT 姓名,所在系 FROM 学生表 a RIGHT JOIN 选课表 b
      ON a.学号= b.学号 WHERE a.学号 IS NULL

   D. SELECT 姓名,所在系 FROM 学生表 a RIGHT JOIN 选课表 b
      ON a.学号= b.学号 WHERE b.学号 IS NULL

5. 下述语句的功能是将两个查询的结果集合并成一个结果集，其中正确的是_____。

   A. SELECT sno, sname, sage FROM student WHERE sdept='cs'

ORDER BY sage

UNION

SELECT sno, sname, sage FROM student WHERE sdept='is'

ORDER BY sage

    B．SELECT sno, sname, sage FROM student WHERE sdept='cs'

UNION

SELECT sno, sname, sage FROM student WHERE sdept='is'

ORDER BY sage

    C．SELECT sno, sname, sage FROM student WHERE sdept='cs'

UNION

SELECT sno, sname FROM student WHERE sdept='is'

ORDER BY sage

    D．SELECT sno, sname, sage FROM student WHERE sdept='cs'

ORDER BY sage

UNION

SELECT sno, sname, sage FROM student WHERE sdept='is'

二、填空题

1．在 GROUP BY 子句中，使用 CUBE 或 ROLLUP 操作符，可在查询结果中增加_____记录。

2．在 EXISTS 子查询中，子查询的执行次数是由_____决定的。

3．在 IN 子查询和比较子查询中，应先执行_____层查询，再执行_____层查询。

4．在 EXISTS 子查询中，应先执行_____层查询，再执行_____层查询。

5．UNION 子句用于合并多个 SELECT 查询的结果，如果在合并结果时不希望去掉重复数据，应使用_____关键字。

6．在 SELECT 语句中同时包含 WHERE 子句和 GROUP BY 子句时，应先执行_____子句。

三、问答题

1．什么是 SQL？简述 SQL 的分类。

2．SELECT 语句中包括哪些子句？简述各个子句的功能。

3．什么是连接谓词？简述连接谓词的表示形式和语法规则。

4．内连接、外连接有什么区别？左外连接、右外连接和全外连接有什么区别？

5．简述常用的聚合函数的函数名称和功能。

6．在一个 SELECT 语句中，当 WHERE 子句、GROUP BY 子句和 HAVING 子句同时出现时，SQL 的执行顺序如何？

7．在 SQL Server 中使用 GROUP BY 子句有什么规则？

8．什么是子查询？IN 子查询、比较子查询、EXIST 子查询有何区别？

四、应用题

1．对于 goods 表，列出单价大于 4000 元的商品。

2．列出财务部和经理办的员工号、姓名和工资。

3．统计销售部和人事部的人数。

4．统计每个部门的总工资和平均工资。

5．统计 D001、D002 部门男员工和女员工的人数，并增加汇总记录。

6．查找田文杰销售的商品的订单号、销售日期和总金额。

7．查找销售部的员工姓名、销售日期及销售总金额，并按销售总金额升序排序。

8．列出员工的工资，按照从高到低的顺序排序。

9．从高到低排列员工的工资，列出前 3 名的信息。

10．分别采用左外连接、右外连接、全外连接查询员工所属的部门。

11．采用子查询列出财务部和经理办的员工信息。

12．列出销售部的员工姓名。

第 5 章　索引和视图

为了提高数据的查询速度，SQL Server 提供了类似于书籍目录的索引以取得良好的数据库查询性能。视图通过查询语句定义，它的数据由一个或多个表（或其他视图）导出，用来导出视图的表称为基表，导出的视图称为虚表。本章介绍索引概述、索引操作、视图概述、视图操作和索引视图等内容。

5.1　索引概述

索引是与表关联的存储结构，用于提高表中数据的查询速度，并且能够实现某些数据的完整性（如记录的唯一性）。

5.1.1　索引的基本概念

一本书有很多页，读者查看某一本书的特定的内容时，不是从第一页开始，按顺序查找下去，而是首先查看书的目录，然后依据书的目录，快速定位到特定的内容，从而加快查找速度，节省时间。

在数据库中存储了大量的数据，为了快速找到所需的数据，SQL Server 在数据库中创建了一个类似于书籍目录的索引，通过搜索索引快速找到所需的数据。

书的目录是一个包含章节标题和对应页码的列表，数据库中的索引按照数据表的一列或多列进行索引排序，并为其建立指向数据表记录所在位置的指针，如图 5.1 所示。

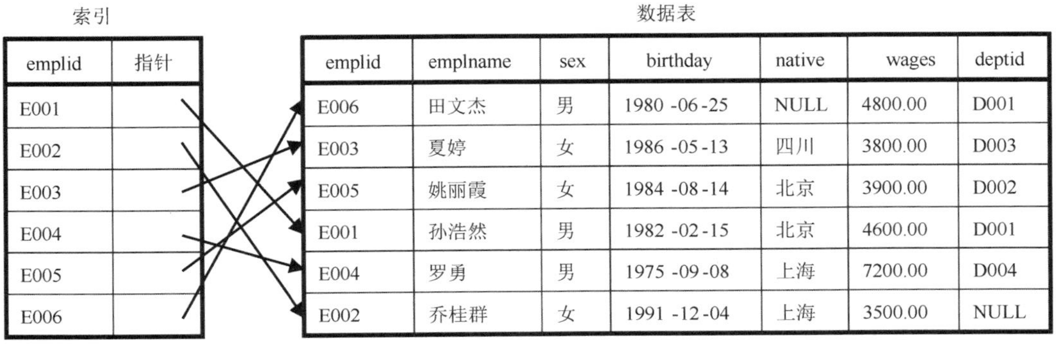

索引　　　　　　　　　　　　　　　　　　　　　　数据表

emplid	指针
E001	
E002	
E003	
E004	
E005	
E006	

emplid	emplname	sex	birthday	native	wages	deptid
E006	田文杰	男	1980 -06-25	NULL	4800.00	D001
E003	夏婷	女	1986 -05-13	四川	3800.00	D003
E005	姚丽霞	女	1984 -08-14	北京	3900.00	D002
E001	孙浩然	男	1982 -02-15	北京	4600.00	D001
E004	罗勇	男	1975 -09-08	上海	7200.00	D004
E002	乔桂群	女	1991 -12-04	上海	3500.00	NULL

图 5.1　索引示例

索引表中的列称为索引字段或索引项，该列的各个值称为索引值。索引访问首先搜索索引值，再通过指针直接找到数据表中对应的记录。

建立索引的作用如下。

1）加快数据查询

索引是一种物理结构，它能提供以一列或多列为基础，迅速查找或存取表行的功能。对存取表的用户来说，索引是完全透明的。

2）实现数据记录的唯一性

通过创建唯一性索引，可以保证表中的数据不重复。

3）优化查询

当执行查询时，SQL Server 会对查询进行优化。查询优化依靠索引起作用。

4）加快排序和分组等操作

对表进行排序和分组都需要检索数据，建立索引后，检索数据的速度加快，因此加快了排序和分组等操作。

5.1.2 索引的分类

按照索引的结构将索引分为聚集索引和非聚集索引，按照索引实现的功能将索引分为唯一性索引和非唯一性索引。如果索引是由多列组合创建的，则称为复合索引。

1．唯一性索引

在表中建立唯一性索引，要求组成该索引的字段或字段组合在表中具有唯一值，即对于表中的任意两行记录，索引键的值各不相同。

2．聚集索引

在聚集索引中，索引的顺序决定数据表中的记录行的顺序。由于数据表中的记录行是经过排序的，所以每个表只能有一个聚集索引。

当表列定义 PRIMARY KEY 约束和 UNIQUE 约束时，数据库会自动创建索引。例如，如果创建了表并将一个特定列标识为主键，则数据库会自动对该列创建 PRIMARY KEY 约束和索引。

SQL Server 是按 B 树（B tree）组织聚集索引的。

3．非聚集索引

在非聚集索引中，索引的结构完全独立于数据行的结构。数据表中的记录行的顺序和索引的顺序不相同，索引表仅仅包含指向数据表的指针。这些指针本身是有序的，用于在表中快速定位数据行。一个表可以有多个非聚集索引。

SQL Server 也是按 B 树组织非聚集索引的。

5.2 索引操作

索引操作包括创建索引、修改和查看索引属性、删除索引等内容，下面分别介绍。

5.2.1 创建索引

使用 T-SQL 语句中的 CREATE INDEX 语句为表创建索引，语法格式如下。

```
CREATE [ UNIQUE ]                                        /*指定索引是否唯一*/
      [ CLUSTERED | NONCLUSTERED ]                       /*索引的组织方式*/
      INDEX index_name                                   /*索引名称*/
ON {[ database_name. [ schema_name ] . | schema_name. ] table_or_view_name}
    ( column [ ASC | DESC ] [ ,…n ] )                    /*索引定义的依据*/
[ INCLUDE ( column_name [ ,…n ] ) ]
[ WITH ( <relational_index_option> [ ,…n ] ) ]/*索引选项*/
[ ON {   partition_scheme_name ( column_name )           /*指定分区方案*/
        | filegroup_name                                 /*指定索引文件所在的文件组*/
        | default
    }
]
[ FILESTREAM_ON { filestream_filegroup_name | partition_scheme_name | "NULL" } ]
                                                         /*指定 FILESTREAM 数据的位置*/
[ ; ]
```

各参数含义如下。

❖ UNIQUE：表示为表或视图创建唯一性索引。

❖ CLUSTERED | NONCLUSTERED：指定是聚集索引还是非聚集索引。

❖ index_name：指定索引名称。

❖ column：指定索引列。

❖ ASC | DESC：指定升序还是降序。

❖ INCLUDE 子句：指定要添加到非聚集索引的叶级别的非键列。

❖ WITH 子句：指定索引选项。

❖ ON partition_scheme_name：指定分区方案。

❖ ON filegroup_name：为指定的文件组创建指定的索引。

❖ ON default：为默认文件组创建指定的索引。

【例 5.1】按 employee 表的 birthday 列创建升序的非聚集索引 I_birthday。

```
USE sales
CREATE INDEX I_birthday ON employee(birthday)
```

【例 5.2】按 orderdetail 表的 total 列创建非聚集索引 I_total。

```
USE sales
CREATE INDEX I_total ON orderdetail(total)
```

【例 5.3】按 orderdetail 表的 orderid 列和 goodsid 列创建唯一聚集索引 I_orderid_goodsid。

```
USE sales
CREATE UNIQUE CLUSTERED INDEX I_orderid_goodsid ON orderdetail(orderid,goodsid)
```

说明：如果创建唯一聚集索引 I_orderid_goodsid 前，已创建了主键索引，则创建索引 I_orderid_goodsid 失败，要在创建新的聚集索引前删除现有的聚集索引。

5.2.2 修改和查看索引属性

下面介绍修改和查看索引属性。

1. 使用 T-SQL 语句修改索引属性

修改索引信息，使用 ALTER INDEX 语句，语法格式如下。

```
ALTER INDEX { index_name | ALL }
    ON <object>
    { REBUILD
        [ [PARTITION = ALL]
                   [ WITH ( <rebuild_index_option> [ ,…n ] ) ]
        ……
        }
```

各参数含义如下。

❖ REBUILD：重建索引。

❖ rebuild_index_option：重建索引选项。

【例 5.4】对例 5.2 创建的索引 I_total 进行修改，将填充因子（FILLFACTOR）修改为 85。

```
USE sales
ALTER INDEX I_total
  ON orderdetail
  REBUILD
    WITH (PAD_INDEX=ON, FILLFACTOR=85)
GO
```

该语句将索引 I_total 的填充因子修改为 85，如图 5.2 所示。

2. 使用系统存储过程查看索引属性

使用系统存储过程 sp_helpindex 查看索引属性，语法格式如下。

```
sp_helpindex [ @objname = ] 'name'
```

其中，'name'为需要查看的索引的表。

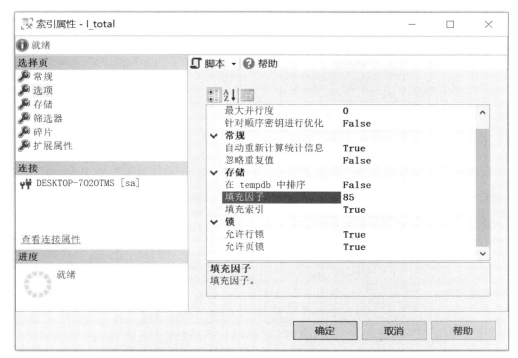

图 5.2　修改索引 I_total 的填充因子

【例 5.5】查看 orderdetail 表上的索引。

```
USE sales
GO
EXEC sp_helpindex orderdetail
GO
```

该语句执行结果如图 5.3 所示。

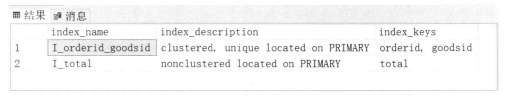

图 5.3　查看 orderdetail 表上的索引

5.2.3　删除索引

使用 T-SQL 语句中的 DROP INDEX 语句删除索引，语法格式如下。

```
DROP INDEX
{ index_name ON  table_or_view_name [ ,…n ]
 | table_or_view_name.index_name [ ,…n ]
}
```

【例 5.6】删除 orderdetail 表上的索引 I_total。

```
USE sales
DROP INDEX orderdetail.I_total
```

5.3 视图概述

视图（View）从一个或多个表或其他视图中导出。用来导出视图的表称为基表，导出的视图又称虚表。在数据库中，只存储视图的定义，不存储视图对应的数据，这些数据仍然存储在原来的基表中。

例如，销售情况视图来源于基表：订单表、订单明细表、员工表、商品表，如图 5.4 所示。

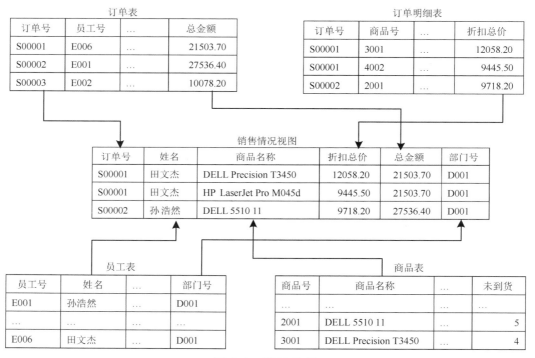

图 5.4 视图示例

视图有以下优点：

（1）方便用户查询和处理，简化数据操作。

（2）简化用户的权限管理，增加安全性。

（3）便于共享数据。

（4）为用户屏蔽数据库的复杂性。

（5）可以重新组织数据。

5.4　视图操作

本节介绍创建视图、查询视图、修改视图定义、删除视图、更新视图等内容。

5.4.1　创建视图

在使用视图前，必须先创建视图。创建视图要遵守以下规则：

（1）只有在当前数据库中才能创建视图，视图命名必须遵守标识符规则。

（2）不能将规则、默认值或触发器与视图相关联。

（3）不能在视图上建立任何索引。

使用 T-SQL 创建视图的语句是 CREATE VIEW，语法格式如下。

```
CREATE VIEW [ schema_name . ] view_name [ (column [ ,…n ] ) ]
[ WITH <view_attribute>[ ,…n ] ]
   AS select_statement
   [ WITH CHECK OPTION ]
```

各参数含义如下。

❖ view_name：视图名称。

❖ scheme_name：scheme 数据库架构名。

❖ column：列名。此为视图中包含的列，最多可引用 1024 列。

❖ WITH 子句：指出视图的属性。

❖ select_statement：定义视图的 SELECT 语句，可在该语句中使用多个表或视图。

❖ WITH CHECK OPTION：指出在视图上进行的修改都要遵守 select_statement 指定的规则。

◁》注意：CREATE VIEW 必须是批处理命令的第一条语句。

【例 5.7】在 sales 数据库中创建有关销售情况的 V_salesSituation 视图。该视图来源于 4 个基表：goods、orderdetail、orderform、employee，包含的列有：订单号、员工姓名、商品名称、折扣总价、总金额、部门号，且部门号为 D001。

```
USE sales
GO
CREATE VIEW V_salesSituation
AS
SELECT c.orderid, emplname, goodsname, discounttotal, cost, deptid
FROM orderdetail a INNER JOIN
        goods b ON a.goodsid=b.goodsid INNER JOIN
        orderform c ON a.orderid=c.orderid INNER JOIN
        employee d ON c.emplid=d.emplid
```

```
WHERE deptid='D001'
GO
```

5.4.2 查询视图

使用 SELECT 语句查询视图与使用 SELECT 语句查询表是一样的，举例如下。

【例 5.8】查询视图 V_salesSituation。

使用 SELECT 语句对 V_salesSituation 视图进行查询。

```
USE sales
SELECT *
FROM V_salesSituation
```

查询结果如下。

```
orderid    emplname   goodsname              discounttotal cost        deptid
--------   ---------  ---------------------  ------------- ---------   --------
S00001     田文杰      DELL Precision T3450   12058.20      21503.70    D001
S00001     田文杰      HP LaserJet Pro M405d  9445.50       21503.70    D001
S00002     孙浩然      DELL 5510 11           9718.20       27536.40    D001
S00002     孙浩然      HP HPE ML30GEN10       17818.20      27536.40    D001
```

【例 5.9】查询 D001 部门的员工姓名、订单号、折扣总价、总金额。

通过对 V_salesSituation 视图进行查询，即可得到 D001 部门的员工姓名、订单号、折扣总价和总金额。

```
USE sales
SELECT emplname, orderid, discounttotal, cost
FROM V_salesSituation
```

查询结果如下。

```
emplname   orderid    discounttotal   cost
---------  --------   -------------   ---------
田文杰      S00001     12058.20        21503.70
田文杰      S00001     9445.50         21503.70
孙浩然      S00002     9718.20         27536.40
孙浩然      S00002     17818.20        27536.40
```

【例 5.10】查询各个部门的平均工资。

创建视图 V_averageWages 的语句如下。

```
USE sales
GO
CREATE VIEW V_averageWages(deptid, Average_Wages)
AS
SELECT deptid, AVG(wages)
   FROM employee
```

```
     GROUP BY deptid
GO
```

使用 SELECT 语句对 V_averageWages 视图进行查询。

```
USE sales
SELECT *
FROM V_averageWages
```

查询结果如下。

```
deptid    Average_Wages
--------- ----------------------
NULL      3500.00
D001      4700.00
D002      3900.00
D003      3800.00
D004      7200.00
```

5.4.3 修改视图定义

视图被定义之后，还可以修改，而无须删除或重新创建，有关内容介绍如下。

使用 T-SQL 的 ALTER VIEW 语句修改视图，语法格式如下。

```
ALTER VIEW [ schema_name . ] view_name [ ( column [ ,…n ] ) ]
  [ WITH <view_attribute>[,…n ] ]
  AS select_statement
  [ WITH CHECK OPTION ]
```

其中，view_attribute、select_statement 等参数与 CREATE VIEW 语句中的参数含义相同。

【例 5.11】修改例 5.7 定义的视图 V_salesSituation，取消部门号为 D001 的限制。

```
USE sales
GO
ALTER VIEW V_salesSituation
AS
SELECT c.orderid, emplname, goodsname, discounttotal, cost, deptid
FROM orderdetail a INNER JOIN
        goods b ON a.goodsid=b.goodsid INNER JOIN
        orderform c ON a.orderid=c.orderid INNER JOIN
        employee d ON c.emplid=d.emplid
GO
```

该语句通过 ALTER VIEW 语句对视图 V_salesSituation 的定义进行修改。

◀») 注意：ALTER VIEW 必须是批处理命令的第一条语句。

使用 SELECT 语句对修改后的 V_salesSituation 视图进行查询。

```
USE sales
SELECT *
FROM V_salesSituation
```

查询结果如下。

```
orderid   emplname   goodsname            discounttotal   cost       deptid
--------  --------   ---------            -------------   ----       ------

S00001    田文杰      DELL Precision T3450  12058.20        21503.70   D001
S00001    田文杰      HP LaserJet Pro M405d 9445.50         21503.70   D001
S00002    孙浩然      DELL 5510 11          9718.20         27536.40   D001
S00002    孙浩然      HP HPE ML30GEN10      17818.20        27536.40   D001
S00003    乔桂群      Apple iPad Pro 11     10078.20        10078.20   NULL
```

从查询结果可以看出，修改后的 V_salesSituation 视图已经取消了部门号为 D001 的限制。

5.4.4　删除视图

使用 T-SQL 的 DROP VIEW 语句删除视图，语法格式如下。

```
DROP VIEW [ schema_name . ] view_name [ …,n ] [ ; ]
```

其中 view_name 是视图名，使用 DROP VIEW 可以删除一个或多个视图。

【例 5.12】删除视图 V_salesSituation。

```
USE sales
DROP VIEW V_salesSituation
```

5.4.5　更新视图

更新视图是指通过视图来插入、删除、修改数据。由于视图是不存储数据的虚表，所以对视图的更新最终转换为对基表的更新。

1. 可更新视图

通过更新视图数据可以更新基表数据，但只有满足更新条件的视图才能被更新。可更新视图必须满足的条件是：创建视图的 SELECT 语句中没有聚合函数，且没有 TOP 子句、GROUP BY 子句、UNION 子句及 DISTINCT 关键字，不包含基表列计算所得的列，且FROM 子句中至少包含一个基表。

在前面的视图中，V_salesSituation 是可更新视图，V_averageWages 是不可更新视图。

【例 5.13】创建部门号为 D001 的可更新视图 V_renewEmpl，该视图来源于基表employee，创建视图 V_renewEmpl 的语句如下。

```
USE sales
GO
```

```
CREATE VIEW V_renewEmpl
AS
SELECT *
    FROM employee
    WHERE deptid= 'D001'
GO
```

使用 SELECT 语句查询 V_renewEmpl 视图。

```
USE sales
SELECT *
FROM V_renewEmpl
```

查询结果如下。

```
emplid  emplname  sex   birthday    native      wages       deptid
------  --------  ----  ----------  ----------  ----------  ---------
E001    孙浩然     男    1982-02-15  北京         4600.00     D001
E006    田文杰     男    1980-06-25  NULL         4800.00     D001
```

2. 插入数据

使用 INSERT 语句通过视图向基表中插入数据，有关 INSERT 语句的介绍参见第 3 章。

【例 5.14】向 V_renewEmpl 视图中插入记录：('E007','任宇','男','1989-04-21','四川',3600,'D001')。

```
USE sales
INSERT  INTO  V_renewEmpl  VALUES('E007',' 任 宇 ',' 男 ','1989-04-21',' 四 川
',3600,'D001')
```

使用 SELECT 语句查询 V_renewEmpl 视图的基表 employee。

```
USE sales
SELECT *
FROM employee
```

通过上述语句对基表 employee 进行查询，该表中已添加记录('E007','任宇','男','1989-04-21','四川',3600,'D001')。

查询结果如下。

```
emplid  emplname  sex   birthday    native      wages       deptid
------  --------  ----  ----------  ----------  ----------  ----------
E001    孙浩然     男    1982-02-15  北京         4600.00     D001
E002    乔桂群     女    1991-12-04  上海         3500.00     NULL
E003    夏婷       女    1986-05-13  四川         3800.00     D003
E004    罗勇       男    1975-09-08  上海         7200.00     D004
E005    姚丽霞     女    1984-08-14  北京         3900.00     D002
E006    田文杰     男    1980-06-25  NULL         4800.00     D001
E007    任宇       男    1989-04-21  四川         3600.00     D001
```

🔊 **注意：** 当视图依赖多个基表时，不能向该视图中插入数据。

3. 修改数据

使用 UPDATE 语句通过视图修改基表数据，有关 UPDATE 语句的介绍参见第 3 章。

【例 5.15】在 V_renewEmpl 视图中，更新员工号为 E007 的员工的籍贯。

```
USE sales
UPDATE V_renewEmpl SET native='上海'
WHERE emplid='E007'
```

使用 SELECT 语句查询 V_renewEmpl 视图的基表 employee。

```
USE sales
SELECT *
FROM employee
```

通过上述语句对基表 employee 进行查询，已将 E007 的员工的籍贯改为上海。
查询结果如下。

```
emplid   emplname   sex   birthday      native     wages       deptid
------   --------   ----  ----------    ----------  ----------  ----------
E001     孙浩然      男    1982-02-15    北京        4600.00     D001
E002     乔桂群      女    1991-12-04    上海        3500.00     NULL
E003     夏婷        女    1986-05-13    四川        3800.00     D003
E004     罗勇        男    1975-09-08    上海        7200.00     D004
E005     姚丽霞      女    1984-08-14    北京        3900.00     D002
E006     田文杰      男    1980-06-25    NULL        4800.00     D001
E007     任宇        男    1989-04-21    上海        3600.00     D001
```

🔊 **注意：** 当视图依赖多个基表时，一次只能修改一个基表的数据。

4. 删除数据

使用 DELETE 语句通过视图删除基表数据，有关 DELETE 语句的介绍参见第 3 章。

【例 5.16】删除 V_renewEmpl 视图中员工号为 E007 的记录。

```
USE sales
DELETE FROM V_renewEmpl
WHERE emplid='E007'
```

使用 SELECT 语句查询 V_renewEmpl 视图的基表 employee。

```
USE sales
SELECT *
FROM employee
```

通过上述语句对基表 employee 进行查询，已删除记录('E007','任宇','男','1989-04-21','
上海',3600,'D001')。

查询结果如下。

```
emplid   emplname   sex   birthday     native      wages       deptid
------   --------   ---   ----------   ----------   ----------   ----------
E001     孙浩然      男    1982-02-15   北京         4600.00      D001
E002     乔桂群      女    1991-12-04   上海         3500.00      NULL
E003     夏婷        女    1986-05-13   四川         3800.00      D003
E004     罗勇        男    1975-09-08   上海         7200.00      D004
E005     姚丽霞      女    1984-08-14   北京         3900.00      D002
E006     田文杰      男    1980-06-25   NULL         4800.00      D001
```

📢 **注意**：当视图依赖多个基表时，不能删除该视图的数据。

5.5 索引视图

索引视图可用于提高查询性能。

1．索引视图的概念

索引视图是一种创建了唯一聚集索引的视图，又称物化视图。

标准视图的结果集并不会被永久地保存在数据库中，与标准视图不同的是，索引视图创建了唯一聚集索引，从而会将视图的结果集被保存在数据库中，这就有助于提高数据查询的速度。

1）适合建立索引视图的环境

❖ 很少更新基础数据。

❖ 经常执行连接和聚合的查询。

❖ 处理大量行的连接和聚合。

2）不适合建立索引视图的环境

❖ 具有大量更新操作的数据库。

❖ 很少涉及连接或聚合的查询。

❖ 具有大量写操作的 OLTP（ON-Line Transaction Processing，联机事务处理过程）系统。

2．创建索引视图

在为视图创建聚集索引前，视图必须符合以下要求。

❖ 不能引用任何其他视图，只能引用基表。

❖ 引用的所有基表必须与视图位于同一数据库中，并且所有者与视图相同。

❖ 必须使用 SCHEMABINDING 选项创建视图，以绑定基表架构。

❖ 视图中的表达式所引用的所有的函数必须都是确定的。

创建索引视图的步骤如下。

（1）定义视图，将视图绑定到基表架构上。

（2）创建唯一聚集索引。

【例 5.17】按员工号创建 employee 表的索引视图 V_indexEmployee。

```
USE sales
GO
/* 定义视图 */
CREATE VIEW V_indexEmploye
WITH SCHEMABINDING                    /* 将视图绑定到基表架构上 */
AS
SELECT emplid, emplname, sex, wages, deptid
   FROM dbo.employee                  /* dbo.不能省略 */
GO
/* 创建唯一聚集索引 */
CREATE UNIQUE CLUSTERED INDEX I_emplidEmployee ON V_indexEmploye(emplid)
GO
```

在"对象资源管理器"窗口中，依次展开"数据库"→"sales"→"视图"→
"dbo.V_indexEmployee"→"索引"节点，可以查看创建的索引视图 V_indexEmployee，
如图 5.5 所示。

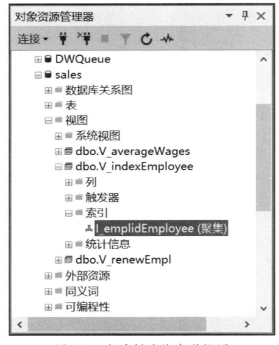

图 5.5　查看创建的索引视图

5.6　小结

本章主要介绍了以下内容。

（1）数据库中的索引按照数据表的一列或多列进行索引排序，并为其建立指向数据表记

录所在位置的指针。索引访问首先搜索索引值，再通过指针直接找到数据表中对应的记录。

（2）使用 CREATE INDEX 语句创建索引。使用 ALTER INDEX 语句修改索引属性。使用系统存储过程查看索引属性。使用 DROP INDEX 语句删除索引。

（3）视图（View）是从一个或多个表或其他视图中导出的。用来导出视图的表称为基表，导出的视图又称虚表。在数据库中，只存储视图的定义，不存储视图对应的数据，这些数据仍然被存储在原来的基表中。

（4）创建视图的 T-SQL 语句是 CREATE VIEW 语句。查询视图使用 SELECT 语句，与使用 SELECT 语句对表进行查询是一样的。

（5）修改视图的定义可以使用 ALTER VIEW 语句。查看视图信息可以通过系统存储过程的方式。删除视图可以使用 DROP VIEW 语句。

（6）更新视图是指通过视图来插入、删除、修改数据。由于视图是不存储数据的虚表，所以对视图的更新最终转换为对基表的更新。使用 INSERT 语句通过视图向基表中插入数据，使用 UPDATE 语句通过视图修改基表数据，使用 DELETE 语句通过视图删除基表数据。

（7）索引视图是一种创建了唯一聚集索引的视图，又称物化视图，可以用于提高查询性能。创建索引视图的步骤为：定义视图，将视图绑定到基表架构上；创建唯一聚集索引。

习题 5

一、选择题

1. 索引的作用之一是_____。

A. 节省存储空间
B. 便于管理
C. 提高查询速度
D. 提高查询和更新的速度

2. 在 T-SQL 中，创建一个索引的命令是_____。

A. SET INDEX
B. CREATE INDEX
C. ALTER INDEX
D. DECLARE INDEX

3. 索引对数据库表中_____字段的值进行排序。

A. 一个或多个　　　B. 多个　　　C. 一个　　　D. 零个

4. 在 T-SQL 中，删除一个索引的命令是_____。

A. DELETE　　　B. CLEAR　　　C. DROP　　　D. REMOVE

5. 在 SQL Server 中，设有商品表(商品号，商品名，生产日期，单价，类别)。经常需要执行下列查询。

```
SELECT 商品号, 商品名, 单价
FROM 商品表 WHERE 类别 IN ('食品','家电')
ORDER BY 商品号
```

现需要在商品表上创建合适的索引来提高该查询的执行效率。下列创建索引的语句中，最合适的是_____。

A. CREATE INDEX Idxl ON 商品表(类别)

B．CREATE INDEX Idxl ON 商品表(商品号，商品名，单价)

C．CREATE INDEX Idxl ON 商品表(类别，商品号) INCLUDE(商品名，单价)

D．CREATE INDEX Idxl ON 商品表(商品号) INCLUDE(商品名，单价) WHERE 类别
   ='食品' OR 类别='家电'

6．下面几项中，关于视图的叙述正确的是_____。

A．视图既可以通过表得到，也可以通过其他视图得到

B．视图的创建会影响基表

C．视图的删除会影响基表

D．视图可以在数据库中存储数据

7．以下关于视图的叙述错误的是_____。

A．视图可以从一个或多个其他视图中产生

B．视图是一种虚表，因此不会影响基表的数据

C．视图是从一个或多个表中使用 SELECT 语句导出的

D．视图是查询数据库表中数据的一种方法

8．在 T-SQL 中，创建一个视图的命令是_____。

A．DECLARE VIEW   B．ALTER VIEW

C．SET VIEW   D．CREATE VIEW

9．在 T-SQL 中，删除一个视图的命令是_____。

A．DELETE   B．CLEAR   C．DROP   D．REMOVE

二、填空题

1．在 SQL Server 中，在 t1 表的 c1 列上创建一个唯一聚集索引，请补全下面的语句。

```
CREATE _____INDEX ixc1 ON t1(c1);
```

2．创建索引的主要作用是_____。

3．使用 T-SQL 创建索引的语句是_____语句。

4．视图是从_____中导出的。

5．用来导出视图的表称为基表，导出的视图又称_____。

6．在数据库中，只存储视图的_____，不存储视图对应的数据。

7．由于视图是不存储数据的虚表，所以对视图的更新最终转换为对_____的更新。

8．索引视图是一种创建了_____的视图。

三、问答题

1．什么是索引？

2．索引有何作用？

3．索引分为哪几种？各有什么特点？

4．如何创建升序和降序索引？

5．什么是视图？使用视图有哪些优点和缺点？

6．基表和视图的区别和联系是什么？

7．什么是可更新视图？可更新视图必须满足哪些条件？

8．将创建视图的基表从数据库中删除，视图会被删除吗？为什么？

9．更改视图名称会导致哪些问题？

10．什么是索引视图？简述创建索引视图的步骤。

四、应用题

1．按 goods 表的 goodsname 列创建非聚集索引 I_ goodsname。

2．按 orderform 表的 orderid 列和 emplid 列创建唯一聚集索引 I_orderid_ emplid。

3．创建并查询有关员工情况的 V_emplSituation 视图。该视图来源于 2 个基表：employee、department，包含的列有：员工号、员工姓名、性别、工资、部门名称，且部门名称为销售部。

4．修改视图 V_emplSituation，取消部门名称为销售部的限制，并查询该视图。

5．创建并查询各个部门的最高工资视图 V_maxWages。

6．创建一个索引视图 V_indexGoods。

第 6 章　完整性约束

在数据库中，一方面，来自外界的数据由于多种原因会发生输入无效或信息错误的情况；另一方面，数据的插入、修改和删除等操作也会造成数据的不一致或错误，这就产生了数据完整性的问题。数据完整性指的是数据库中的数据的正确性和一致性，约束是一种强制数据完整性的标准机制。本章介绍数据完整性概述、PRIMARY KEY 约束、UNIQUE 约束、FOREIGN KEY 约束、CHECK 约束、DEFAULT 约束、NOT NULL 约束等内容。

6.1　数据完整性概述

数据完整性要求数据库中的数据具有正确性和一致性，可以通过设计表的行、列和表与表之间的约束来实现，下面介绍约束机制和数据完整性分类。

6.1.1　约束机制

约束是一种强制数据完整性的标准机制，使用约束可以确保在表的行、列和表与表之间输入有效的数据。SQL Server 支持以下 6 种类型的约束。

1．PRIMARY KEY 约束

PRIMARY KEY 约束（主键约束），要求表中有特定的一列能唯一地标识对应的行。该列不允许有重复值、不能为空值，强制实现实体完整性。

2．UNIQUE 约束

UNIQUE 约束（唯一性约束），不允许表中指定列有重复值，但允许有空值，用于实现实体完整性。

3．FOREIGN KEY 约束

FOREIGN KEY 约束（外键约束），定义参照表中指定列上插入或更新的值，该值必须在另一个被参照表的特定列上存在，以约束表与表之间的关系，强制参照完整性。

4．CHECK 约束

CHECK 约束（检查约束），通过条件表达式的判断，限制插入列中的值，以实现域完整性。

5．DEFAULT 约束

DEFAULT 约束（默认值约束），当向指定列中插入数据时，如果没有提供输入值，系统会自动为该列输入默认值，用于实现域完整性。

6．NOT NULL 约束

NOT NULL 约束（非空约束），指定列的值不允许为空值，用于实现域完整性。

6.1.2 数据完整性分类

数据完整性有以下类型：实体完整性、参照完整性、域完整性及用户定义完整性。

1．实体完整性

实体完整性又称行完整性，要求表中有一个主键，其值不能为空值且能唯一地标识对应的行。可通过 PRIMARY KEY 约束、UNIQUE 约束等强制实体完整性。

例如，对于 sales 数据库中的 orderform 表，orderid 列作为主键，每个员工的 orderid 列都能唯一地标识该员工对应的行记录。通过 orderid 列建立主键约束来强制实现 orderform 表的实体完整性。

2．参照完整性

参照完整性又称引用完整性，可以确保参照表中的数据与被参照表中的数据一致。在 SQL Server 中，通过定义外键（外码）与主键（主码）之间的对应关系实现参照完整性，并确保键值在所有表中一致。参照完整性可通过 FOREIGN KEY 约束、PRIMARY KEY 约束强制实现。

对两个相关联的表（被参照表与参照表）进行数据插入和删除时，通过参照完整性来确保它们之间数据的一致性。

使用 PRIMARY KEY 约束（或 UNIQUE 约束）来定义被参照表的主键（或唯一键），使用 FOREIGN KEY 约束来定义参照表的外键，可强制实现参照表与被参照表之间的参照完整性。

- ❖ 主键：表中能唯一标识每行的一列或多列。
- ❖ 外键：一个表中的一列或多列的组合是另一个表的主键。
- ❖ 被参照表：对于两个具有关联关系的表，相关联列的主键所在的表称为被参照表，又称主表。
- ❖ 参照表：对于两个具有关联关系的表，相关联列的外键所在的表称为参照表，又称从表。

例如，orderform 表和 orderdetail 表是两个具有关联关系的表，将 orderform 表作为被参照表，表中的 orderid 列作为主键；orderdetail 表作为参照表，表中的 orderid 列作为外键，从而建立参照表与被参照表之间的参照完整性，如图 6.1 所示。

orderid	emplid	curstomerid	saledate	cost
S00001	E006	C001	2021-12-20	21503.70
S00002	E001	C002	2021-12-20	27536.40
S00003	E002	C003	2021-12-20	10078.20

orderid	goodsid	saleunitprice	quantity	total	discount	discounttotal
S00001	3001	6699.00	2	13398.00	0.1	12058.20
S00001	4002	2099.00	5	10495.00	0.1	9445.50
S00002	2001	5399.00	2	10798.00	0.1	9718.20
S00002	3002	9899.00	2	19798.00	0.1	17818.20
S00003	1002	5599.00	2	11198.00	0.1	10078.20

图 6.1　参照表与被参照表之间的参照完整性

如果定义了两个表之间的参照完整性，则要求：

❖ 参照表不能引用不存在的键值。

❖ 如果更改了被参照表中的键值，那么在整个数据库中，对参照表中该键值的所有引用都要进行一致的更改。

❖ 如果要删除被参照表中的某一记录，应先删除参照表中与该记录匹配的相关记录。

在 SQL Server 中，主表又称主键表，参照表又称外键表。

定义表间参照关系的步骤如下。

（1）定义主键表的主键（或唯一键）。

（2）定义外键表的外键。

3．域完整性

域完整性又称列完整性，是指列数据输入的有效性。可以通过 CHECK 约束、DEFAULT 约束、NOT NULL 约束等实现域完整性。

CHECK 约束通过限制插入列中的值来实现域完整性。例如，对于 sales 数据库的 orderdetail 表，将 grade 限制在 0 分到 100 分之间，可以用 CHECK 约束表示。

4．用户定义完整性

用户定义完整性可以定义不属于其他任何完整性类别的特定业务规则。所有的完整性类别都支持用户定义完整性，包括 CREATE TABLE 中所有的列级完整性约束和表级完整性约束、规则、默认值、存储过程以及触发器。

实体完整性、参照完整性、域完整性通过约束强制实现，其中：

❖ PRIMARY KEY 约束为主键约束，用于实现实体完整性。

❖ UNIQUE 约束为唯一性约束，用于实现实体完整性。

- ❖ FOREIGN KEY 约束为外键约束，用于实现参照完整性。
- ❖ CHECK 约束为检查约束，用于实现域完整性。
- ❖ DEFAULT 约束为默认值约束，用于实现域完整性。
- ❖ NOT NULL 约束为非空约束，用于实现域完整性。

6.2　PRIMARY KEY 约束

表的一列或几列组合的值能在表中唯一地确定一行记录，这样的一列或多列称为表的主键（PRIMARY KEY，PK），通过它可以强制实现实体完整性。表中可以有不止一个键唯一地标识行，每个键都称为候选键，但只可以选择其中一个作为表的主键，其他的候选键称为备用键。

PRIMARY KEY 约束（主键约束）用于实现实体完整性。

通过 PRIMARY KEY 约束定义主键。一个表只能有一个 PRIMARY KEY 约束，且不能取空值。SQL Server 自动为主键创建唯一性索引，从而实现数据的唯一性。

如果一个表的主键由单列构成，则该主键约束可以定义为该列的列级完整性约束或表级完整性约束；如果主键由多列构成，则该主键约束必须定义为表级完整性约束。

创建主键约束可以使用 CREATE TABLE 语句或 ALTER TABLE 语句，其方式可以为列级完整性约束或表级完整性约束，可以对主键约束命名。

1.　在创建表时创建 PRIMARY KEY 约束

定义列级主键约束，语法格式如下。

```
[CONSTRAINT constraint_name]
PRIMARY KEY [CLUSTERED|NONCLUSTERED]
```

定义表级主键约束，语法格式如下。

```
[CONSTRAINT constraint_name]
PRIMARY KEY [CLUSTERED|NONCLUSTERED]
{ (column_name [, …n ] )}
```

各参数含义如下。

- ❖ PRIMARY KEY：定义主键约束的关键字。
- ❖ constraint_name：指定约束的名称。如果不指定，系统自动生成约束的名称。
- ❖ CLUSTERED | NONCLUSTERED：定义约束的索引类型。CLUSTERED 表示聚集索引，NONCLUSTERED 表示非聚集索引，与 CREATE INDEX 语句中的选项相同。

【例 6.1】在 sales 数据库中创建 orderform1 表，要求以列级完整性约束的方式定义主键。

```
USE sales
CREATE TABLE orderform1
```

```
(
        orderid char(6) NOT NULL PRIMARY KEY, /* 在列级定义主键约束，未指定约束名称 */
        emplid char(4) NULL,
        customerid char(4) NULL,
        saledate date NOT NULL,
        cost money NOT NULL
)
```

在 orderid 列的定义的后面加上关键字 PRIMARY KEY，在列级定义主键约束，未指定约束名称，由系统自动创建。

【例 6.2】在 sales 数据库中创建 orderform2 表，要求以表级完整性约束的方式定义主键。

```
USE sales
CREATE TABLE orderform2
(
        orderid char(6) NOT NULL,
        emplid char(4) NULL,
        customerid char(4) NULL,
        saledate date NOT NULL,
        cost money NOT NULL,
        PRIMARY KEY(orderid)      /* 在表级定义主键约束，未指定约束名称 */
)
```

在表中所有列的定义的后面加上 PRIMARY KEY(orderid)子句，在表级定义主键约束，未指定约束名称，由系统自动创建。如果主键由表中一列构成，主键约束采用列级定义或表级定义均可。如果主键由表中多列构成，主键约束必须采用表级定义。

【例 6.3】在 sales 数据库中创建 orderform3 表，要求以表级完整性约束的方式定义主键，并指定主键约束名称。

```
USE sales
CREATE TABLE orderform3
  (
        orderid char(6) NOT NULL,
        emplid char(4) NULL,
        customerid char(4) NULL,
        saledate date NOT NULL,
        cost money NOT NULL,
        CONSTRAINT PK_orderform3 PRIMARY KEY(orderid, saledate)
        /* 在表级定义主键约束，指定约束名称为 PK_orderform3 */
  )
```

在表级定义主键约束，指定约束名称为 PK_orderform3。可以在对完整性约束进行修改或删除时指定约束名称，使引用更为方便。本例的主键由两列构成，必须采用表级定义。

2．删除主键约束

使用 ALTER TABLE 语句的 DROP 子句删除 PRIMARY KEY 约束，语法格式如下。

```
ALTER TABLE table_name
DROP CONSTRAINT constraint_name [,…n]
```

【例 6.4】删除在例 6.3 创建的 orderform3 表上的主键约束。

```
USE sales
ALTER TABLE orderform3
DROP CONSTRAINT PK_orderform3
```

3．在修改表时创建主键约束

使用 ALTER TABLE 语句的 ADD 子句在修改表时创建 PRIMARY KEY 约束，语法格式如下。

```
ALTER TABLE table_name
ADD[ CONSTRAINT constraint_name ] PRIMARY KEY
    [ CLUSTERED | NONCLUSTERED]
    ( column [ ,…n ] )
```

【例 6.5】重新在 orderform3 表上定义主键约束。

```
USE sales
ALTER TABLE orderform3
ADD CONSTRAINT PK_orderform3 PRIMARY KEY(orderid, saledate)
```

6.3　UNIQUE 约束

UNIQUE 约束（唯一性约束）指定一列或多列的组合的值具有唯一性，可以防止在列中输入重复的值，为表中的一列或者多列提供实体完整性。UNIQUE 约束指定的列可以有空值，但 PRIMARY KEY 约束指定的列不允许有空值，故 PRIMARY KEY 约束的强度大于 UNIQUE 约束。

通过 UNIQUE 约束定义唯一性约束。为了保证不在一个表的非主键列中输入重复值，应在该列定义 UNIQUE 约束。

PRIMARY KEY 约束与 UNIQUE 约束的主要区别如下。

❖ 一个表只能创建一个 PRIMARY KEY 约束，但可以创建多个 UNIQUE 约束。

❖ PRIMARY KEY 约束的列的值不允许为 NULL，UNIQUE 约束的列的值可取 NULL。

❖ 创建 PRIMARY KEY 约束时，系统自动创建聚集索引。创建 UNIQUE 约束时，系统自动创建非聚集索引。

PRIMARY KEY 约束与 UNIQUE 约束都不允许对应的列中存在重复值。

创建唯一性约束可以使用 CREATE TABLE 语句或 ALTER TABLE 语句，其方式可为列级完整性约束或表级完整性约束，可对唯一性约束命名。

1. 在创建表时创建 UNIQUE 约束

定义列级唯一性约束，语法格式如下。

```
[CONSTRAINT constraint_name]
UNIQUE [CLUSTERED|NONCLUSTERED]
```

唯一性约束应用于多列时必须定义为表级完整性约束，语法格式如下。

```
[CONSTRAINT constraint_name]
UNIQUE [CLUSTERED|NONCLUSTERED]
(column_name [, …n ])
```

各参数含义如下。

❖ UNIQUE：定义唯一性约束的关键字。

❖ constraint_name：指定约束的名称。如果不指定，系统自动生成约束的名称。

❖ CLUSTERED | NONCLUSTERED：定义约束的索引类型。CLUSTERED 表示聚集索引，NONCLUSTERED 表示非聚集索引，与 CREATE INDEX 语句中的选项相同。

【例 6.6】在 sales 数据库中创建 orderform4 表，要求以列级完整性约束的方式定义唯一性约束。

```
USE sales
CREATE TABLE orderform4
    (
        orderid char(6) NOT NULL PRIMARY KEY,
        emplid char(4) NULL,
        customerid char(4) NULL,
        saledate date NOT NULL UNIQUE,
        cost money NOT NULL
    )
```

在 saledate 列的定义的后面加上关键字 UNIQUE，在列级定义唯一性约束，未指定约束名称，由系统自动创建。

【例 6.7】在 sales 数据库中创建 orderform5 表，要求以表级完整性约束的方式定义唯一性约束。

```
USE sales
CREATE TABLE orderform5
    (
        orderid char(6) NOT NULL PRIMARY KEY,
        emplid char(4) NULL,
        customerid char(4) NULL,
        saledate date NOT NULL,
        cost money NOT NULL,
        CONSTRAINT UQ_orderform5 UNIQUE(saledate)
    )
```

在表中所有列的定义的后面加上 CONSTRAINT 子句，在表级定义主键约束，指定约束名称为 UQ_orderform5。

2．删除唯一性约束

使用 ALTER TABLE 语句的 DROP 子句删除 PRIMARY KEY 约束或 UNIQUE 约束，语法格式如下。

```
ALTER TABLE table_name
DROP CONSTRAINT constraint_name [,…n]
```

【例 6.8】删除在例 6.7 创建的 orderform5 表的唯一性约束。

```
USE sales
ALTER TABLE orderform5
DROP CONSTRAINT UQ_orderform5
```

3．在修改表时创建唯一性约束

使用 ALTER TABLE 语句的 ADD 子句在修改表时创建 UNIQUE 约束，语法格式如下。

```
ALTER TABLE table_name
ADD[ CONSTRAINT constraint_name ] UNIQUE
    [ CLUSTERED | NONCLUSTERED]
    ( column [ ,…n ] )
```

【例 6.9】重新在 orderform5 表上定义唯一性约束。

```
USE sales
ALTER TABLE orderform5
ADD CONSTRAINT UQ_orderform5 UNIQUE(saledate)
```

6.4 FOREIGN KEY 约束

可以使用 CREATE TABLE 语句或 ALTER TABLE 语句创建外键约束，其方式可以为列级完整性约束或表级完整性约束，可以对外键约束命名。

1．在创建表时创建外键约束

使用 CREATE TABLE 语句在创建表时创建外键约束。

定义列级外键约束，语法格式如下。

```
[CONSTRAINT constraint_name]
[FOREIGN KEY]
REFERENCES ref_table
[ NOT FOR REPLICATION ]
```

定义表级外键约束，语法格式如下。

```
[CONSTRAINT constraint_name]
FOREIGN KEY (column_name [, ···n ])
REFERENCES ref_table [(ref_column [, ···n ] )]
[ ON DELETE { CASCADE|NO ACTION } ]
[ ON UPDATE { CASCADE|NO ACTION } ] ]
[ NOT FOR REPLICATION ]
```

各参数含义如下。

（1）FOREIGN KEY：定义外键约束的关键字。

（2）constraint_name：指定约束名称，如果不指定，则由系统自动生成。

（3）ON DELETE { CASCADE|NO ACTION }：指定参照动作采用 DELETE 语句进行删除操作，删除操作如下。

❖ CASCADE：当删除主键表的某行时，外键表的所有相应的行自动被删除，即进行级联删除。

❖ NO ACTION：当删除主键表的某行时，终止删除语句，即拒绝执行删除。NO ACTION 是默认值。

（4）ON UPDATE { CASCADE|NO ACTION }：指定参照动作采用 UPDATE 语句进行更新操作，更新操作如下。

❖ CASCADE：当更新主键表的某行时，外键表的所有相应的行自动被更新，即进行级联更新。

❖ NO ACTION：当更新主键表的某行时，终止更新语句，即拒绝执行更新。NO ACTION 是默认值。

【例 6.10】在 sales 数据库中创建 orderdetail1 表，要求在 orderid 列上以列级完整性约束的方式定义外键。

```
USE sales
CREATE TABLE orderdetail1
    (
        orderid char(6) NOT NULL REFERENCES orderform1(orderid),
        goodsid char(4) NOT NULL,
        saleunitprice money NOT NULL,
        quantity int NOT NULL,
        total money NOT NULL,
        discount float NOT NULL,
        discounttotal money NOT NULL,
        PRIMARY KEY(orderid,goodsid)
    )
```

由于已在 orderform1 表的 orderid 列上定义主键，故可在 orderdetail1 表的 orderid 列上定义外键，其值参照被参照表 orderform1 的 orderid 列。在列级定义外键约束，未指定约束名称，由系统自动创建。

【例 6.11】在 sales 数据库中创建 orderdetail2 表，要求在 orderid 列上以表级完整性约束的方式定义外键，并定义相应的参照动作。

```
USE sales
USE sales
CREATE TABLE orderdetail2
    (
        orderid char(6) NOT NULL,
        goodsid char(4) NOT NULL,
        saleunitprice money NOT NULL,
        quantity int NOT NULL,
        total money NOT NULL,
        discount float NOT NULL,
        discounttotal money NOT NULL,
        PRIMARY KEY(orderid,goodsid),
        CONSTRAINT  FK_orderdetail2  FOREIGN  KEY(orderid)  REFERENCES  orderform2
(orderid)
        ON DELETE CASCADE
        ON UPDATE NO ACTION
    )
```

在表级定义外键约束，指定约束名称为 FK_orderdetail2。这里定义了两个参照动作，ON DELETE CASCADE 表示当删除订单表的记录时，如果订单明细表中有该订单号的订单记录，则级联删除该订单记录；ON UPDATE NO ACTION 表示当更新订单表中某个订单号的记录时，如果订单明细表中有该订单号的订单记录，则中止更新语句。

📢 **注意：** 外键只能引用主键约束或唯一性约束。

2．删除外键约束

使用 ALTER TABLE 语句的 DROP 子句删除外键约束，语法格式如下。

```
ALTER TABLE table_name
DROP CONSTRAINT constraint_name [,…n]
```

【例 6.12】删除在例 6.11 定义的 orderdetail2 表的外键约束。

```
USE sales
ALTER TABLE orderdetail2
DROP CONSTRAINT FK_orderdetail2
```

3．在修改表时创建外键约束

使用 ALTER TABLE 语句的 ADD 子句在修改表时创建外键约束，语法格式如下。

```
ALTER TABLE table_name
ADD[ CONSTRAINT constraint_name ] FOREIGN KEY
    [ CLUSTERED | NONCLUSTERED]
    ( column [ ,...n ] )
```

【例 6.13】重新在 orderdetail2 表上定义外键约束。

```
USE sales
ALTER TABLE orderdetail2
ADD CONSTRAINT FK_orderdetail2 FOREIGN KEY(orderid) REFERENCES orderform2
(orderid)
```

6.5　CHECK 约束

CHECK 约束对输入列或整个表中的值设置检查条件，以限制输入值，保证数据库的数据完整性。下面介绍使用 T-SQL 语句创建和删除 CHECK 约束。

1. 在创建表时创建检查约束

使用 CREATE TABLE 语句在创建表时创建检查约束，语法格式如下。

```
 [CONSTRAINT constraint_name]
CHECK [NOT FOR REPLICATION]
（logical_expression)
```

各参数含义如下。

❖ CONSTRAINT constraint_name：指定约束名称。

❖ NOT FOR REPLICATION：指定检查约束在把从其他表中复制的数据插入表中时不发生作用。

❖ logical_expression：指定检查约束的逻辑表达式。

【例 6.14】在 sales 数据库中创建表 orderdetail3，要求在 discount 列以列级完整性约束的方式定义检查约束。

```
USE sales
CREATE TABLE orderdetail3
    (
        orderid char(6) NOT NULL,
        goodsid char(4) NOT NULL,
        saleunitprice money NOT NULL,
        quantity int NOT NULL,
        total money NOT NULL,
        discount float NOT NULL CHECK(discount>=0 AND discount<=0.2),
        discounttotal money NOT NULL,
        PRIMARY KEY(orderid,goodsid)
    )
```

在 discount 列的定义的后面加上关键字 CHECK，约束表达式为 discount>=0 AND discount<=0.2，在列级定义唯一性约束，未指定约束名称，由系统自动创建。

【例 6.15】在 sales 数据库中创建表 orderdetail4，要求在 discount 列以表级完整性约束的方式定义检查约束。

```
USE sales
CREATE TABLE orderdetail4
    (
        orderid char(6) NOT NULL,
        goodsid char(4) NOT NULL,
        saleunitprice money NOT NULL,
        quantity int NOT NULL,
        total money NOT NULL,
        discount float NOT NULL,
        discounttotal money NOT NULL,
        PRIMARY KEY(orderid,goodsid),
        CONSTRAINT CK_orderdetail4 CHECK(discount>=0 AND discount<=0.2)
    )
```

在表中所有列的定义的后面加上 CONSTRAINT 子句，在表级定义检查约束，指定约束名称为 CK_orderdetail4。

2．删除检查约束

使用 ALTER TABLE 语句的 DROP 子句删除 CHECK 约束。

```
ALTER TABLE table_name
DROP CONSTRAINT check_name
```

【例 6.16】删除例 6.15 在 orderdetail4 表上定义的检查约束。

```
USE sales
ALTER TABLE orderdetail4
DROP CONSTRAINT CK_orderdetail4
```

3．在修改表时创建检查约束

使用 ALTER TABLE 的 ADD 子句在修改表时创建 CHECK 约束，语法格式如下。

```
ALTER TABLE table_name
 ADD [<column_definition>]
    [CONSTRAINT constraint_name] CHECK (logical_expression)
```

【例 6.17】重新在 orderdetail4 表上定义检查约束。

```
USE sales
ALTER TABLE orderdetail4
ADD CONSTRAINT CK_orderdetail4 CHECK(discount>=0 AND discount<=0.2)
```

6.6　DEFAULT 约束

DEFAULT 约束对列定义默认值，当插入操作没有为该列指定数据时，SQL Server 自动指定该列的值。

在创建表时，可以将 CREATE TABLE 语句创建的 DEFAULT 约束作为表的定义的一部分。如果某个表已经存在，则可以使用 ALTER TABLE 语句为其添加 DEFAULT 约束。表中的每一列都可以包含一个 DEFAULT 约束。

默认值可以是常量，也可以是表达式，还可以为 NULL 值。

在创建表时创建 DEFAULT 约束，语法格式如下。

```
[CONSTRAINT constraint_name]
DEFAULT constant_expression [FOR column_name]
```

【例 6.18】在 sales 数据库中创建 orderform6 表，同时建立 DEFAULT 约束。

```
USE sales
CREATE TABLE orderform6
    (
        orderid char(6) NOT NULL PRIMARY KEY,
        emplid char(4) NULL,
        customerid char(4) NULL,
        saledate date NOT NULL DEFAULT(GETDATE()),    /* 定义 saledate 列的 DEFAULT
约束值为当前日期 */
        cost money NOT NULL
    )
```

该语句执行后，为验证 DEFAULT 约束的作用，向 orderform6 表插入一条记录('S00005',5039.1)，未指定 saledate 列。

```
USE sales
INSERT INTO orderform6(orderid,cost)
VALUES('S00005',5039.1)
GO
```

通过 SELECT 语句进行查询。

```
USE sales
SELECT *
FROM orderform6
GO
```

查询结果如下。

```
orderid     emplid      customerid       saledate             cost
----------  ----------  ----------------  -------------------  -------------------
S00005      NULL        NULL              2022-02-08           5039.10
```

由于已定义 saledate 列的 DEFAULT 约束值为 GETDATE()，因此，在插入记录中未指定 saledate 列时，SQL Server 自动为上述列插入当前日期。

6.7　NOT NULL 约束

NOT NULL 约束即非空约束，用于实现用户定义的完整性。

非空约束指字段值不能为空值，空值指不知道、不存在或无意义的值。

在 SQL Server 中，可以使用 CREATE TABLE 语句或 ALTER TABLE 语句来定义非空约束。在某列的定义的后面，加上关键字 NOT NULL 作为限定词，以确保该列的取值不能为空值。例如，在例 6.1 创建 orderform1 表时，在 orderid、saledate 和 cost 列的后面，都添加了关键字 NOT NULL 作为非空约束，以确保这些列不能为空值。

6.8　小结

本章主要介绍了以下内容。

（1）数据完整性是指数据库中的数据的正确性和一致性。约束是一种强制数据完整性的标准机制。数据完整性有以下类型：域完整性、实体完整性、参照完整性、用户定义完整性。

（2）PRIMARY KEY 约束。

PRIMARY KEY 约束即主键约束，用于实现实体完整性。

主键是指表中的某一列或多列的组合能唯一地标识对应的行。由多列的组合构成的主键又称复合主键，主键的值必须是唯一的，且不允许为空值。

可以使用 CREATE TABLE 语句或 ALTER TABLE 语句创建 PRIMARY KEY 约束，使用 ALTER TABLE 语句删除 PRIMARY KEY 约束。

（3）UNIQUE 约束。

UNIQUE 约束即唯一性约束，用于实现实体完整性。

唯一性约束是表中的某一列或多列的组合。唯一性约束的值必须是唯一的，不允许重复。

可以使用 CREATE TABLE 语句或 ALTER TABLE 语句创建 UNIQUE 约束，使用 ALTER TABLE 语句删除 UNIQUE 约束。

（4）FOREIGN KEY 约束。

FOREIGN KEY 约束即外键约束，用于实现参照完整性。

主键是表中能唯一标识每行的一列或多列的组合。外键是指一个表中的一列或多列的组合是另一个表的主键。

对于两个具有关联关系的表，相关联列的主键所在的表称为被参照表，又称主表、主键表；相关联列的外键所在的表称为参照表，又称从表、外键表。

使用 PRIMARY KEY 约束（或 UNIQUE 约束）来定义被参照表的主键（或唯一键），使用 FOREIGN KEY 约束来定义参照表的外键，可以强制实现参照表与被参照表之间的参照完整性。

可以使用 CREATE TABLE 语句或 ALTER TABLE 语句创建 FOREIGN KEY 约束，使用 ALTER TABLE 语句删除 FOREIGN KEY 约束。

（5）CHECK 约束。

CHECK 约束即检查约束，用于实现用户定义完整性。

检查约束对输入列或整个表中的值设置检查条件，以限制输入值，保证数据库的数据完整性。

可以使用 CREATE TABLE 语句或 ALTER TABLE 语句创建 CHECK 约束，使用 ALTER TABLE 语句删除 CHECK 约束。

（6）DEFAULT 约束。

DEFAULT 约束即默认值约束，用于实现域完整性。

DEFAULT 约束对列定义默认值，当插入操作没有为该列指定数据时，SQL Server 自动指定该列的值。

可以使用 CREATE TABLE 语句或 ALTER TABLE 语句创建 DEFAULT 约束，使用 ALTER TABLE 语句删除 DEFAULT 约束。

（7）NOT NULL 约束。

NOT NULL 约束即非空约束，用于实现用户定义完整性。

可以使用 CREATE TABLE 语句或 ALTER TABLE 语句定义非空约束，在某列的定义的后面，加上关键字 NOT NULL 作为限定词，以约束该列的取值不能为空值。

习题 6

一、选择题

1. 域完整性通过_____来实现。

A．PRIMARY KEY 约束   B．FOREIGN KEY 约束

C．CHECK 约束   D．触发器

2. 参照完整性通过_____来实现。

A．PRIMARY KEY 约束   B．FOREIGN KEY 约束

C．CHECK 约束   D．规则

3. 限制性别字段中只能输入"男"或"女"，采用的约束是_____。

A．UNIQUE 约束   B．PRIMARY KEY 约束

C．FOREIGN KEY 约束   D．CHECK 约束

4. 关于外键约束的叙述正确的是_____。

A．需要与另外一个表的主键相关联   B．自动创建聚集索引

C．可以参照其他数据库的表   D．一个表只能有一个外键约束

5. 在 SQL Server 中，设某数据库应用系统中有商品类别表(商品类别号，类别名称，类别描述信息)和商品表(商品号，商品类别号，商品名称，生产日期，单价，库存量)。该系统要求每种商品在入库的时候自动检查其类别，增加禁止未归类商品入库的约束。下列实现此约束的语句中，正确的是_____。

A．ALTER TABLE 商品类别表 ADD CHECK(商品类别号 IN
      (SELECT 商品类别号 FROM 商品表))

B．ALTER TABLE 商品表 ADD CHECK(商品类别号 IN (SELECT 商品类别号 FROM 商品类别表))

C．ALTER TABLE 商品表 ADD
FOREIGN KEY(商品类别号) REFERENCES 商品类别表(商品类别号)

D．ALTER TABLE 商品类别表 ADD
FOREIGN KEY(商品类别号) REFERENCES 商品表(商品类别号)

二、填空题

1．域完整性是指_____数据输入的有效性，又称列完整性。

2．实体完整性要求表中有一个主键，其值不能为空值且能唯一地标识对应的记录，又称_____。

3．修改某数据库的员工表，增加性别列的默认约束，使默认值为"男"，请补全下面的语句。

```
ALTER TABLE 员工表
ADD CONSTRAINT DF_员工表_性别_____
```

4．修改某数据库的成绩表，增加成绩列的检查约束，使成绩限定在 0 到 100 之间，请补全下面的语句。

```
ALTER TABLE 成绩表
ADD CONSTRAINT CK_成绩表_成绩_____
```

5．修改某数据库的商品表，增加商品号的主键约束，请补全下面的语句。

```
ALTER TABLE 商品表
ADD CONSTRAINT PK_商品表_商品号_____
```

6．修改某数据库的订单表，将它的商品号列定义为外键，假设引用表为商品表，其商品号列已定义为主键，请补全下面的语句。

```
ALTER TABLE 订单表
ADD CONSTRAINT FK_订单表_商品号_____
```

三、问答题

1．什么是主键约束？什么是唯一性约束？两者有什么区别？

2．什么是外键约束？

3．什么是数据完整性？SQL Server 有哪几种数据完整性类型？

4．怎样定义 CHECK 约束和 DEFAULT 约束。

四、应用题

1．删除 orderform 表的 PRIMARY KEY 约束，然后在 orderid 列上添加 PRIMARY KEY 约束。

2．在 orderdetail 表的 orderid 列上添加 FOREIGN KEY 约束。

3．在 goods 表的 unitprice 列上添加 CHECK 约束，限制 unitprice 列的值不大于 10000。

4．在 employee 表的 sex 列上添加 DEFAULT 约束，使 sex 列的默认值为"男"。

第 7 章　数据库程序设计

Transact-SQL（T-SQL）是用于 SQL Server 的功能强大的编程语言，是对标准结构化查询语言 SQL 的实现和扩展。T-SQL 既具有 SQL 的主要特点，又扩展了 SQL 的功能，为数据集的处理添加了结构。它虽然与高级语言不同，但具有变量、数据类型、运算符和表达式、流程控制、函数、存储过程、触发器等功能。T-SQL 可以有效地克服 SQL 在实现复杂应用方面的不足，是面向数据编程的最佳选择。本章介绍 T-SQL 在数据库程序设计方面的内容，包括 T-SQL 基础，标识符、常量、变量，运算符与表达式，流程控制语句，系统内置函数，用户定义函数等。

7.1　T-SQL 基础

本节介绍 T-SQL 分类、批处理、脚本和注释等内容。

7.1.1　T-SQL 分类

T-SQL 可以分为以下 5 类。

1. 数据定义语言（Data Definition Language, DDL）

数据定义语言用于创建、修改和删除表、视图、索引、存储过程、触发器等数据库对象，主要语句有 CREATE、ALTER、DROP 等。

2. 数据操纵语言（Data Manipulation Language, DML）

数据操纵语言用于对数据库中的数据进行插入、修改、删除等操作，主要语句有 INSERT、UPDATE、DELETE 等。

3. 数据查询语言（Data Query Language, DQL）

数据查询语言用于对数据库中的数据进行查询操作，主要语句为 SELECT。

4. 数据控制语言（Data Control Language, DCL）

数据控制语言用于控制用户对数据库的操作权限，主要语句有 GRANT、REVOKE 等。

5．T-SQL 对 SQL 的扩展

这部分不是 SQL 所包含的内容，而是 T-SQL 为方便用户编程增加的语言要素，包括变量、数据类型、运算符和表达式、流程控制、函数等。

7.1.2 批处理

一个批处理就是一条或多条 T-SQL 语句的集合。它被提交给 SQL Server 服务器后，SQL Server 会把这个批处理作为一个单元进行分析、优化、编译、执行。批处理的主要特征是：它作为一个不可分的实体在服务器上解释和执行。

SQL Server 服务器对批处理的处理分为 4 个阶段。

（1）分析阶段：服务器检查命令的语法，验证表和列的名字的合法性。

（2）优化阶段：服务器确定完成一个查询的最有效的方法。

（3）编译阶段：生成该批处理的执行计划。

（4）运行阶段：逐条执行该批处理中的语句。

1．批处理的指定

批处理有以下 4 种指定方法。

（1）应用程序作为一个执行单元发出的所有 SQL 语句构成一个批处理，并编译为一个执行计划。

（2）存储过程或触发器内的所有语句构成一个批处理，每个存储过程或触发器都编译为一个执行计划。

（3）由 EXECUTE 语句执行的字符串是一个批处理，并编译为一个执行计划。

（4）由 sp_executesql 系统存储过程执行的字符串是一个批处理，并编译为一个执行计划。

2．批处理的使用规则

批处理的使用规则如下。

（1）CREATE VIEW、CREATE PROCEDURE、CREATE TRIGGER、CREATE RULE、CREATE DEFAULT 等语句在同一个批处理中时只能提交一个，不能在批处理中与其他语句组合使用。当批处理中含有这些语句时，其必须是批处理中仅有的语句。

（2）不能在定义一个 CHECK 约束之后，立即在同一个批处理中使用这个约束。

（3）不能在修改表的一个字段之后，立即在同一个批处理中引用这个字段。

（4）不能在同一个批处理中更改表结构之后，立即引用新添加的列。

（5）如果 EXECUTE 语句是批处理中的第一条语句，则不需要 EXECUTE 关键字。如果 EXECUTE 语句不是批处理中的第一条语句，则需要 EXECUTE 关键字。

3．GO 命令

GO 命令是批处理的结束标志。当编译器执行到 GO 命令时，会把 GO 命令前面的所有语句当成一个批处理来执行。由于一个批处理会被编译到一个执行计划中，所以批处理

在逻辑上必须是完整的。

GO 命令不是 T-SQL 语句，而是可以被 SQL Server 查询编辑器识别的命令。GO 命令和 T-SQL 语句不可以处在同一行上。

局部变量的作用域限制在一个批处理中，不可以在 GO 命令后引用。一个批处理创建的执行计划不能引用在另一个批处理中声明的任何变量。

RETURN 可以在任何时候从批处理中退出，而不执行位于它之后的语句。

【例 7.1】使用 GO 命令将 USE 语句、CREATE VIEW 语句、SELECT 语句隔离。

```
USE sales
GO
    /* 批处理结束标志 */
CREATE VIEW V_Empl
AS
SELECT * FROM employee
GO
    /* CREATE VIEW 必须是批处理中仅有的语句 */
SELECT * FROM V_Empl
GO
```

运行结果如下。

```
emplid  emplname  sex   birthday    native   wages      deptid
------  --------  ----  ----------  -------  ---------  ---------
E001    孙浩然     男    1982-02-15  北京     4600.00    D001
E002    乔桂群     女    1991-12-04  上海     3500.00    NULL
E003    夏婷       女    1986-05-13  四川     3800.00    D003
E004    罗勇       男    1975-09-08  上海     7200.00    D004
E005    姚丽霞     女    1984-08-14  北京     3900.00    D002
E006    田文杰     男    1980-06-25  NULL     4800.00    D001
```

【例 7.2】批处理出错及其改正方法。

（1）批处理出错的程序。

```
USE sales
GO
    /* 第 1 个批处理结束 */
DECLARE @Name char(8)
SELECT @Name=emplname FROM employee
WHERE emplid='E005'
GO
    /* 第 2 个批处理结束 */
PRINT @Name
GO
    /* 第 3 个批处理结束 */
```

运行结果如下。

该程序的局部变量@Name 在第 2 个批处理中声明并赋值，在第 3 个批处理中无效，因此出错。

（2）改正的方法。

将第 2 个批处理和第 3 个批处理合并，语句如下。

```
USE sales
GO
    /* 第 1 个批处理结束 */
DECLARE @Name char(8)
SELECT @Name=emplname FROM employee
WHERE emplid='E005'
PRINT @Name
GO
    /* 第 2 个批处理结束 */
```

说明：PRINT 语句是屏幕输出语句，用于向屏幕输出信息，可输出局部变量、全局变量、表达式的值。

运行结果如下。

姚丽霞

7.1.3 脚本和注释

1．脚本

脚本是存储在文件中的一条或多条 T-SQL 语句，通常以.sql 为扩展名存储，称为 sql 脚本。双击 sql 脚本文件，其 T-SQL 语句即出现在查询编辑器的编辑窗口内。查询编辑器的编辑窗口内的 T-SQL 语句，可以用"文件"→"另存为"命令命名并存入指定目录。

2．注释

注释是程序代码中不执行的文本字符串，也称为注解。使用注释对代码进行说明，可以使程序代码更易于理解和维护。SQL Server 支持两种类型的注释字符。

1）--（双连字符）

这些注释字符可以与要执行的代码处在同一行上，也可以另起一行。从双连字符开始到行尾均为注释。对于多行注释，必须在每个注释行的开始都使用双连字符。

2）/*…*/（正斜杠-星号对）

这些注释字符可以与要执行的代码处在同一行上，也可以另起一行。从开始注释对（/*）到结束注释对（*/）之间的全部内容均为注释。对于多行注释，必须使用开始注释字符对（/*）开始注释，使用结束注释字符对（*/）结束注释。注释行上不应出现其他注释字符。

【例 7.3】注释举例。

```
    /*  注释举例 */
USE sales                        /* 打开 sales 数据库 */
    -- 查询 employee 表中所有列的数据
SELECT *
FROM employee                    -- 指定查询的表为 employee 表
    /* 在 SELECT 子句指定列的位置上使用*号时,
则为查询表中所有列 */
```

7.2 标识符、常量、变量

7.2.1 标识符

标识符用于定义服务器、数据库、数据库对象、变量等的名称,包括常规标识符和分隔标识符两类。

1. 常规标识符

常规标识符就是不需要使用分隔标识符进行分隔的标识符。它以字母、下画线、@或#开头,可以后跟一个或若干个 ASCII 字符、Unicode 字符、下画线、美元符号、@或#,但不能全为下画线、@或#。

2. 分隔标识符

包含在双引号或者方括号内的常规标识符或不符合常规标识符规则的标识符。

标识符允许的最大长度为 128 个字符,对符合常规标识符规则的标识符可以分隔,也可以不分隔,对不符合常规标识符规则的标识符必须进行分隔。

7.2.2 常量

常量是在程序运行中其值不能改变的量,又称标量值。常量的使用格式取决于值的数据类型,可以分为整型常量、实型常量、字符串常量、日期时间常量、货币常量等。

1. 整型常量

整型常量分为十进制整型常量和二进制整型常量、十六进制整型常量。

1）十进制整型常量的表示

不带小数点的十进制数,例如: 58、2491、+138 649 427、-3 694 269 714。

2）二进制整型常量的表示

二进制数字串,用数字 0 或 1 组成,例如:101011110、10110111。

3）十六进制整型常量的表示

前辍 0x 后跟十六进制数字串,例如:0x1DA、0xA2F8、0x37DAF93EFA、0x（0x 为空十六进制常量）。

2．实型常量

实型常量有定点表示和浮点表示两种方式。

1）定点表示

定点表示举例如下。

```
24.7
3795.408
+274958149.4876
-5904271059.83
```

2）浮点表示

浮点表示举例如下。

```
0.7E-3
285.7E5
+483E-2
-18E4
```

3．字符串常量

字符串常量有 ASCII 字符串常量和 Unicode 字符串常量。

1）ASCII 字符串常量

ASCII 字符串常量是用单引号括起来的，由 ASCII 字符构成的符号串，举例如下。

```
'World'
'How are you!'
```

2）Unicode 字符串常量

Unicode 字符串常量与 ASCII 字符串常量相似，不同的是它前面有一个 N 标识符，且 N 前缀必须大写，举例如下。

```
N 'World'
N 'How are you!'
```

4．日期时间常量

日期时间常量用单引号将表示日期时间的字符串括起来表示，有以下格式的日期和时间。

字母日期格式，例如：'June 25, 2011'。

数字日期格式，例如：'9/25/2012' '2013-03-11'。

未分隔的字符串格式，例如：'20101026'。

时间常量：'15:42:47' '09:38:AM'。

日期时间常量：'July 18, 2010 16:27:08'。

5．货币常量

货币常量是以"$"作为前缀的一个整型或实型常量数据，例如：$38、$1842906、-$26.41、+$27485.13。

7.2.3 变量

变量是在程序运行中其值可以改变的量。一个变量应有一个变量名，变量名必须是一个合法的标识符。

变量分为局部变量和全局变量两类。

1．局部变量

局部变量由用户定义和使用，名称前有"@"符号，仅在声明它的批处理或存储过程中有效，当批处理或存储过程执行结束后变成无效。

1）局部变量的定义

使用 DECLARE 语句声明局部变量。所有局部变量在声明后均初始化为 NULL，其语法格式如下。

```
DECLARE{ @local_variable  data_type [= value]}[ ,…n]
```

各参数含义如下。

❖ @local_variable：局部变量名。前面的@表示局部变量。

❖ data_type：用于定义局部变量的类型。

❖ =value：为变量赋值。

❖ n：表示可定义多个变量，各变量间用逗号隔开。

2）局部变量的赋值

在定义局部变量后，可使用 SET 语句或 SELECT 语句赋值。

（1）使用 SET 语句赋值。

使用 SET 语句赋值的语法格式如下。

```
SET  @local_variable＝expression
```

其中，@local_variable 是除 cursor、text、ntext、 image 、table 外的任何类型的变量名，变量名必须以"@"符号开头。expression 是任何有效的 SQL Server 表达式。

📢 注意：为局部变量赋值，该局部变量必须首先使用 DECLARE 语句定义。

【例 7.4】定义局部变量并赋值，然后输出变量值。

```
DECLARE @var1 char(10),@var2 char(20)
SET @var1='夏婷'
SET @var2='是财务部的员工'
SELECT @var1+@var2
```

该语句定义两个局部变量后，采用 SET 语句赋值，将两个变量的值连接后输出。

运行结果如下。

```
夏婷        是财务部的员工
```

【例 7.5】使用 SELECT 语句查找 D001 部门员工的员工号、姓名、籍贯。

```
USE sales
```

```
DECLARE @did char(4)
SET @did='D001'
SELECT emplid, emplname, native FROM employee WHERE deptid=@did
```

该语句采用 SET 语句给局部变量赋值后，将变量值赋给 deptid 列进行查询输出。

运行结果如下。

```
emplid   emplname   native
------   --------   ----------
E001       孙浩然       北京
E006       田文杰       NULL
```

【例 7.6】将查询结果赋给局部变量。

```
USE sales
DECLARE @ename char(8)
SET @ename=(SELECT emplname FROM employee WHERE deptid='D004')
SELECT @ename
```

该语句定义局部变量后，将查询结果赋给局部变量。

运行结果如下。

罗勇

（2）使用 SELECT 语句赋值。

使用 SELECT 语句赋值的语法格式如下。

```
SELECT {@local_variable=expression} [,…n]
```

其中，@local_variable 是除 cursor、text、ntext、image 外的任何类型的变量名，变量名必须以 "@" 符号开头。expression 是任何有效的 SQL Server 表达式，包括标量子查询。n 表示可给多个变量赋值。

【例 7.7】使用 SELECT 语句为变量赋值。

```
USE sales
DECLARE @eid char(4), @ename char(8)
SELECT @eid=emplid,@ename=emplname FROM employee WHERE deptid='D001'
PRINT @eid+'  '+@ename
```

该语句定义局部变量后，使用 SELECT 语句为变量赋值，采用屏幕输出语句输出。

运行结果如下。

E006   田文杰

【例 7.8】使用排序规则在查询语句中为变量赋值。

```
USE sales
DECLARE @eid char(4), @ename char(8)
SELECT @eid=emplid,@ename=emplname FROM employee WHERE deptid='D001' ORDER BY
emplid DESC
```

```
PRINT @eid+'   '+@ename
```

该语句使用排序规则在 SELECT 语句中为变量赋值。

运行结果如下。

```
E001   孙浩然
```

【例 7.9】使用聚合函数在查询语句中为变量赋值。

```
USE sales
DECLARE @hw int
SELECT @hw=MAX(wages) FROM employee WHERE wages IS NOT NULL
PRINT '员工最高工资'
PRINT @hw
```

该语句使用聚合函数在 SELECT 语句中为变量赋值。

运行结果如下。

```
员工最高工资
7200
```

2．全局变量

全局变量由系统定义，在名称前加"@@"符号，用于提供当前的系统信息。

T-SQL 的全局变量作为函数被引用。例如，@@ERROR 表示返回上次执行的 T-SQL 语句的错误编号，@@CONNECTIONS 表示返回自上次启动 SQL Server 以来连接或试图连接的次数。

7.3 运算符与表达式

运算符是一种符号，用来指定在一个或多个表达式中执行的操作。SQL Server 的运算符有：算术运算符、位运算符、比较运算符、逻辑运算符、字符串连接运算符、赋值运算符、一元运算符等。

1．算术运算符

算术运算符在两个表达式间执行数学运算，这两个表达式可以是任何数据类型。

算术运算符有五种：+（加）、-（减）、*（乘）、/（除）和%（求模）。+（加）和-（减）运算符也可以用于对 datetime 及 smalldatetime 类型的值进行算术运算。表达式是由数字、常量、变量和运算符组成的式子，其结果是一个值。

2．位运算符

位运算符用于对两个表达式进行位操作，这两个表达式可以为整型或与整型兼容的数据类型，位运算符如表 7.1 所示。

表 7.1　位运算符

运算符	运算名称	运算规则
&	按位与	两位均为 1 时，结果为 1，否则为 0
|	按位或	只要一位为 1，结果为 1，否则为 0
^	按位异或	两位的值不同时，结果为 1，否则为 0

3．比较运算符

比较运算符用于测试两个表达式的值是否相同。运算结果会返回 TRUE、FALSE 或 UNKNOWN 其中之一，比较运算符如表 7.2 所示，

表 7.2　比较运算符

运算符	运算名称	运算符	运算名称
=	相等	<=	小于或等于
>	大于	<>、!=	不等于
<	小于	!<	不小于
>=	大于或等于	!>	不大于

4．逻辑运算符

逻辑运算符用于对某个条件进行测试，运算结果会返回 TRUE 或 FALSE，逻辑运算符如表 7.3 所示。

表 7.3　逻辑运算符

运算符	运算规则
AND	如果两个操作数都为 TRUE，运算结果为 TRUE
OR	如果两个操作数中有一个为 TRUE，运算结果为 TRUE
NOT	如果一个操作数为 TRUE，运算结果为 FALSE，否则为 TRUE
ALL	如果每个操作数都为 TRUE，运算结果为 TRUE
ANY	在一系列操作数中，只要有一个为 TRUE，运算结果为 TRUE
BETWEEN	如果操作数在指定的范围内，运算结果为 TRUE
EXISTS	如果子查询包含一些行，运算结果为 TRUE
IN	如果操作数等于表达式列表中的一个，运算结果为 TRUE
LIKE	如果操作数与一种模式相匹配，运算结果为 TRUE
SOME	如果在一系列操作数中，有些值为 TRUE，运算结果为 TRUE

使用 LIKE 运算符进行模式匹配时，用到的通配符如表 7.4 所示。

表 7.4　通配符

通配符	说明
%	代表 0 个或多个字符
_（下画线）	代表单个字符
[ ]	指定范围（如：[a-f]、[0-9]）或集合（如[abcdef]）中的任何单个字符
[^]	指定不属于范围（如：[^a-f]、[^0-9]）或集合（如：[^abcdef]）的任何单个字符

5．字符串连接运算符

字符串连接运算符通过运算符"+"实现两个或多个字符串的连接运算。

6．赋值运算符

在给局部变量赋值的 SET 和 SELECT 语句中使用的"="运算符，称为赋值运算符。

赋值运算符用于将表达式的值赋给另外一个变量，也可以使用赋值运算符在列标题和为列定义值的表达式之间建立关系，参见 7.2.3 节中局部变量赋值部分的内容。

7．一元运算符

一元运算符是指只有一个操作数的运算符，包含+（正）、-（负）和~（按位取反）。

8．运算符优先级

当一个复杂的表达式中有多个运算符时，运算符优先级决定运算执行的先后次序，执行的顺序会影响运算结果。

运算符优先级如表 7.5 所示，在一个表达式中按先高（优先级数字小）后低（优先级数字大）的顺序进行运算。

表 7.5　运算符优先级

运算符	优先级
+（正）、-（负）、~（按位取反）	1
*（乘）、/（除）、%（模）	2
+（加）、+（串联）、-（减）	3
=、>、<、>=、<=、<>、!=、!>、!< 比较运算符	4
^（按位异或）、&（按位与）、|（按位或）	5
NOT	6
AND	7
ALL、ANY、BETWEEN、IN、LIKE、OR、SOME	8
=（赋值）	9

9．表达式

表达式是常量、变量、列名、函数和运算符的组合，表达式的运算结果通常可以得到一个值。

表达式的分类如下。

1）按连接表达式的运算符分类

表达式可分为算术表达式、比较表达式、逻辑表达式等。

2）按表达式的值分类

表达式可分为字符型表达式、数值型表达式、日期时间型表达式等。

3）按表达式值的复杂性分类

如果运算结果只是一个值，则该表达式称为标量表达式，例如 3+5。

如果运算结果是由不同类型的数据组成的一行值，则该表达式称为行表达式，例如 ('E005','姚丽霞','女','1984-08-14','北京',3900.00,'D002')。

如果运算结果为 0 个、1 个或多个行表达式的集合，则这个表达式称为表表达式。

7.4　流程控制语句

流程控制语句是用来控制程序执行流程的语句。通过对程序流程的组织和控制来提高编程语言的处理能力，满足程序设计的需要，SQL Server 提供的流程控制语句如表 7.6 所示。

表 7.6　流程控制语句

流程控制语句	说　　明
BEGIN···END	语句块
IF···ELSE	条件语句
GOTO	无条件转移语句
WHILE	循环语句
CONTINUE	用于重新开始下一次循环
BREAK	用于退出最内层的循环
RETURN	无条件返回
WAITFOR	为语句的执行设置延迟

7.4.1　BEGIN···END 语句块

BEGIN···END 语句块将多条 T-SQL 语句定义为一个语句块，作为一个整体来执行，其语法格式如下。

```
BEGIN
  { sql_statement | statement_block }
END
```

其中，关键字 BEGIN 指示 T-SQL 语句块的开始，关键字 END 指示语句块的结束。sql_statement 是语句块中的 T-SQL 语句，BEGIN···END 可以嵌套使用，statement_block 表示使用 BEGIN···END 定义的另一个语句块。

说明：经常用到 BEGIN···END 语句块的语句和函数有：WHILE 循环语句、IF···ELSE 语句、CASE 函数。

【例 7.10】BEGIN···END 语句举例。

```
BEGIN
    DECLARE @mts char(20)
    SET @mts = '移动电话系统'
    BEGIN
        PRINT '变量@mts 的值为:'
        PRINT @mts
    END
END
```

该语句实现了 BEGIN…END 语句的嵌套，外层 BEGIN…END 语句用于局部变量的定义和赋值，内层 BEGIN…END 语句用于屏幕输出。

运行结果如下。

```
变量@mts 的值为：
移动电话系统
```

7.4.2 条件语句

使用 IF…ELSE 语句时，需要对给定的条件进行判定，当条件为真或假时分别执行不同的 T-SQL 语句或语句序列，其语法格式如下。

```
IF Boolean_expression                           /*条件表达式*/
{ sql_statement | statement_block }             /*条件表达式为真时执行*/
[ ELSE
{ sql_statement | statement_block } ]           /*条件表达式为假时执行*/
```

IF…ELSE 语句分为带 ELSE 部分和不带 ELSE 部分两种形式。

1. 带 ELSE 部分

```
IF 条件表达式
   A                 /* T-SQL 语句或语句块*/
ELSE
   B                 /* T-SQL 语句或语句块*/
```

当条件表达式的值为真时先执行 A，然后执行 IF 语句的下一条语句；当条件表达式的值为假时先执行 B，然后执行 IF 语句的下一条语句。

2. 不带 ELSE 部分

```
IF 条件表达式
   A                 /*T-SQL 语句或语句块*/
```

当条件表达式的值为真时先执行 A，然后执行 IF 语句的下一条语句；当条件表达式的值为假时直接执行 IF 语句的下一条语句。

IF 和 ELSE 后面的子句都允许嵌套，嵌套层数没有限制。

IF…ELSE 语句的执行流程如图 7.1 所示。

【例 7.11】IF…ELSE 语句举例。

```
USE sales
GO
IF (SELECT unitprice FROM goods WHERE goodsid='1001')>7000
    BEGIN
        PRINT '商品号:1001'
        PRINT '高档商品'
```

```
        END
ELSE
    BEGIN
        PRINT '商品号:1001'
        PRINT '非高档商品'
    END
```

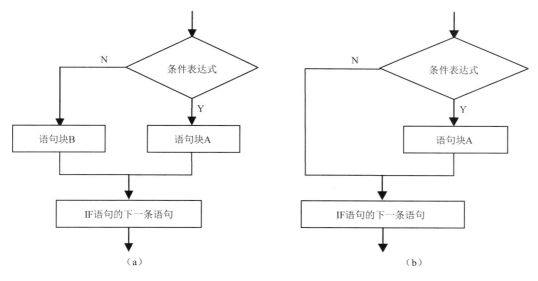

图 7.1　IF…ELSE 语句的执行流程

该语句采用了 IF…ELSE 语句，在 IF 和 ELSE 后面分别使用了 BEGIN…END 语句块。运行结果如下。

```
商品号:1001
非高档商品
```

7.4.3　循环语句

1．WHILE 循环语句

程序中的一部分语句需要重复执行时，可以使用 WHILE 循环语句来实现，其语法格式如下。

```
WHILE Boolean_expression              /*条件表达式*/
{ sql_statement | statement_block }   /*T-SQL 语句序列构成的循环体*/
```

WHILE 循环语句的执行流程如图 7.2 所示。

通过 WHILE 语句的流程图可以看出其使用形式如下。

```
WHILE 条件表达式
    循环体              /*T-SQL 语句或语句块*/
```

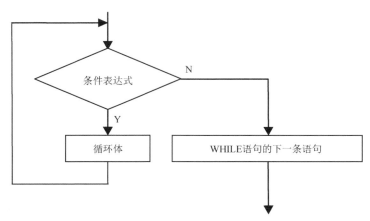

图 7.2 WHILE 语句的执行流程

首先进行条件判断，当条件表达式的值为真时，执行循环体的中的 T-SQL 语句或语句块；然后再次进行条件判断，当条件表达式的值为真时，重复执行上述操作，直至条件表达式的值为假，退出循环体，执行 WHILE 语句的下一条语句。

在循环体中，可进行 WHILE 语句的嵌套。

【例 7.12】显示字符串 "Learn" 中每个字符的 ASCII 值和字符。

```
DECLARE @pn int, @sg char(8)
SET @pn = 1
SET @sg = 'Learn'
WHILE @pn <= LEN(@sg)
    BEGIN
        SELECT ASCII(SUBSTRING(@sg, @pn, 1)), CHAR(ASCII(SUBSTRING(@sg, @pn, 1)))
        SET @pn = @pn + 1
    END
```

该语句采用了 WHILE 循环语句，循环条件为小于或等于字符串 "Learn" 的长度值，在循环体中使用了 BEGIN…END 语句块。

运行结果如下。

```
76          L
----------- ----
101         e
----------- ----
97          a
----------- ----
114         r
----------- ----
110         n
```

2. BREAK 语句

BREAK 语句的语法格式如下。

```
BREAK
```

BREAK 语句在循环语句中用于退出本层循环，当循环体中有多层循环嵌套时，只能退出其所在的本层循环。

3．CONTINUE 语句

CONTINUE 语句的语法格式如下。

```
CONTINUE
```

CONTINUE 语句在循环语句中用于结束本次循环，重新进行循环开始条件的判断。

7.4.4　无条件转移语句

GOTO 语句用于实现无条件的跳转，将执行流程转移到标号指定的位置，其语法格式如下。

```
GOTO label
```

其中，label 是要跳转的语句的标号，标号必须符合标识符规则。

标号的定义形式如下。

```
label : 语句
```

【例 7.13】计算从 1 到 100 的和。

```
DECLARE @nm int, @i int
SET @i = 0
SET @nm = 0
lp:
    SET @nm = @nm+ @i
    SET @i = @i +1
    IF @i <=100
        GOTO lp
PRINT '1+2+...+100 = '+CAST(@nm AS char(10))
```

该语句采用了 GOTO 语句。

运行结果如下。

```
1+2+...+100 = 5050
```

7.4.5　返回语句

RETURN 语句用于从查询语句块、存储过程或者批处理中无条件退出，位于它之后的语句将不被执行，其语法格式如下。

```
RETURN [ integer_expression ]
```

其中，integer_expression 为整型表达式。

【例 7.14】判断是否存在员工号为 E005 的员工，如果存在则返回，如果不存在则插入 E005 的员工记录。

```
USE sales
IF EXISTS(SELECT * FROM employee WHERE emplid='E005')
    RETURN
ELSE
    INSERT  INTO  employee  VALUES('E005',' 姚丽霞 ',' 女 ','1984-08-14',' 北京 ',3900.00,'D002')
```

当查询结果满足判断条件（存在有关员工的记录）时，通过 RETURN 语句返回，否则插入该员工的记录。

7.4.6 等待语句

指定语句块、存储过程、事务执行的时刻或必须等待的时间间隔。

WAITFOR 语句的语法格式如下。

```
WAITFOR { DELAY 'time' | TIME 'time' }
```

其中，DELAY 'time' 用于指定 SQL Server 必须等待的时间，TIME 'time' 用于指定 SQL Server 等待到某一时刻。

【例 7.15】设定在下午 14:00 执行查询语句。

```
USE sales
BEGIN
    WAITFOR TIME '14:00'
    SELECT * FROM employee
END
```

该语句采用 WAITFOR 语句，用于指定 SQL Server 等待执行的时刻。

7.4.7 异常处理

TRY...CATCH 语句用于对 T-SQL 中的错误进行处理。

TRY…CATCH 语句的语法格式如下。

```
BEGIN TRY
    { sql_statement | statement_block }
END TRY
BEGIN CATCH
    [ { sql_statement | statement_block } ]
END CATCH
[ ; ]
```

7.5 系统内置函数

7.5.1 系统内置函数概述

T-SQL 提供三种系统内置函数: 标量函数、聚合函数、行集函数, 所有函数都是确定性的或非确定性的。例如, DATEADD 内置函数是确定性函数, 对于其任何给定的参数总是返回相同的结果; GETDATE 是非确定性函数, 在每次被执行后返回的结果都不同。

7.5.2 常用的系统内置函数

标量函数的输入参数和返回值的类型均为基本类型, SQL Server 包含的标量函数如下。

- ❖ 数学函数。
- ❖ 字符串函数。
- ❖ 日期时间函数。
- ❖ 系统函数。
- ❖ 配置函数。
- ❖ 系统统计函数。
- ❖ 游标函数。
- ❖ 文本和图像函数。
- ❖ 元数据函数。
- ❖ 安全函数。

下面介绍常用的标量函数。

1. 数学函数

数学函数用于对数值表达式进行数学运算并返回运算结果, 常用的数学函数如表 7.7 所示。

表 7.7 常用的数学函数

函数	描述
ABS	返回数值表达式的绝对值
EXP	返回指定表达式以 e 为底的指数
CEILING	返回大于或等于数值表达式的最小整数
FLOOR	返回小于或等于数值表达式的最大整数
LN	返回数值表达式的自然对数
LOG	返回数值表达式以 10 为底的对数
POWER	返回对数值表达式进行幂运算的结果

函数	描述
RAND	返回 0 到 1 之间的一个随机值
ROUND	返回四舍五入指定长度或精度的数值表达式
SIGN	返回数值表达式的正号(+)、负号(-)或零(0)
SQUARE	返回数值表达式的平方
SQRT	返回数值表达式的平方根

下面举例说明数学函数的使用。

1）ABS 函数

ABS 函数用于返回数值表达式的绝对值，语法格式如下。

```
ABS ( numeric_expression )
```

其中，参数 numeric_expression 为数值型表达式，返回值类型与 numeric_expression 相同。

【例 7.16】ABS 函数对不同数字的处理结果。

```
SELECT ABS(+7.5), ABS(0.0), ABS(-3.9)
```

该语句采用了 ABS 函数分别求正数、零和负数的绝对值。

运行结果如下。

```
7.5                    0.0                    3.9
```

2）RAND 函数

RAND 函数用于返回 0 到 1 之间的一个随机值，语法格式如下。

```
RAND ([ seed ] )
```

其中，参数 seed 是指定种子值的整型表达式，返回值类型为 float。如果未指定种子值，则随机分配；当指定种子值时，返回的结果相同。

【例 7.17】通过 RAND 函数产生随机值。

```
DECLARE @count int
SET @count = 5
SELECT RAND(@count) AS Random_Number
```

该语句采用了 RAND 函数求随机值。

运行结果如下。

```
Random_Number
---------------------------------
0.713666525097956
```

2．字符串函数

字符串函数用于对字符串、二进制数字串和表达式进行处理，常用的字符串函数如表 7.8 所示。

表 7.8　常用的字符串函数

函数	描述
ASCII	ASCII 函数，返回字符表达式中最左边的字符的 ASCII 代码值
CHAR	ASCII 代码转换函数，返回指定 ASCII 代码的字符
CHARINDEX	返回指定模式的起始位置
LEFT	左子串函数，返回字符串中从左边开始指定个数的字符
LEN	字符串函数，返回指定字符表达式的字符（而不是字节），其中不包含尾随空格
LOWER	小写字母函数，将大写字符数据转换为小写字符数据后返回字符表达式
LTRIM	删除前导空格字符串，返回删除了前导空格之后的字符表达式
REPLACE	替换函数，用第三个表达式替换第一个字符表达式中出现的所有第二个指定字符表达式的匹配项
REPLICATE	复制函数，以指定的次数重复字符表达式
RIGHT	右子串函数，返回字符串中从右边开始指定个数的字符
RTRIM	删除尾随空格函数，删除所有尾随空格后返回一个字符串
SPACE	空格函数，返回由重复的空格组成的字符串
STR	数字向字符转换函数，返回由数字数据转换来的字符数据
SUBSTRING	子串函数，返回字符表达式、二进制表达式、文本表达式或图像表达式的一部分
UPPER	大写函数，返回小写字符数据转换为大写的字符表达式

1）LEFT 函数

LEFT 函数用于返回字符串中从左边开始指定个数的字符，语法格式如下。

```
LEFT ( character_expression , integer_expression )
```

其中，参数 character_expression 为字符型表达式，integer_expression 为整型表达式，返回值为 varchar 型。

【例 7.18】返回部门名最左边的 2 个字符。

```
USE sales
SELECT DISTINCT LEFT(deptname,2) FROM department
```

该语句采用了 LEFT 函数求部门名最左边的 2 个字符。

运行结果如下。

```
财务
经理
人事
市场
销售
```

2）LTRIM 函数

LTRIM 函数用于删除字符串中的前导空格，并返回字符串，语法格式如下。

```
LTRIM ( character_expression )
```

其中，参数 character_expression 为字符型表达式，返回值类型为 varchar。

【例 7.19】使用 LTRIM 函数删除字符串中的前导空格。

```
DECLARE @string varchar(20)
```

```
SET @string = '    搜索引擎'
SELECT LTRIM(@string)
```

该语句采用了 LTRIM 函数删除字符串中的前导空格并返回字符串。

运行结果如下。

```
搜索引擎
```

3）REPLACE 函数

REPLACE 函数用第三个字符表达式替换第一个字符表达式中包含的第二个字符表达式，并返回替换后的表达式，语法格式如下。

```
REPLACE (string_expression1,string_expression2,string_expression3)
```

其中，参数 string_expression1、string_expression2 和 string_expression3 均为字符型表达式，返回值为字符型。

【例 7.20】用 REPLACE 函数实现字符串的替换。

```
DECLARE @str1 char(16),@str2 char(4),@str3 char(16)
SET @str1='数据库技术'
SET @str2='技术'
SET @str3='原理'
SET @str3=REPLACE (@str1, @str2, @str3)
SELECT @str3
```

该语句采用了 REPLACE 函数实现字符串的替换。

```
数据库原理
```

4）SUBSTRING 函数

SUBSTRING 函数用于返回表达式中指定部分的数据，语法格式如下。

```
SUBSTRING ( expression , start , length )
```

其中，参数 expression 可为字符串、二进制串、text、image 字段或表达式；start、length 均为整型，start 指定子串的起始位置，length 指定子串的长度（要返回的字节数）。

【例 7.21】在一列中返回员工表中的姓，在另一列中返回员工表中的名。

```
USE sales
SELECT SUBSTRING(emplname, 1,1), SUBSTRING(emplname, 2, LEN(emplname)-1)
FROM employee
ORDER BY emplid
```

该语句采用了 SUBSTRING 函数分别求"姓名"字符串中的子串"姓"和子串"名"。

运行结果如下。

```
孙 浩然
乔 桂群
夏 婷
```

5）CHARINDEX 函数

CHARINDEX 函数用于在表达式 2 中搜索表达式 1 并返回其起始位置（如果找到），语法格式如下。

```
CHARINDEX ( expression1 ,expression2 [ , start_location ] )
```

其中，expression1 为包含要查找的序列的字符表达式，expression2 为要搜索的字符表达式，start_location 表示搜索起始位置的整数或 bigint 表达式。

【例 7.22】查询员工姓名中是否含有"田"。

```
USE sales
SELECT * FROM employee WHERE CHARINDEX('田',emplname)>0
```

该语句采用了 CHARINDEX 函数求"姓名"字符串中是否含有指定字符。

运行结果如下。

```
emplid  emplname  sex  birthday    native   wages     deptid
------  --------  ---  ----------  -------  --------  --------
E006     田文杰     男   1980-06-25  NULL     4800.00   D001
```

3. 日期时间函数

日期时间函数用于对日期和时间数据进行不同的处理和运算，返回日期和时间值、字符串和数值等，常用的日期时间函数如表 7.9 所示。

表 7.9　常用的日期时间函数

函数	描述
GETDATE()	返回当前系统日期和时间
DATEADD(datepart, number, date)	以 datepart 指定的方式，返回 date 与 number 之和
DATEDIFF(datepart, startdate, enddate)	以 datepart 指定的方式，返回 enddate 与 startdate 之差
DATENAME(datepart, date)	以 datepart 指定的方式，返回指定日期部分的字符串
DATEPART(datepart, date)	以 datepart 指定的方式，返回指定日期部分的整数
YEAR(date)	返回指定日期的"年"部分的整数
MONTH(date)	返回指定日期的"月"部分的整数
DAY(date)	返回指定日期的"日"部分的整数
GETUTCDATE()	返回表示当前世界时间或格林尼治时间的 datetime 值

表 7.9 中的 datepart 的取值如表 7.10 所示。

表 7.10　datepart 的取值

datepart 取值	缩写形式	函数返回的值	datepart 取值	缩写形式	函数返回的值
year	yy, yyyy	年份	week	wk, ww	第几周
quarter	qq, q	季度	hour	hh	小时
month	mm, m	月	minute	mi, n	分钟

datepart 取值	缩写形式	函数返回的值	datepart 取值	缩写形式	函数返回的值
dayofyear	dy, y	一年的第几天	second	ss, s	秒
day	dd, d	日	millisecond	ms	毫秒

【例 7.23】求 2022 年 5 月 10 日前后 120 天的日期。

```
DECLARE @curdt datetime,@ntdt datetime
SET @curdt='2022-5-10'
SET @ntdt=DATEADD(Dd,120,@curdt)
PRINT @ntdt
SET @ntdt=DATEADD(Dd,-120,@curdt)
PRINT @ntdt
```

该语句采用了 DATEADD 函数分别求指定日期加上正的时间间隔和负的时间间隔后的新 datetime 值。

运行结果如下。

```
09  7 2022 12:00AM
01 10 2022 12:00AM
```

【例 7.24】依据员工的出生时间计算年龄。

```
USE sales
SET NOCOUNT ON
DECLARE @startdt datetime
SET @startdt = getdate()
SELECT emplname AS 姓名, DATEDIFF(yy, birthday, @startdt ) AS 年龄 FROM employee
```

该语句通过 GETDATE 函数获取当前系统的日期和时间，采用 DATEDIFF 函数由出生时间计算年龄。

运行结果如下。

```
姓名     年龄
-------- -----------
孙浩然   40
乔桂群   31
夏婷     36
罗勇     47
姚丽霞   38
田文杰   42
```

4．系统函数

系统函数用于返回有关 SQL Server 系统、数据库、数据库对象和用户的信息。

1）COL_NAME 函数

COL_NAME 函数根据指定的表标识号和列标识号返回列的名称，语法格式如下。

```
COL_NAME ( table_id, column_id )
```

其中，table_id 为列所在的表的表标识号，column_id 为列标识号。

【例 7.25】输出 employee 表中所有列的列名。

```
USE sales
DECLARE @i int
SET @i=1
WHILE @i<=7
    BEGIN
        PRINT COL_NAME(OBJECT_ID('employee'),@i)
        SET @i=@i+1
    END
```

该语句根据 employee 表的表标识号和列标识号使用 COL_NAME 函数返回所有列的列名。

运行结果如下。

```
emplid
emplname
sex
birthday
native
wages
deptid
```

2）CONVERT 函数

CONVERT 函数将一种数据类型的表达式转换为另一种数据类型的表达式，语法格式如下。

```
CONVERT (data_type[(length)], expression [, style])
```

其中，data_type 为目标数据类型，length 为指定目标数据类型长度（可选整数），expression 为表达式，style 指定 Date 和 Time 样式。例如，style 为 101 表示美国标准日期格式：mm/dd/yyyy，style 为 102 表示 ANSI 日期格式：yy.mm.dd。

【例 7.26】输出 employee 表中有关列的列名并将出生日期转换成 ANSI 格式。

```
USE sales
SELECT emplid AS 员工号, emplname AS 姓名, sex AS 性别, CONVERT(char,birthday,
102) AS 出生日期
FROM employee
```

该语句通过 CONVERT 函数将出生日期转换成 ANSI 格式。

运行结果如下。

```
员工号       姓名         性别       出生日期
----------- ----------- --------- --------------------------------
E001        孙浩然        男        1982.02.15
E002        乔桂群        女        1991.12.04
```

E003	夏婷	女	1986.05.13
E004	罗勇	男	1975.09.08
E005	姚丽霞	女	1984.08.14
E006	田文杰	男	1980.06.25

3）CAST 函数

CAST 函数将一种数据类型的表达式转换为另一种数据类型的表达式，语法格式如下。

```
CAST ( expression AS data_type [ (length ) ])
```

其中，expression 为表达式，data_type 为目标数据类型，length 为指定目标数据类型长度（可选整数）。

【例 7.27】求 2022 年 3 月 10 日后 180 天的日期。

```
SELECT CAST('2022-3-10' AS smalldatetime) + 180 AS '2022.3.10 加上 180 天的日期'
```

该语句通过 CAST 函数将指定日期转换成 smalldatetime 类型的日期，并加上 180 天。运行结果如下。

```
2022.3.10 加上 180 天的日期
---------------------------
2022-09-06 00:00:00
```

4）CASE 函数

CASE 函数用于计算条件列表并返回多个可能的结果表达式之一，有两种使用形式，一种是简单 CASE 函数，另一种是搜索型 CASE 函数。

（1）简单 CASE 函数。

简单 CASE 函数将某个表达式与一组简单表达式进行比较以确定结果，语法格式如下。

```
CASE input_expression
    WHEN when_expression THEN result_expression […n ]
    [ ELSE else_result_expression]
END
```

其功能为：计算 input_expression 表达式的值，并与每个 when_expression 表达式的值比较，若相等，则返回对应的 result_expression 表达式的值；否则返回 else_result_expression 表达式的值。

（2）搜索型 CASE 函数。

搜索型 CASE 函数计算一组布尔表达式以确定结果，语法格式如下。

```
CASE
    WHEN Boolean_expression THEN result_expression […n ]
    [ ELSE else_result_expression]
END
```

其功能为：按指定顺序为每个 WHEN 子句的 Boolean_expression 表达式求值，返回第一个取值为 TRUE 的 Boolean_expression 表达式对应的 result_expression 表达式的值；

如果没有取值为 TRUE 的 Boolean_expression 表达式，则当指定 ELSE 子句时，返回 else_result_expression 的值；若没有指定 ELSE 子句，则返回 NULL。

【例 7.28】将商品类型代码转换为商品类型名称。

```
USE sales
SELECT goodsname AS '商品名称', classification AS '商品类型代码',
    CASE classification
        WHEN '10' THEN '笔记本和平板计算机'
        WHEN '20' THEN '台式机'
        WHEN '30' THEN '服务器'
        WHEN '40' THEN '打印机'
    END AS '商品类型名称'
FROM goods
```

该语句通过简单 CASE 函数将商品类型代码转换为商品类型名称。

运行结果如下。

商品名称	商品类型代码	商品类型名称
Microsoft Surface Pro 7	10	笔记本和平板计算机
Apple iPad Pro 11	10	笔记本和平板计算机
DELL 5510 11	20	台式机
DELL Precision T3450	30	服务器
HP HPE ML30GEN10	30	服务器
EPSON L565	40	打印机
HP LaserJet Pro M405d	40	打印机

【例 7.29】对商品单价进行分类显示，如果商品单价高于 7000 元，则显示"高档商品"；如果商品单价在 3000 元~7000 元，则显示"中档商品"；如果商品单价低于 3000 元，则显示"低档商品"。

```
USE sales
SELECT goodsname AS '商品名称', unitprice AS '单价' , type=
    CASE
        WHEN unitprice>=7000 THEN '高档商品'
        WHEN unitprice BETWEEN 3000 AND 7000 THEN '中档商品'
        WHEN unitprice<3000 THEN '低档商品'
    END
FROM goods
WHERE unitprice IS NOT NULL
```

该语句通过搜索型 CASE 函数对商品单价进行分类显示。

运行结果如下。

商品名称	单价	type
Microsoft Surface Pro 7	6288.00	中档商品

```
Apple iPad Pro 11              5599.00     中档商品
DELL 5510 11                   5399.00     中档商品
DELL Precision T3450           6699.00     中档商品
HP HPE ML30GEN10               9899.00     高档商品
EPSON L565                     1899.00     低档商品
HP LaserJet Pro M405d          2099.00     低档商品
```

7.6　用户定义函数

用户定义函数是用户定义的 T-SQL 函数。必须有一个 RETURN 语句，用于返回函数值，返回值可以是单独的数值或一个表。

7.6.1　用户定义函数概述

用户定义函数是用户根据自己的需要定义的函数，它有如下优点。

❖　允许模块化程序设计。

❖　执行速度更快。

❖　减少网络流量。

用户定义函数分为两类：标量函数和表值函数。

（1）标量函数：返回值为标量值，即返回单个数据值。

（2）表值函数：返回值为表值，返回值不是单一的数据值，而是由一个表值代表的记录集，即返回 table 数据类型。

表值函数分为两种。

❖　内联表值函数：RETURN 子句中包含单个 SELECT 语句。

❖　多语句表值函数：在 BEGIN…END 语句块中包含多个 SELECT 语句。

下面介绍系统表 sysobjects 的主要字段，如表 7.11 所示。

表 7.11　系统表 sysobjects 的主要字段

字段名	类型	含义
name	sysname	对象名
id	int	对象标识符
type	char(2)	对象类型（可以是下列值之一） C：CHECK 约束；D：默认值或 DEFAULT 约束； F：FOREIGN KEY 约束；FN：标量函数； IF：内嵌表函数；K：PRIMARY KEY 约束或 UNIQUE 约束； L：日志；P：存储过程；R：规则；RF：复制筛选存储过程； S：系统表；TF：表值函数；TR：触发器；U：用户表； V：视图；X：扩展存储过程

7.6.2　用户定义函数的定义和调用

1．标量函数

1）标量函数的定义

标量函数的语法格式如下。

```
CREATE FUNCTION [ schema_name. ] function_name        /*函数名部分*/
( [ { @parameter_name [ AS ][ type_schema_name. ] parameter_data_type      /*形
参定义部分*/
   [ = default ] [ READONLY ] } [ ,…n ] ])
RETURNS return_data_type                              /*返回参数的类型*/
  [ WITH <function_option> [ ,…n ] ]                  /*函数选项定义*/
  [ AS ]
  BEGIN
    function_body                                     /*函数体部分*/
    RETURN scalar_expression                          /*返回语句*/
  END
[ ; ]
```

其中，<function_option>的格式如下。

```
<function_option>::=
{
  [ ENCRYPTION ]
  | [ SCHEMABINDING ]
  | [ RETURNS NULL ON NULL INPUT | CALLED ON NULL INPUT ]
}
```

各参数含义如下。

❖ function_name：用户定义函数名。函数名必须符合标识符的规则，对其架构来说，该函数名在数据库中必须是唯一的。

❖ @parameter_name：用户定义函数的形参名。在 CREATE FUNCTION 语句中可以声明一个或多个参数，用@符号作为第一个字符来指定形参名，每个函数的参数的作用范围限制于该函数内部。

❖ parameter_data_type：参数的数据类型。可以为系统支持的基本标量类型，不能为 timestamp 类型、用户定义数据类型、非标量类型（如 cursor 和 table）。type_schema_name 为参数所属的架构名。

❖ [= default]：可以设置参数的默认值。如果定义了 default 值，则无须指定此参数的值即可执行函数。

❖ READONLY：用于指定不能在函数定义中更新或修改的参数。

❖ return_data_type：函数使用 RETURNS 语句指定用户定义函数的返回值类型，可以是 SQL Server 支持的基本标量类型，但 text、ntext、image 和 timestamp 除外。使用 RETURN 语句，函数将返回 scalar_expression 表达式的值。

❖ function_body：由 T-SQL 语句序列构成的函数体。

❖ <function_option>：标量函数的选项。

根据上述的语法格式，得出定义标量函数的形式如下。

```
CREATE FUNCTION [所有者名.] 函数名
( 参数 1 [AS] 类型 1 [ = 默认值 ] ) ,…
RETURNS 返回值类型
[ WITH 选项 ]
[ AS ]
BEGIN
   函数体
   RETURN 标量表达式
END
```

【例 7.30】创建一个标量函数 F_emplNative，输入员工号并返回员工的籍贯。

```
USE sales
GO
/* 创建用户定义标量函数 F_emplNative，@eid 为该函数的形参，对应实参为员工号 */
CREATE FUNCTION F_emplNative(@eid char(4))
RETURNS char(10)                /* 函数的返回值类型为 char 类型*/
AS
BEGIN
    DECLARE @nat char(10)       /* 定义变量@nat 为 char 类型 */
    /* 将实参指定的员工号传递给形参@eid 作为查询条件，查询员工的籍贯 */
    SELECT @nat=( SELECT native FROM employee WHERE emplid=@eid)
    RETURN @nat                 /* 返回籍贯的标量值 */
  END
GO
```

2）标量函数的调用

调用用户定义的标量函数，有以下两种方式。

（1）用 SELECT 语句调用。

用 SELECT 语句调用标量函数的调用形式。

```
架构名.函数名(实参 1,…,实参 n)
```

其中，实参（实际参数的简称）可以是已赋值的局部变量或表达式。

【例 7.31】使用 SELECT 语句，对例 7.30 定义的 F_emplNative 函数进行调用。

```
USE sales
DECLARE @eid char(4)
DECLARE @nt char(10)
SELECT @eid= 'E005'
SELECT @nt=dbo.F_emplNative(@eid)
SELECT @nt AS '员工的籍贯'
```

该语句使用 SELECT 语句对 F_emplNative 函数进行调用。

运行结果如下。

```
员工的籍贯
-------------------
北京
```

（2）用 EXECUTE（EXEC）语句调用。

用 EXECUTE（EXEC）语句调用标量函数的调用形式。

```
EXEC 变量名=架构名名.函数名 实参1,…,实参n
或
EXEC 变量名=架构名.函数名 形参名1=实参1,…, 形参名n=实参n
```

【例 7.32】使用 EXEC 语句，对例 7.31 定义的 F_emplNative 函数进行调用。

```
USE sales
DECLARE @nt2 char(10)
EXEC @nt2=dbo.F_emplNative, @eid= 'E005'
SELECT @nt2 AS '员工的籍贯'
```

该语句使用 EXEC 语句对 F_emplNative 函数进行调用。

运行结果如下。

```
员工的籍贯
-------------------
北京
```

2．内联表值函数

标量函数只返回单个标量值，而内联表值函数返回表值（结果集）。

1）内联表值函数的定义

内联表值函数的语法格式如下。

```
CREATE FUNCTION [ schema_name. ] function_name      /*定义函数名部分*/
( [ { @parameter_name [ AS ] [ type_schema_name. ] parameter_data_type
  [ = default ] } [ ,...n ] ])                      /*定义参数部分*/
RETURNS TABLE                                        /*返回值为表类型*/
  [ WITH <function_option> [ ,...n ] ]               /*定义函数的可选项*/
  [ AS ]
  RETURN [ ( ] select_stmt [ ) ]                     /*通过 SELECT 语句返回内嵌表*/
[ ; ]
```

各参数含义如下。

在内联表值函数中，RETURNS 子句只包含关键字 TABLE，RETURN 子句在括号中包含单个 SELECT 语句，SELECT 语句的结果集构成函数所返回的表。

【例 7.33】创建一个内联表值函数 F_goodsMessage，输入商品类型代码，查询商品号、商品名称和单价。

```
USE sales
```

```
GO
/* 创建用户定义内联表值函数 F_goodsMessage, @tpcode 为该函数的形参, 对应实参为商品
类型 */
CREATE FUNCTION F_goodsMessage(@tpcode char(6))
RETURNS TABLE     /* 函数的返回值类型为表类型, 没有指定表结构 */
AS
/* 将实参指定的商品类型传递给形参@tpcode 作为查询条件, 查询出该商品类型的商品情况, 返
回由结果集构成的表 */
RETURN(SELECT goodsid, goodsname, unitprice
    FROM goods
    WHERE classification=@tpcode)
GO
```

2) 内联表值函数的调用

内联表值函数只能通过 SELECT 语句调用, 调用时可以仅使用函数名。

【例 7.34】使用 SELECT 语句, 对例 7.33 定义的 F_goodsMessage 函数进行调用。

```
USE sales
SELECT * FROM F_goodsMessage('30')
```

该语句使用 SELECT 语句对 F_goodsMessage 内联表值函数进行调用。

运行结果如下。

```
goodsid    goodsname                        unitprice
-------    ------------------------------   ---------------
3001       DELL Precision T3450             6699.00
3002       HP HPE ML30GEN10                 9899.00
```

3. 多语句表值函数

多语句表值函数与内联表值函数均返回表值, 它们的区别是: 多语句表值函数需要定义返回表的类型, 返回表是包含多个 T-SQL 语句的结果集, 其在 BEGIN…END 语句块中包含多个 T-SQL 语句; 内联表值函数不需要定义返回表的类型, 返回表是单个 T-SQL 语句的结果集, 不需要用 BEGIN…END 分隔。

1) 多语句表值函数的定义

多语句表值函数的语法格式如下。

```
CREATE FUNCTION [ schema_name. ] function_name          /*定义函数名部分*/
( [ { @parameter_name [ AS ] [ type_schema_name. ] parameter_data_type
  [ = default ] } [ ,…n ] ])                            /*定义函数参数部分*/
RETURNS @return_variable TABLE < table_type_definition >  /*定义作为返回值的表*/
  [ WITH <function_option> [ ,…n ] ]                    /*定义函数的可选项*/
  [ AS ]
  BEGIN
    function_body                                       /*定义函数体*/
    RETURN
```

```
END
[ ; ]
```

其中，<table_type_definition>的格式如下。

```
<table_type_definition>:: =                              /*定义表*/
( { <column_definition> <column_constraint> }
   [ <table_constraint>
```

各参数含义如下。

@return_variable 为表变量，function_body 为 T-SQL 语句的序列，table_type_definition 为定义表结构的语句，语法格式中其他项的定义与标量函数相同。

【例 7.35】创建一个多语句表值函数 F_orderMessage，输入订单编号，查询商品号、商品名称、折扣总价、总金额。

```
USE sales
GO
/* 创建用户定义多语句表值函数 F_orderMessage,@ordid 为该函数的形参,对应实参为订单号 */
CREATE FUNCTION F_orderMessage(@ordid char(6))
/*函数的返回值类型为 table 类型,返回表@tab,指定了表结构,定义了列属性*/
RETURNS @tab TABLE
    (
        oid char(6),
        gid char(4),
        gname char(30),
        dtotal money,
        ct money
    )
AS
BEGIN
    INSERT @tab    /*向@tab 表插入满足条件的记录*/
        SELECT a.orderid, b.goodsid, goodsname, discounttotal, cost
        FROM orderform a, orderdetail b, goods c
        WHERE a.orderid=b.orderid AND b.goodsid=c.goodsid AND a.orderid=@ordid
    /* 将实参指定的订单号值传递给形参@ordid 作为查询条件,查询商品号、商品名称、折扣
总价、总金额,通过 INSERT 语句插入到 @tab 表中 */
    RETURN
END
GO
```

2）多语句表值函数的调用

多语句表值函数的调用只能通过 SELECT 语句实现，调用时，可以仅使用函数名。

【例 7.36】使用 SELECT 语句，对例 7.3.5 定义的 F_orderMessage 函数进行调用。

```
USE sales
SELECT * FROM F_orderMessage('S00002')
```

该语句使用 SELECT 语句对 F_orderMessage 多语句表值函数进行调用。

运行结果如下。

```
oid          gid      gname                 dtotal          ct
-----------  -------  --------------------  --------------  ---------------------  ---
S00002       2001     DELL 5510 11          9718.20         27536.40
S00002       3002     HP HPE ML30GEN10      17818.20        27536.40
```

7.6.3　用户定义函数的删除

使用 T-SQL 语句删除用户定义函数，语法格式如下。

```
DROP FUNCTION { [ schema_name. ] function_name } [ ,…n ]
```

其中，function_name 是指要删除的用户定义函数的名称。可以一次删除一个或多个用户定义函数。

【例 7.37】删除用户定义函数 F_emplNative。

```
DROP FUNCTION F_emplNative
```

7.7　小结

本章主要介绍了以下内容。

（1）SQL Server 数据库管理系统的编程语言为 Transact-SQL（T-SQL），是对标准结构化查询语言 SQL 的实现和扩展，为数据集的处理添加结构。它虽然与高级语言不同，但具有变量、数据类型、运算符和表达式、流程控制、函数、存储过程、触发器等功能。T-SQL 可以分为 5 类：数据定义语言、数据操纵语言、数据查询语言、数据控制语言、T-SQL 对 SQL 的扩展。

（2）一个批处理是一条或多条 T-SQL 语句的集合。批处理的主要特征是：它作为一个不可分的实体在服务器上解释和执行。GO 命令是批处理的结束标志。它不是 T-SQL 语句，而是可以被 SQL Server 查询编辑器识别的命令。脚本是存储在文件中的一条或多条 T-SQL 语句，通常以.sql 为扩展名存储，称为 sql 脚本。注释是程序代码中不执行的文本字符串，也称为注解，SQL Server 支持两种类型的注释字符：--（双连字符）和/*…*/（正斜杠-星号对）。

（3）标识符用于定义服务器、数据库、数据库对象、变量等的名称，包括常规标识符和分隔标识符两类。

常量是在程序运行中值不能改变的量，又称标量值。常量的使用格式取决于值的数据类型，可以分为整型常量、实型常量、字符串常量、日期时间常量、货币常量等。

变量是在程序运行中值可以改变的量。一个变量应有一个变量名，变量名必须是一个合法的标识符。变量分为局部变量和全局变量两类。

（4）运算符是一种符号，用来指定在一个或多个表达式中执行的操作，SQL Server 的运算符有：算术运算符、位运算符、比较运算符、逻辑运算符、字符串连接运算符、赋值运算符、一元运算符等。表达式是常量、变量、列名、函数和运算符的组合，表达式的运算结果通常可以得到一个值。

（5）流程控制语句是用来控制程序执行流程的语句，通过对程序流程的组织和控制来提高编程语言的处理能力，满足程序设计的需要。SQL Server 提供的流程控制语句有：BEGIN…END（语句块），IF…ELSE（条件语句），WHILE（循环语句），CONTINUE（用于重新开始下一次循环），BREAK（用于退出最内层的循环），GOTO（无条件转移语句），RETURN（无条件返回），WAITFOR（为语句的执行设置延迟）等。

（6）T-SQL 提供三种系统内置函数：标量函数、聚合函数、行集函数。其中的标量函数有：数学函数、字符串函数、日期时间函数、系统函数、配置函数、系统统计函数、游标函数、文本和图像函数、元数据函数、安全函数等。

（7）用户定义函数是用户根据自己的需要定义的函数，分为标量函数和表值函数两类，其中表值函数分为内联表值函数和多语句表值函数两种。

习题 7

一、选择题

1．下列关于变量的说法中，错误的是_____。

A．变量用于临时存放数据　　　　　B．可以使用 SELECT 语句为变量赋值

C．用户只能定义局部变量　　　　　D．全局变量可以读/写

2．下列说法错误的是_____。

A．语句体中包含一条以上的语句时，需要使用 BEGIN…END 语句

B．多重分支只能用 CASE 语句

C．WHILE 语句中循环体可以不执行

D．TRY…CATCH 语句用于对命令进行错误控制

3．在字符串函数中，子串函数为_____。

A．LTRIM()　　　B．CHAR()　　　C．STR()　　　D．SUBSTRING()

4．获取当前日期的函数为_____。

A．DATEDIFF()　　B．DATEPART()　　C．GETDATE()　　D．GETUDCDATE()

5．返回字符表达式的字符数的函数为_____。

A．LEFT()　　　B．LEN()　　　C．LOWER()　　　D．LTRIM()

二、填空题

1．一个批处理是一条或多条_____的集合。

2．GO 命令是批处理的_____。

3．脚本是存储在文件中的_____T-SQL 语句，通常以.sql 为扩展名存储。

4．SQL Server 支持两种类型的注释字符：--（双连字符）和_____。

5．变量是在程序运行中其值_____的量。

6．运算符用于指定在一个或多个表达式中执行的_____。

7．表达式是由数字、常量、变量和_____组成的式子。

8．T- SQL 提供三种系统内置函数：_____、聚合函数和行集函数。

9．用户定义函数有标量函数、内联表值函数和_____三类。

10．删除用户定义函数的 T-SQL 语句是_____。

三、问答题

1．什么是批处理？什么是 GO 命令？使用批处理有哪些限制？

2．什么是局部变量？什么是全局变量？如何标识它们？

3．给局部变量赋值有哪些方式？

4．T-SQL 有哪些运算符？简述运算符的优先级。

5．流程控制语句有哪几种？简述其使用方法。

6．试说明系统内置函数的分类及其特点。

7．简述用户定义函数的分类和使用方法。

四、应用题

1．编写一个程序，判断 sales 数据库是否存在 employee 表。

2．编写一个程序，计算 1～100 中所有奇数的和。

3．创建一个标量函数 F_deptWage，给定部门号，返回该部门员工的最高工资。

4．创建一个内联表值函数 F_emplSituation，给定员工号，返回员工的姓名、性别、籍贯。

5．创建一个多语句表值函数 F_deptEmployee，由部门名查询该部门的员工号、员工姓名、工资。

第 8 章　数据库编程技术

　　存储过程是 SQL Server 中用于保存和执行一组 T-SQL 语句的数据库对象。在存储过程中，可以包含 T-SQL 的各种语句，例如 SELECT、INSERT、UPDATE、DELETE 和流程控制语句等。触发器是特殊类型的存储过程，它的特殊性主要在对特定表进行特定类型的数据修改时被激发，通常用于保证业务规则和数据的完整性。SQL Server 通过游标提供了对一个结果集进行逐行处理的功能，游标包括游标结果集和游标当前行指针两部分的内容。本章介绍存储过程、触发器和游标等数据库编程技术。

8.1　存储过程概述

　　使用 T-SQL 语句编写程序，可以用两种方法完成存储和执行：一种方法是在查询编辑器中将程序以.sql 文本的形式保留在本地，通过客户端用户程序向 SQL Server 发出操作请求，由 SQL Server 将处理结果返回给用户程序；另一种方法是将 T-SQL 语句编写的程序作为数据库对象存储在 SQL Server 中，即以一个存储单元的形式存储在服务器上，供客户端用户与应用程序反复调用执行，从而提高程序的利用率。大多数程序员倾向于使用后一种方法。

　　存储过程（Stored Procedure）是 SQL Server 中用于保存和执行一组 T-SQL 语句的数据库对象。在存储过程中，可以包含 T-SQL 的各种语句，例如 SELECT、INSERT、UPDATE、DELETE 和流程控制语句等。存储过程经过编译后被存放在数据库服务器上，用户通过指定存储过程的名称并给出参数（如果该存储过程带有参数）来执行存储过程。

　　存储过程的 T-SQL 语句经过编译以后可以多次执行，由于不需要重新编译，所以执行存储过程可以提高性能，存储过程具有以下特点。

　　1）存储过程可以快速执行

　　当某操作要求大量的 T-SQL 代码或者重复执行时，使用存储过程要比 T-SQL 批处理快得多。当创建存储过程时，它就得到了分析和优化。在第一次执行之后，存储过程就驻留在内存中，省去了重新分析、优化和编译等工作。

　　2）存储过程可以减少网络通信流量

　　存储过程可以由多条 T-SQL 语句组成，但执行时，仅用一条语句，所以只有少量的 T-SQL 语句在网络上传输，从而减少了网络流量和网络传输时间。

3）存储过程具有安全特性

对没有权限执行存储体（组成存储过程的语句）的用户，也可以被授权执行该存储过程。

4）存储过程允许模块化程序设计

创建一次存储过程，存储在数据库中后，就可以在程序中重复调用。存储过程由专业人员创建，可以独立于程序的源代码来进行修改。

5）保证操作一致性

由于存储过程是一段封装的查询，因此对于重复的操作将保持功能的一致性。

存储过程分为用户存储过程、系统存储过程、扩展存储过程。

1．用户存储过程

用户存储过程是在用户数据库中创建的存储过程，负责完成用户指定的数据库操作，其名称不能以 sp_ 为前缀。用户存储过程包括 T-SQL 存储过程和 CLR 存储过程。

1）T-SQL 存储过程

T-SQL 存储过程是指保存的 T-SQL 语句的集合，可以接收和返回用户提供的参数。本书将 T-SQL 存储过程简称为存储过程。

2）CLR 存储过程

CLR 存储过程是指对 Microsoft .NET Framework 提供的公共语言运行时（Common Language Runtime，CLR）方法的引用，可以接收和返回用户提供的参数。

2．系统存储过程

系统存储过程是由系统提供的存储过程，可以作为命令来执行各种操作。系统存储过程定义在系统数据库 master 中，其前缀是 sp，它们为检索系统表的信息提供了方便快捷的方法。系统存储过程允许系统管理员执行修改系统表的数据库管理任务，且可以在任何一个数据库中执行。

3．扩展存储过程

扩展存储过程允许使用编程语言（例如 C）创建自己的外部例程。使用时需要先加载到 SQL Server 系统中，并且按照使用存储过程的方法执行。

8.2 存储过程的创建、修改和删除

本节介绍存储过程的创建和执行，存储过程的参数，存储过程的修改和删除等内容。

8.2.1 存储过程的创建

使用 T-SQL 创建存储过程的语句是 CREATE PROCEDURE，语法格式如下。

```
CREATE { PROC | PROCEDURE } [schema_name.] procedure_name [ ; number ]   /*定义
```

```
过程名*/
    [ { @parameter [ type_schema_name. ] data_type }    /*定义参数的类型*/
    [ VARYING ] [ = default ] [ OUT | OUTPUT ] [READONLY] ][ ,…n ]    /*定义参数
的属性*/
    [ WITH {[ RECOMPILE ] [,] [ ENCRYPTION ] }]            /*定义存储过程的处理方式*/
    [ FOR REPLICATION ]
    AS  <sql_statement> [;]                                /*执行的操作*/
```

各参数含义如下。

❖ procedure_name：定义的存储过程的名称。

❖ number：可选整数，用于对同名的过程分组。

❖ @parameter：存储过程中的形参（形式参数的简称）。存储过程可以声明一个或多个形参，将@作为第一个字符来指定形参名称，且必须符合有关标识符的规则。执行存储过程应提供相应的实参（实际参数的简称），除非已经定义了该参数的默认值。

❖ data_type：形参的数据类型。所有的数据类型都可以用作形参的数据类型。

❖ VARYING：指定输出参数支持的结果集。

❖ default：参数的默认值，如果定义了 default 值，则无须指定相应的实参即可执行存储过程。

❖ READONLY：表示不能在存储过程的主体中更新或修改参数。

❖ RECOMPILE：表示每次运行该过程都要重新编译。

❖ OUTPUT：指示参数是输出参数，此选项的值可以返回给调用 EXECUTE 的语句。

❖ sql_statement：包含在存储过程中的一条或多条 T-SQL 语句，但有某些限制。

存储过程可以带参数，也可以不带参数。

【例 8.1】不带参数的存储过程。在 sales 数据库中建立一个存储过程 P_deptEmpl，用于查询销售部的男员工情况。

```
USE sales
GO
/* CREATE PROCEDURE 必须是批处理的第一条语句，此处不能缺少 GO */
CREATE  PROCEDURE P_deptEmpl                    /* 创建不带参数的存储过程 */
AS
    SELECT emplid, emplname, sex, birthday,native
    FROM employee a, department b
    WHERE a.deptid=b.deptid AND deptname='销售部' AND sex= '男'
    ORDER BY a.deptid
GO
```

◄)) 注意：CREATE PROCEDURE 必须是批处理的第一条语句，且只能在一个批处理中创建并编译。

【例 8.2】不带参数的存储过程。建立存储过程 P_goodsSituation，用于求商品类型代码为 20 的商品。

```
USE sales
GO
CREATE PROCEDURE P_goodsSituation              /* 创建不带参数的存储过程 */
AS
    SELECT *
    FROM Goods
    WHERE classification='20'
GO
```

8.2.2 存储过程的执行

通过 EXECUTE（或 EXEC）命令可以执行一个已定义的存储过程，语法格式如下。

```
[ { EXEC | EXECUTE } ]
  { [ @return_status = ]
    { module_name [ ;number ] | @module_name_var }
    [ [ @parameter = ] { value| @variable [ OUTPUT ] | [ DEFAULT ] }]
    [,…n ]
    [ WITH RECOMPILE ]
  }
[;]
```

各参数含义如下。

（1）@return_status：可选的整型变量，保存存储过程的返回状态。在 EXECUTE 语句使用该变量前，必须对其进行定义。

（2）module_name：要调用的存储过程或用户定义标量函数的完全限定或者不完全限定的名称。

（3）@parameter：表示 CREATE PROCEDURE 或 CREATE FUNCTION 语句中定义的参数名，value 为实参。如果省略@parameter，则后面的实参顺序要与定义时的参数的顺序一致。

❖ 在使用@parameter_name=value 格式时，参数名称和实参不必按照存储过程或函数中定义的顺序。但是，如果任何参数使用了@parameter_name=value 格式，则对后续的所有参数必须均使用该格式。

❖ @variable 表示局部变量，用于保存 OUTPUT 参数返回的值。

❖ DEFAULT 关键字表示不提供实参，而是使用对应的默认值。

（4）WITH RECOMPILE 表示每次执行该存储过程都要重新编译，不保存该存储过程的执行计划。

【例 8.3】通过命令方式执行存储过程 P_deptEmpl。

通过 EXECUTE P_deptEmpl 或 EXEC P_deptEmpl 语句执行存储过程 P_deptEmpl。

```
USE sales
GO
```

```
EXECUTE P_deptEmpl
GO
```

运行结果如下。

```
emplid  emplname   sex  birthday     native
------  --------   ----  ----------   ----------
E001    孙浩然      男    1982-02-15   北京
E006    田文杰      男    1980-06-25   NULL
```

【例 8.4】通过命令方式执行存储过程 P_goodsSituation。

通过以下语句执行存储过程 P_goodsSituation。

```
USE sales
GO
EXECUTE P_goodsSituation
GO
```

运行结果如下。

```
goodsid  goodsname      classification  unitprice  stockquantity  goodsafloat
-------  ------------   --------------  ---------  -------------  -----------
2001     DELL 5510 11   20              5399.00    10             5
```

8.2.3　存储过程的参数

参数用于在存储过程和调用方之间交换数据。输入参数允许调用方将数据值传递到存储过程中，输出参数允许存储过程将数据值传递回调用方。

下面介绍带输入参数的存储过程的使用、带输入参数并有默认值的存储过程的使用、带输出参数的存储过程的使用、存储过程的返回值等。

1．带输入参数的存储过程的使用

为了定义存储过程的输入参数，必须在 CREATE PROCEDURE 语句中声明一个或多个变量及类型。

执行带输入参数的存储过程，有以下两种传递参数的方式。

- ❖ 按位置传递参数：采用实参列表的方式，使传递参数的顺序和定义参数时的顺序一致。
- ❖ 通过参数名传递参数：采用"参数=值"的方式，各个参数的顺序可以任意排列。

【例 8.5】带输入参数的存储过程。建立一个带输入参数的存储过程 P_nameSalesMsg，输入员工姓名，输出该员工的销售情况，包括订单号、商品名、销售数量、折扣总价和总金额。

```
USE sales
GO
CREATE PROCEDURE P_nameSalesMsg @ename char(8)
```

```
/* 存储过程 P_nameSalesMsg 指定的参数@ename 是输入参数 */
AS
    SELECT emplname AS 姓名, b.orderid AS 订单号, goodsname AS 商品名, quantity
AS 销售数量, discounttotal AS 折扣总价, cost AS 总金额
    FROM employee a, orderform b, orderdetail c, goods d
    WHERE emplname=@ename AND a.emplid=b.emplid AND b.orderid=c.orderid AND
c.goodsid=d.goodsid
    GO
```

采用按位置传递参数的方式，将实参"孙浩然"传递给形参@ename 的执行存储过程的语句如下。

```
EXECUTE P_nameSalesMsg '孙浩然'
```

或者采用参数名传递参数的方式，将实参"孙浩然"传递给形参@ename 的执行存储过程的语句如下。

```
EXECUTE P_nameSalesMsg @ename='孙浩然'
```

运行结果如下。

```
姓名        订单号      商品名                      销售数量      折扣总价       总金额
-----------  ---------  ------------------------------  -----------  ------------  --------------- --
孙浩然      S00002    DELL 5510 11            2        9718.20      27536.40
孙浩然      S00002    HP HPE ML30GEN10 2               17818.20     27536.40
```

2. 带输入参数并有默认值的存储过程的使用

在创建存储过程时，可以为参数设置默认值，默认值必须为常量或 NULL。

在调用存储过程时，如果未指定对应的实参值，则自动用对应的默认值代替。

【例 8.6】带输入参数并有默认值的存储过程。修改例 8.5 建立的存储过程，重新命名为 P_NameSalesMsg2，指定默认员工为"田文杰"。

```
USE sales
GO
CREATE PROCEDURE P_nameSalesMsg2 @ename char(8)='田文杰'
/* 存储过程 P_nameSalesMsg2 为形参@ename 设置默认值"田文杰" */
AS
    SELECT emplname AS 姓名, b.orderid AS 订单号, goodsname AS 商品名, quantity
AS 销售数量, discounttotal AS 折扣总价, cost AS 总金额
    FROM employee a, orderform b, orderdetail c, goods d
    WHERE emplname=@ename AND a.emplid=b.emplid AND b.orderid=c.orderid AND
c.goodsid=d.goodsid
    GO
```

不指定实参，调用带默认值的存储过程 P_nameSalesMsg2，执行如下语句。

```
EXECUTE P_nameSalesMsg2
```

运行结果如下。

姓名	订单号	商品名	销售数量	折扣总价	总金额
田文杰	S00001	DELL Precision T3450	2	12058.20	21503.70
田文杰	S00001	HP LaserJet Pro M405d	5	9445.50	21503.70

指定实参为"孙浩然"，调用带默认值的存储过程 P_nameSalesMsg2，执行语句如下。

```
EXECUTE P_nameSalesMsg2 @ename='孙浩然'
```

运行结果如下。

姓名	订单号	商品名	销售数量	折扣总价	总金额
孙浩然	S00002	DELL 5510 11	2	9718.20	27536.40
孙浩然	S00002	HP HPE ML30GEN10	2	17818.20	27536.40

3. 带输出参数的存储过程的使用

定义输出参数可以从存储过程返回一个或多个值到调用方。使用带输出参数的存储过程时，在 CREATE PROCEDURE 和 EXECUTE 语句中都必须使用 OUTPUT 关键字。

【例 8.7】带输入参数和输出参数的存储过程。建立一个存储过程 P_gidNameUnitprice，输入商品号，输出商品名称和单价。

```
USE sales
GO
CREATE PROCEDURE P_gidNameUnitprice @gid char(4), @gname char(30) OUTPUT,
@uprice money OUTPUT
    /* 定义商品号形参@gid 为输入参数，商品名称形参@gname 和单价形参@uprice 为输出参数 */
AS
    SELECT @gname=goodsname, @uprice=unitprice
    FROM goods
    WHERE goodsid=@gid
```

执行带输入参数和输出参数的存储过程，查找商品号为 2001 的商品名称和单价。

```
DECLARE @gnm char(30)          /* 定义形参@gnm 为输出参数 */
DECLARE @up money              /* 定义形参@up 为输出参数 */
EXEC P_gidNameUnitprice '2001', @gnm OUTPUT, @up OUTPUT
SELECT '商品名称'=@gnm, '单价'=@up
GO
```

运行结果如下。

商品名称	单价
DELL 5510 11	5399.00

📢 **注意**：在创建或使用输出参数时，必须对输出参数进行定义。

4．存储过程的返回值

存储过程执行后会返回整型状态值。若返回 0，则表示成功执行；若返回-1～-99 之间的整数，则表示没有成功执行。

可以使用 RETURN 语句定义返回值。

【例 8.8】建立存储过程 P_Test，根据输入参数来判断其返回值。

建立存储过程 P_Test 的语句如下。

```
USE sales
GO
CREATE PROCEDURE P_Test(@ipt int=0)
AS
IF @ipt=0
    RETURN 0
IF @ipt>0
    RETURN 10
IF @ipt<0
    RETURN -10
GO
```

执行该存储过程的语句如下。

```
DECLARE @ret int
PRINT '返回值'
PRINT '------'
EXECUTE @ret=P_Test 2
PRINT @ret
EXECUTE @ret=P_Test 0
PRINT @ret
EXECUTE @ret=P_Test -2
PRINT @ret
GO
```

运行结果如下。

```
返回值
------------
10
0
-10
```

8.2.4 存储过程的修改

使用 ALTER PROCEDURE 语句修改已存在的存储过程，语法格式如下。

```
ALTER { PROC | PROCEDURE } [schema_name.] procedure_name [ ; number ]
  [ { @parameter [ type_schema_name. ] data_type }
```

```
      [ VARYING ] [ = default ] [ OUT[PUT] ][ ,...n ]
[ WITH {[ RECOMPILE ] [,] [ ENCRYPTION ] }]
[ FOR REPLICATION ]
AS  <sql_statement>
```

其中各参数的含义与 CREATE PROCEDURE 语句相同。

【例 8.9】修改存储过程 P_goodsSituation，求商品类型代码为 10 的商品。

```
USE sales
GO
/* 修改存储过程 P_goodsSituation 命令 */
ALTER PROCEDURE P_goodsSituation
AS
    SELECT *
    FROM Goods
    WHERE Classification='10'
GO
```

修改原存储过程 P_goodsSituation 的 SQL 语句的 WHERE 条件，使其达到题目的要求，执行语句如下。

```
EXECUTE P_goodsSituation
```

运行结果如下。

```
goodsid goodsname              classification unitprice stockquantity goodsafloat
------- ---------------------- -------------- --------- ------------- -----------
1001    Microsoft Surface Pro 7 10            6288.00   7             4
1002    Apple iPad Pro 11       10            5599.00   8             4
```

8.2.5   存储过程的删除

使用 DROP PROCEDURE 语句删除存储过程，语法格式如下。

```
DROP PROCEDURE { procedure } [ ,...n ]
```

其中，procedure 指定要删除的存储过程或存储过程组的名称，n 可以指定同时删除多个存储过程。

【例 8.10】删除存储过程 P_deptEmpl。

```
USE sales
DROP PROCEDURE P_deptEmpl
```

8.3   触发器概述

触发器可以被视为一种特殊的存储过程。与存储过程相同的是，触发器可以执行多条 T-SQL 语句，可以实现复杂的业务应用并被保存在服务器端；而与存储过程不同的是，触发器不能被用户直接执行，也不能被调用，只能由其他的 T-SQL 操作触发，更不允许设置参数。

触发器的特殊性主要在对特定表进行特定类型的数据修改时被激发。触发器通常用于保证业务规则和数据的完整性，以便用户通过编程实现复杂的商业规则的处理逻辑，从而增强数据完整性约束。SQL Server 中的一个表可以有多个触发器，可以根据 INSERT、UPDATE 或 DELETE 语句对触发器进行设置，也可以对一个表上的特定操作设置多个触发器。

触发器的功能如下。

1）增强约束

SQL Server 提供约束和触发器两种主要机制来强制使用业务规则和保证数据完整性，触发器可以实现比约束更为复杂的限制。

2）跟踪变化

可以评估数据修改前后表的状态，并根据该差异采取措施。

3）级联运行

触发器可以检测数据库内的操作，并自动地级联影响整个数据库中各个表的内容。例如，某个表上的触发器中包含对另外一个表的数据操作（删除、更新、插入等），该操作又将导致该表的触发器被触发。又例如，触发器可以对数据库中的相关表实现级联更改。

4）调用存储过程

为了响应数据库的更新，触发器可以调用一个或多个存储过程，甚至可以通过调用外部过程而在 DBMS 之外进行操作。

5）实现复杂的商业规则

例如，在库存系统中，更新触发器检测到库存下降到需要进货时，会自动生成订货单。

触发器与存储过程的差别如下。

（1）触发器是自动执行的，而存储过程需要显式调用才能执行。

（2）触发器是建立在表或视图上的，而存储过程是建立在数据库上的。

触发器可以分为 DML 触发器和 DDL 触发器。

1．DML 触发器

当数据库中发生数据操纵语言（DML）事件时，将调用 DML 触发器。DML 事件包括在指定的表或视图中修改数据的 INSERT 语句、UPDATE 语句和 DELETE 语句。DML 触发器可以查询其他表，还可以包含复杂的 T-SQL 语句。系统将触发器和触发它的语句作为可以在触发器内回滚的单个事务对待，如果检测到错误，则整个事务会自动回滚。

2．DDL 触发器

当服务器或数据库中发生数据定义语言（DDL）事件时，将调用 DDL 触发器。这些语句主要以 CREATE、ALTER、DROP 等关键字开头。DDL 触发器的主要作用是执行管理操作，例如审核系统、控制数据库的操作等。

8.4 触发器的创建、修改和删除

本节介绍创建 DML 触发器，创建 DDL 触发器，修改、启用或禁用、删除触发器等内容。

8.4.1 创建 DML 触发器

DML 触发器是当发生数据操纵语言（DML）事件时要执行的操作。它用于在数据被修改时强制执行业务规则，以及扩展 SQL Server 的约束、默认值和规则的完整性检查逻辑。

创建 DML 触发器的语法格式如下。

```
CREATE TRIGGER [ schema_name . ]trigger_name
  ON { table | view }                         /*指定操作对象*/
    [ WITH  ENCRYPTION ]                       /*说明是否采用加密方式*/
  { FOR |AFTER | INSTEAD OF }
    { [ INSERT ] [ , ] [ UPDATE ] [ , ] [ DELETE ] }  /*指定激活触发器的动作*/
  [ NOT FOR REPLICATION ]                      /*说明该触发器不用于复制*/
AS  sql_statement [ ; ]
```

各参数含义如下。

❖ trigger_name：用于指定触发器的名称。

❖ table | view：在表或视图上执行触发器。

❖ AFTER 关键字：用于说明触发器在指定操作都成功执行后触发。不能在视图上定义 AFTER 触发器，如果仅指定 FOR 关键字，则 AFTER 是默认值。在一个表上可以创建多个给定类型的 AFTER 触发器。

❖ INSTEAD OF 关键字：指定用触发器中的操作代替触发语句中的操作。在表或视图上，每个 INSERT、UPDATE、DELETE 语句最多可以定义一个 INSTEAD OF 触发器。

❖ { [INSERT] [,] [UPDATE] [,] [DELETE] }：指定激活触发器的语句类型，必须至少指定一个选项。INSERT 表示将新行插入表时激活触发器，UPDATE 表示更改某一行时激活触发器，DELETE 表示从表中删除某一行时激活触发器。

❖ sql_statement：表示触发器的 T-SQL 语句，指定 DML 触发器触发后要执行的动作。

执行 DML 触发器时，系统创建了两个特殊的临时表 inserted 表和 deleted 表。由于 inserted 表和 deleted 表都是临时表，它们在触发器执行时被创建，触发器执行完毕就消失，所以只可以在触发器中使用 SELECT 语句查询这两个表。

❖ 执行 INSERT 操作：插入触发器表中的新记录被插入到 inserted 表中。

❖ 执行 DELETE 操作：从触发器表中删除的记录被插入到 deleted 表中。

❖ 执行 UPDATE 操作：先从触发器表中删除旧记录，再插入新记录，其中，被删除的旧记录被插入到 deleted 表中，插入的新记录被插入到 inserted 表中。

使用触发器有以下限制。

❖ CREATE TRIGGER 必须是批处理中的第一条语句，并且只能应用到一个表中。

❖ 只能在当前的数据库中创建触发器，但触发器可以引用当前数据库的外部对象。

❖ 在同一条 CREATE TRIGGER 语句中，可以为多种操作（例如 INSERT 和 UPDATE）定义相同的触发器操作。

❖ 如果一个表的外键在 DELETE、UPDATE 操作上定义了级联，则不能在该表上定义 INSTEAD OF DELETE、INSTEAD OF UPDATE 触发器。

❖ 对于含有 DELETE 或 UPDATE 操作定义的外键表，不能使用 INSTEAD OF DELETE 和 INSTEAD OF UPDATE 触发器。

触发器中不允许包含以下 T-SQL 语句。

CREATE DATABASE、ALTER DATABASE、LOAD DATABASE、RESTORE DATABASE、DROP DATABASE、LOAD LOG、RESTORE LOG、DISK INIT、DISK RESIZE 和 RECONFIGURE。

❖ DML 触发器最大的用途是返回行级数据的完整性，而不是返回结果。所以应当尽量避免返回任何结果集。

【例 8.11】在 goods 表上建立触发器 T_goodsManipulation，在对该表进行插入、修改、删除时输出所有的行。

```
USE sales
GO
/* CREATE TRIGGER 必须是批处理的第一条语句，此处 GO 不能缺少 */
CREATE TRIGGER T_goodsManipulation
/* 创建 INSERT 触发器 T_goodsManipulation */
  ON goods
  AFTER INSERT,DELETE,UPDATE
AS
BEGIN
  SET NOCOUNT ON
  SELECT * FROM goods
END
GO
```

下面的语句将 DELL 5510 11 的库存量由 10 修改为 8。

```
USE sales
UPDATE goods
SET stockquantity=8
WHERE goodsname='DELL 5510 11'
GO
```

运行结果如下。

goodsid	goodsname	classification	unitprice	stockquantity	goodsafloat
1001	Microsoft Surface Pro 7	10	6288.00	7	4
1002	Apple iPad Pro 11	10	5599.00	8	4
2001	DELL 5510 11	20	5399.00	8	5

3001	DELL Precision T3450	30	6699.00	7	4
3002	HP HPE ML30GEN10	30	9899.00	4	NULL
4001	EPSON L565	40	1899.00	12	6
4002	HP LaserJet Pro M405d	40	2099.00	8	4

📢 **注意**：CREATE TRIGGER 必须是批处理的第一条语句，且只能在一个批处理中创建并编译。

DML 触发器可分为 AFTER 触发器和 INSTEAD OF 触发器。

inserted 表和 deleted 表是 SQL Server 为每个 DML 触发器创建的临时专用表。这两个表的结构与该触发器作用的表的结构相同。触发器执行完成后，这两个表即被删除。inserted 表存放由于执行 INSERT 或 UPDATE 语句要向表中插入的所有行的记录。deleted 表存放由于执行 DELETE 或 UPDATE 语句要从表中删除的所有行的记录。

inserted 表和 deleted 表在激活触发程序时的内容如表 8.1 所示。

表 8.1　inserted 表和 deleted 表在激活触发程序时的内容

T-SQL	inserted 表	deleted 表
INSERT	插入的行	空
DELETE	空	删除的行
UPDATE	新的行	旧的行

1. 使用 INSERT 操作

当执行 INSERT 操作时，触发器将被激活，新的记录被插入到触发器表中，同时也被添加到 inserted 表中。

【例 8.12】在 employee 表上建立一个 INSERT 触发器 T_Ins。向 employee 表中插入数据时，如果姓名重复，则回滚到插入操作前。

```
USE sales
GO
CREATE TRIGGER T_Ins                    /* 创建 INSERT 触发器 T_Ins */
    ON employee
AFTER INSERT
AS
BEGIN
    DECLARE @ename char(8)
    SELECT @ename=inserted.emplname FROM inserted
    IF EXISTS(SELECT emplname FROM employee WHERE emplname=@ename)
    BEGIN
        PRINT '不能插入重复的姓名'
        ROLLBACK TRANSACTION        /* 回滚之前的操作 */
    END
END
```

向 employee 表中插入一条记录，该记录中的姓名与 employee 表中的姓名重复。

```
USE sales
```

```
GO
INSERT INTO employee(emplid, emplname, sex, birthday, wages) VALUES('E002','乔
桂群','女','1991-12-04','3500.00')
GO
```

运行结果如下。

```
不能插入重复的姓名
消息 3609，级别 16，状态 1，第 3 行
事务在触发器中结束。批处理已中止。
```

由于进行了事务回滚，所以未向 employee 表中插入新的记录。

📢 **注意：** ROLLBACK TRANSACTION 语句用于回滚之前所做的修改，将数据库恢复到原来的状态。

2. 使用 UPDATE 操作

当执行 UPDATE 操作时，触发器将被激活。当触发器在表中修改记录时，表中原来的记录被移动到 deleted 表中，修改后的记录被插入到 inserted 表中。

【例 8.13】在 employee 表上建立一个 UPDATE 触发器 T_Upd，防止用户修改 employee 表的部门号。

```
USE sales
GO
CREATE TRIGGER T_Upd                    /* 创建 UPDATE 触发器 T_Upd */
    ON employee
AFTER UPDATE
AS
IF UPDATE(deptid)
    BEGIN
        PRINT '不能修改部门号'
        ROLLBACK TRANSACTION            /* 回滚之前的操作 */
    END
GO
```

通过下面的语句修改 employee 表中员工姚丽霞的部门号。

```
USE sales
GO
UPDATE employee
SET deptid='D001'
WHERE emplname='姚丽霞'
GO
```

运行结果如下。

```
不能修改部门号
消息 3609，级别 16，状态 1，第 3 行
事务在触发器中结束。批处理已中止。
```

由于进行了事务回滚，所以未修改 employee 表的部门号。

3. 使用 DELETE 操作

当执行 DELETE 操作时，触发器将被激活，当在触发器表中删除记录时，表中删除的记录被移动到 deleted 表中。

【例 8.14】在 employee 表上建立一个 DELETE 触发器 T_Del，防止用户删除 employee 表的 D001 部门的员工记录。

```
USE sales
GO
CREATE TRIGGER T_Del                    /* 创建 DELETE 触发器 T_Del */
    ON employee
AFTER DELETE
AS
IF EXISTS(SELECT * FROM deleted WHERE deptid='D001')
    BEGIN
        PRINT '不能删除 D001 部门的员工记录'
        ROLLBACK TRANSACTION            /* 回滚之前的操作 */
    END
GO
```

通过下面的语句删除 employee 表的 D001 部门的员工记录。

```
USE sales
GO
DELETE employee
WHERE deptid='D001'
GO
```

运行结果如下。

```
不能删除 D001 部门的员工记录
消息 3609，级别 16，状态 1，第 3 行
事务在触发器中结束。批处理已中止。
```

由于进行了事务回滚，所以未删除 employee 表的 D001 部门的员工记录。

4. 使用 INSTEAD OF 操作

INSTEAD OF 触发器为前触发型触发器，指定执行触发器的语句不是执行引发触发器的语句，而是替代引发触发器的语句。在表或视图上每个 INSERT、UPDATE、DELETE 语句最多可以定义一个 INSTEAD OF 触发器。

AFTER 触发器是在触发语句执行后触发的。与 AFTER 触发器不同的是，INSTEAD OF 触发器触发时只执行触发器内部的 SQL 语句，而不执行激活该触发器的 SQL 语句。

【例 8.15】在 employee 表上建立一个 INSTEAD OF 触发器 T_Istd，向 employee 表中插入记录时，先检查部门号是否存在，如果存在则执行插入操作，否则提示"部门号不存在！"。

```
USE sales
```

```
GO
CREATE TRIGGER T_Istd                    /* 创建 INSTEAD OF 触发器 T_Istd */
    ON employee
INSTEAD OF INSERT
AS
BEGIN
    DECLARE @did char(4)
    SELECT @did=deptid FROM inserted
    IF (@did IN(SELECT deptid FROM department))
        INSERT INTO employee SELECT * FROM inserted
    ELSE
        PRINT '部门号不存在！'
END
GO
```

通过下面的语句向 employee 表中插入 1 条记录。

```
USE sales
GO
INSERT INTO employee VALUES('E008','叶芳','女','1990-03-07','北京',3400.00,'D006')
GO
```

运行结果如下。

```
部门号不存在！
```

8.4.2　创建 DDL 触发器

DDL 触发器在响应数据定义语言（DDL）事件时被触发。与 DML 触发器不同的是，它不会为了响应表或视图的 UPDATE、INSERT 或 DELETE 语句而被触发，相反地，它将会为了响应 DDL 语言的 CREATE、ALTER 和 DROP 语句而被触发。

DDL 触发器一般用于以下目的。

❖ 管理任务，例如审核和控制数据库操作。

❖ 防止对数据库结构进行某些更改。

❖ 希望数据库中发生某种情况以响应数据库结构中的更改。

❖ 记录数据库结构中的更改或事件。

创建 DDL 触发器的语法格式如下。

```
CREATE TRIGGER trigger_name
   ON { ALL SERVER | DATABASE }
   [ WITH ENCRYPTION ]
   { FOR | AFTER } { event_type | event_group } [ ,...n ]
AS  sql_statement [ ; ] [ ...n ]
```

各参数含义如下。

❖ ALL SERVER：将当前的 DDL 触发器的作用域应用于当前的服务器。ALL DATABASE

是指将当前的 DDL 触发器的作用域应用于当前的数据库。

❖ event_type：执行之后将触发 DDL 触发器的 T-SQL 语句事件的名称。

❖ event_group：预定义的 T-SQL 语句事件分组的名称。

其他选项与创建 DML 触发器的语法格式相同。

下面举一个实例说明 DDL 触发器的使用。

【例 8.16】在 sales 数据库上建立一个触发器 T_Db，防止用户对该数据库的任意表的修改和删除。

```
USE sales
GO
CREATE TRIGGER T_Db                        /* 创建 DDL 触发器 T_Db */
    ON DATABASE
AFTER DROP_TABLE, ALTER_TABLE
AS
BEGIN
    PRINT '不能对表进行修改和删除'
    ROLLBACK TRANSACTION                   /* 回滚之前的操作 */
END
GO
```

通过下面的语句修改 sales 数据库的 employee 表的结构，增加一列。

```
USE sales
GO
ALTER TABLE employee ADD Telephone char(11)
GO
```

运行结果如下。

```
不能对表进行修改和删除
消息 3609, 级别 16, 状态 2, 第 3 行
事务在触发器中结束。批处理已中止。
```

employee 表的结构保持不变。

8.4.3　修改触发器

修改触发器使用 ALTER TRIGGER 语句，包括修改 DML 触发器和修改 DDL 触发器，下面分别介绍。

1）修改 DML 触发器

修改 DML 触发器的语法格式如下。

```
ALTER TRIGGER schema_name.trigger_name
  ON ( table | view )
  [ WITH ENCRYPTION ]
  ( FOR | AFTER | INSTEAD OF )
```

```
    { [ DELETE ] [ , ] [ INSERT ] [ , ] [ UPDATE ] }
    [ NOT FOR REPLICATION ]
    AS sql_statement [ ; ] [ …n ]
```

2）修改 DDL 触发器

修改 DDL 触发器的语法格式如下。

```
ALTER TRIGGER trigger_name
    ON { DATABASE | ALL SERVER }
    [ WITH ENCRYPTION ]
    { FOR | AFTER } { event_type [ ,…n ] | event_group }
    AS sql_statement [ ; ]
```

【例 8.17】修改在 goods 表上建立的触发器 T_goodsManipulation，在 goods 表中插入、修改、删除数据时，输出 inserted 表和 deleted 表中所有的记录。

```
USE sales
GO
ALTER TRIGGER T_goodsManipulation            /* 修改触发器 T_goodsManipulation */
    ON goods
AFTER INSERT, DELETE, UPDATE
AS
BEGIN
    PRINT 'inserted:'
    SELECT * FROM inserted
    PRINT 'deleted:'
    SELECT * FROM deleted
END
GO
```

通过下面的语句在 goods 表中删除一条记录。

```
USE sales
GO
DELETE FROM goods WHERE goodsid='4002'
GO
```

运行结果如下。

```
inserted:
goodsid  goodsname              classification unitprice  stockquantity goodsafloat
-------- --------------------   -------------- ---------  ------------- -----------


deleted:
goodsid  goodsname              classification unitprice  stockquantity goodsafloat
-------- --------------------   -------------- ---------  ------------- -----------
4002     HP LaserJet Pro M405d  40             2099.00    8             4
```

运行结果中显示的 deleted 表的记录，为 goods 表所删除的记录。

8.4.4　启用或禁用触发器

触发器在创建之后便启用了，如果暂时不需要使用某个触发器，可以禁用该触发器。禁用的触发器并没有被删除，仍然存储在当前数据库中，但在执行触发操作时，该触发器不会被调用。

启用或禁用触发器可以分别使用 ENABLE TRIGGER 语句和 DISABLE TRIGGER 语句实现。

1．使用 DISABLE TRIGGER 语句禁用触发器

DISABLE TRIGGER 语句的语法格式如下。

```
DISABLE TRIGGER { [ schema_name . ] trigger_name [ ,…n ] | ALL }
ON { object_name | DATABASE | ALL SERVER } [ ; ]
```

其中，trigger_name 是要禁用的触发器的名称，object_name 是创建 DML 触发器的表或视图的名称。

2．使用 ENABLE TRIGGER 语句启用触发器

ENABLE TRIGGER 语句的语法格式如下。

```
ENABLE TRIGGER { [ schema_name . ] trigger_name [ ,…n ] | ALL }
ON { object_name | DATABASE | ALL SERVER } [ ; ]
```

其中，trigger_name 是要启用的触发器的名称，object_name 是创建 DML 触发器的表或视图的名称。

【例 8.18】使用 DISABLE TRIGGER 语句禁用 employee 表上的触发器 T_Del。

```
USE sales
GO
DISABLE TRIGGER T_Del on employee
GO
```

【例 8.19】使用 ENABLE TRIGGER 语句启用 employee 表上的触发器 T_Del。

```
USE sales
GO
ENABLE TRIGGER trig_delete on employee
GO
```

8.4.5　删除触发器

删除触发器使用 DROP TRIGGER 语句，其语法格式如下。

```
DROP TRIGGER schema_name.trigger_name [ ,…n ] [ ; ]
/*删除 DML 触发器*/
DROP TRIGGER trigger_name [ ,…n ] ON { DATABASE | ALL SERVER }[ ; ]
/*删除 DDL 触发器*/
```

【例 8.20】删除 DML 触发器 T_goodsManipulation。

```
DROP TRIGGER T_goodsManipulation
```

【例 8.21】删除 DDL 触发器 T_Db。

```
DROP TRIGGER T_Db ON DATABASE
```

8.5　游标概述

使用 SELECT 语句进行查询时可以得到其返回的结果集，有时用户需要对结果集中的某一行或部分行进行单独处理，但这在 SELECT 的结果集中是无法实现的，而游标（Cursor）就是提供这种机制的对结果集的一种扩展。SQL Server 通过游标提供了对一个结果集进行逐行处理的功能。

游标包括以下两部分的内容。

❖ 游标结果集：定义游标的 SELECT 语句返回的结果集的集合。

❖ 游标当前行指针：指向该结果集中某一行的指针。

游标具有下列优点。

❖ 允许定位在结果集的特定行。

❖ 从结果集的当前位置检索一行或部分行。

❖ 支持对结果集中当前位置的行进行数据修改。

❖ 为其他用户提供对显示在结果集中的数据所做的更改的不同级别的可见性支持。

❖ 提供用于在脚本、存储过程和触发器中访问结果集中的数据的 T-SQL 语句。

❖ 可以在查询数据的同时对数据进行处理。

8.6　游标的基本操作

游标的基本操作包括声明游标、打开游标、提取数据、关闭游标和删除游标。

1．声明游标

声明游标使用 DECLARE CURSOR 语句，语法格式如下。

```
DECLARE cursor_name [ INSENSITIVE ] [ SCROLL ] CURSOR
    FOR select_statement
    [ FOR { READ ONLY | UPDATE [ OF column_name [ ,…n ] ] } ]
```

各参数含义如下。

❖ cursor_name：游标名，它是与某个查询结果集相关联的符号名。

❖ INSENSITIVE：指定系统将创建供所定义的游标使用的数据的临时复本，对游标的所有请求都从 tempdb 数据库的临时表中得到应答；因此，在对该游标进行提取操作时，返回的数据不反映对基表所做的修改，并且不允许修改该游标。如果省略 INSENSITIVE，则任何用户对基表提交的删除和更新都反映在后面的提取中。

❖ SCROLL：说明所声明的游标可以前滚、后滚，可以使用所有的提取选项（FIRST、LAST、PRIOR、NEXT、RELATIVE、ABSOLUTE）。如果省略 SCROLL，则只能使用 NEXT 提取选项。

❖ select_statement：SELECT 语句，由该查询产生与所声明的游标相关联的结果集。该 SELECT 语句中不能出现 COMPUTE、COMPUTE BY、INTO 或 FOR BROWSE 关键字。

❖ READ ONLY：说明所声明的游标为只读。

2．打开游标

游标在被声明而且被打开以后，将位于第一行。

使用 OPEN 语句打开游标，语法格式如下。

```
OPEN { { [ GLOBAL ] cursor_name } | cursor_variable_name }
```

其中，cursor_name 是要打开的游标名，cursor_variable_name 是游标变量名，该名称引用一个游标。GLOBAL 说明打开的是全局游标，否则打开局部游标。

【例 8.22】对 employee 表，定义游标 Cur_Empl1，输出员工表中第一行的员工情况。

```
USE sales
DECLARE Cur_Empl1 CURSOR FOR SELECT emplid, emplname, sex, native FROM employee
OPEN Cur_Empl1
FETCH NEXT FROM Cur_Empl1
CLOSE Cur_Empl1
DEALLOCATE Cur_Empl1
```

该语句定义和打开游标 Empl1，求员工表中第一行的员工情况。

运行结果如下。

```
emplid   emplname      sex   native
---------- ---------------- ------ ----------
E001     孙浩然       男    北京
```

3．提取数据

游标被打开后，使用 FETCH 语句提取数据，语法格式如下。

```
FETCH [ [ NEXT | PRIOR | FIRST | LAST | ABSOLUTE { n | @nvar } | RELATIVE { n | @nvar} ]
    FROM ]
{ { [ GLOBAL ] cursor_name } | @cursor_variable_name }
[ INTO @variable_name [ ,…n ] ]
```

各参数含义如下。

❖ cursor_name：要从中提取数据的游标名。

❖ @cursor_variable_name：游标变量名。引用要进行提取操作的已打开的游标。

❖ NEXT | PRIOR | FIRST | LAST：用于说明读取数据的位置。NEXT 说明读取当前行的下一行，并且置其为当前行。如果 FETCH NEXT 是对游标的第一次提取操作，则读取的是结果集的第一行，NEXT 为默认的游标提取选项。PRIOR 说明读取的是当前行的前一行，并且置其为当前行。如果 FETCH PRIOR 是对游标的第一次提取操作，则无值返回且将游标置于第一行之前。FIRST 读取游标中的第一行并将其置为当前行。LAST 读取游标中的最后一行并将其置为当前行。

❖ ABSOLUTE { n | @nvar }和 RELATIVE { n | @nvar }：给出读取数据的位置与游标头或当前位置的关系。其中 n 必须为整型常量，变量@nvar 必须为 smallint、tinyint 或 int 类型。

❖ INTO：将读取的游标数据存放到指定的变量中。

❖ GLOBAL：全局游标。

在提取数据时，可以使用@@ FETCH_STATUS 全局变量返回 FETCH 语句执行后的游标最终状态，如表 8.2 所示。

表 8.2　@@CURSOR_STATUS 函数的返回值

返回值	说明
0	FETCH 语句执行成功
-1	FETCH 语句执行失败
-2	被读取的记录不存在

【例 8.23】定义游标 Cur_Empl2，输出员工表中各行的员工情况。

```
USE sales
SET NOCOUNT ON
/* 声明变量 */
DECLARE @eid char(4), @ename char(8), @sex char(2), @nt char(10)
/* 声明游标，查询与所声明的游标相关联的员工情况结果集 */
DECLARE Cur_Empl2 CURSOR FOR SELECT emplid, emplname, sex, native FROM employee
OPEN Cur_Empl2                                              /* 打开游标 */
FETCH NEXT FROM Cur_Empl2 INTO @eid, @ename, @sex, @nt   /* 提取第一行数据 */
PRINT '员工号   姓名   性别  籍贯  '                        /* 打印表头 */
PRINT '----------------------------------------'
WHILE @@fetch_status = 0                             /* 循环打印和提取各行数据 */
BEGIN
    PRINT CAST(@eid as char(8))+@ename+@sex+'   '+CAST(@nt as char(6))
    FETCH NEXT FROM Cur_Empl2 INTO @eid, @ename, @sex, @nt
END
CLOSE Cur_Empl2                                            /* 关闭游标 */
DEALLOCATE Cur_Empl2                                      /* 释放游标 */
```

该语句定义并打开游标 Cur_Empl2，为求员工表各行的员工情况，设置 WHILE 循环，在 WHILE 条件表达式中采用@@fetch_status 函数返回上一条 FETCH 语句执行后的游标状态。当返回值为 0 时，FETCH 语句执行成功，循环继续进行，否则退出循环。

运行结果如下。

```
员工号    姓名      性别    籍贯
--------------------------------------------
E001      孙浩然     男      北京
E002      乔桂群     女      上海
E003      夏婷      女      四川
E004      罗勇      男      上海
E005      姚丽霞     女      北京
```

4．关闭游标

游标使用完毕，要及时关闭。

关闭游标使用 CLOSE 语句，语法格式如下。

```
CLOSE { { [ GLOBAL ] cursor_name } | @cursor_variable_name }
```

语句中的参数的含义与 OPEN 语句中的相同。

5．删除游标

游标被关闭后，如果不再需要游标，就应释放其定义所占用的系统空间，即删除游标。
删除游标使用 DEALLOCATE 语句，语法格式如下。

```
DEALLOCATE { { [ GLOBAL ] cursor_name } | @cursor_variable_name }
```

语句中的参数的含义与 OPEN 和 CLOSE 语句中的相同。

8.7 小结

本章主要介绍了以下内容。

（1）存储过程（Stored Procedure）是 SQL Server 中用于保存和执行一组 T-SQL 语句的数据库对象。在存储过程中，可以包含 T-SQL 的各种语句，如 SELECT、INSERT、UPDATE、DELETE 和流程控制语句等。存储过程分为用户存储过程、系统存储过程、扩展存储过程。存储过程经过编译后被存放在数据库服务器上，使用存储过程可以提高性能。

（2）创建存储过程的语句是 CREATE PROCEDURE，通过 EXECUTE（或 EXEC）命令可以执行一个已定义的存储过程，定义存储过程的输入参数、输出参数，并为输入参数设置默认值。修改存储过程可以使用 ALTER PROCEDURE 语句，删除存储过程可以使用 DROP PROCEDURE 语句。

（3）触发器可被视为一种特殊的存储过程。它的特殊性主要在对特定表进行特定类型的数据修改时被激发。触发器通常用于保证业务规则和数据的完整性，用户可以通过编程实现复杂的商业规则的处理逻辑，从而增强数据完整性约束。

（4）SQL Server 有两种常规类型的触发器：DML 触发器、DDL 触发器。DML 触发器分为 AFTER 触发器和 INSTEAD OF 触发器。

创建触发器可以使用 CREATE TRIGGER 语句，修改触发器可以使用 ALTER TRIGGER 语句，删除触发器可以使用 DROP TRIGGER 语句，启用或禁用触发器可以使用 ENABLE/DISABLE TRIGGER 语句。

（5）SQL Server 通过游标提供了对一个结果集进行逐行处理的功能。游标包括游标结果集和游标当前行指针两部分的内容。

（6）游标的基本操作包括声明游标、打开游标、提取数据、关闭游标和删除游标。

使用游标的基本过程：声明 T-SQL 变量，使用 DECLARE CURSOR 语句声明游标，使用 OPEN 语句打开游标，使用 FETCH 语句提取数据，使用 DEALLOCATE 语句删除游标。

习题 8

一、选择题

1．下列关于存储过程的说法中，正确的是_____。

A．在定义存储过程的代码中可以包含增、删、改、查语句

B．用户可以向存储过程传递参数，但不能输出存储过程产生的结果

C．存储过程的执行是在客户端上完成的

D．存储过程是存储在客户端中的可执行的代码

2．关于存储过程的描述正确的是_____。

A．存储过程的存在独立于表，它存放在客户端中，供客户端使用

B．存储过程可以使用控制流程语句和变量，增强了 SQL Server 的功能

C．存储过程只是一些 T-SQL 语句的集合，不能视为 SQL Server 的对象

D．存储过程在调用时会自动编译，因此使用更方便

3．创建存储过程的用处主要是_____。

A．提高数据的操作效率   B．维护数据的一致性

C．实现复杂的业务规则   D．增强引用的完整性

4．设定义一个包含 2 个输入参数和 2 个输出参数的存储过程，各参数均为整型。下列定义该存储过程的语句中，正确的是_____。

A．CREATE PROC P1 @x1, @x2 int,

           @x3, @x4 int output

B．CREATE PROC P1 @x1 int, @x2 int,

           @x3, @x4 int output

C．CREATE PROC P1 @x1 int, @x2 int,

           @x3 int, @x4 int output

D．CREATE PROC P1 @x1 int, @x2 int,

           @x3 int output, @x4 int output

5．设有存储过程定义语句 CREATE PROC P1 @x int, @y int output, @z int output。下列调用该存储过程的语句中，正确的是_____。

A．EXEC P1 10, @a int output, @b int output

B．EXEC P1 10, @a int, @b int output

C．EXEC P1 10, @a output, @b output

D．EXEC P1 10, @a, @b output

6．触发器是特殊类型的存储过程，它由用户对数据的更改操作自动引发执行，下列数据库控制中，适合用触发器实现的是_____。

A．并发控制   B．恢复控制

C．可靠性控制   D．完整性控制

7．关于触发器的描述正确的是_____。

A．触发器是自动执行的，可以在一定条件下被触发

B．触发器不可以同步数据库的相关表进行级联更新

C．SQL Server 2008 不支持 DDL 触发器

D．触发器不属于存储过程

8．创建触发器的用处主要是_____。

A．提高数据的查询效率   B．实现复杂的约束

C．加强数据的保密性   D．增强数据的安全性

9．当执行由 UPDATE 语句引发的触发器时，下列关于该触发器的临时工作表的说法中，正确的是_____。

A．系统会自动产生 UPDATED 表来存放更改前的数据

B．系统会自动产生 UPDATED 表来存放更改后的数据

C．系统会自动产生 INSERTED 表和 DELETED 表，用 INSERTED 表存放更改后的数据，用 DELETED 表存放更改前的数据

D．系统会自动产生 INSERTED 表和 DELETED 表，用 INSERTED 表存放更改前的数据，用 DELETED 表存放更改后的数据

10．设在 SC(Sno, Cid, Grade)表上定义了如下触发器。

```
CREATE TRIGGER tri1 ON SC INSTEAD OF INSERT…
```

执行如下语句会引发触发器的执行。

```
INSERT INTO SC VALUES('s001','c01', 90)
```

下列关于触发器执行时表中数据的说法中，正确的是_____。

A．SC 表和 INSERTED 表中均包含新插入的数据

B．SC 表和 INSERTED 表中均不包含新插入的数据

C．SC 表中包含新插入的数据，INSERTED 表中不包含新插入的数据

D．SC 表中不包含新插入的数据，INSERTED 表中包含新插入的数据

11．设某数据库在非工作时间（每天 8:00 以前、18:00 以后，周六和周日）不允许授

权用户在职工表中插入数据。下列方法中能够实现此需求且最为合理的是_____。

A．建立存储过程   B．建立后触发型触发器

C．定义内嵌表值函数   D．建立前触发型触发器

12．利用游标机制可以实现对查询结果集的逐行操作。下列关于 SQL Server 中游标的说法中，错误的是_____。

A．每个游标都有一个当前行指针，打开游标后，当前行指针自动指向结果集的第一行数据

B．如果在声明游标时未指定 INSENSITIVE 选项，则已提交的对基表的更新都会反映在后面的提取操作中

C．关闭游标之后，可以通过 OPEN 语句再次打开该游标

D．当@@FETCH_STATUS=0 时，表明游标当前行指针已经被移出了结果集的范围

13．SQL Server 声明游标的 T-SQL 语句是_____。

A．DECLARE CURSOR   B．ALTER CURSOR

C．SET CURSOR   D．CREATE CURSOR

14．下列关于游标的说法中，错误的是_____。

A．游标允许用户定位到结果集中的某行

B．游标允许用户读取结果集中当前行的位置的数据

C．游标允许用户修改结果集中当前行的位置的数据

D．游标中有个当前行指针，该指针只能在结果集中单向移动

二、填空题

1．存储过程是一组完成特定功能的 T-SQL 语句的集合，_____后被存放在数据库服务器端。

2．T-SQL 创建存储过程的语句是_____。

3．存储过程通过_____命令执行一个已定义的存储过程。

4．定义存储过程的输入参数，必须在 CREATE PROCEDURE 语句中声明一个或多个_____。

5．使用带输出参数的存储过程，在 CREATE PROCEDURE 和 EXECUTE 语句中都必须使用_____关键字。

6．触发器是一种特殊的存储过程，其特殊性主要体现在对特定表或列进行特定类型的数据修改时被_____。

7．SQL Server 支持两种类型的触发器，它们是前触发型触发器和_____触发型触发器。

8．在一个表上针对每个操作，可以定义_____个前触发型触发器。

9．如果在某个表的 INSERT 操作上定义了触发器，则当执行 INSERT 语句时，系统产生的临时工作表是_____关键字。

10．对于后触发型触发器，当在触发器中发现引发触发器执行的操作违反了约束时，需要通过_____语句撤销已执行的操作。

11. AFTER 触发器在引发触发器执行的语句中的操作都成功执行，并且所有_____检查已成功完成后，才执行触发器。

12. SQL Server 通过游标提供了对一个结果集进行_____的能力。

13. 游标包括游标结果集和_____两部分的内容。

三、问答题

1. 什么是存储过程？使用存储过程有什么好处？

2. 简述存储过程的分类。

3. 怎样创建存储过程？

4. 怎样执行存储过程？

5. 什么是存储过程的参数？有哪几种类型？

6. 什么是触发器？其主要功能是什么？

7. 触发器分为哪几种？

8. INSERT 触发器、UPDATE 触发器和 DELETE 触发器有什么不同？

9. AFTER 触发器和 INSTEAD OF 触发器有什么不同？

10. inserted 表和 deleted 表各存放什么内容？

11. 简述游标的概念。

12. 举例说明游标的使用步骤。

四、应用题

1. 创建显示商品表全部记录的存储过程。

2. 创建存储过程，指定的商品类型的单价下降 10%。

3. 创建修改库存量和未到货商品数量的存储过程。

4. 创建删除商品记录的存储过程。

5. 删除第 1 题创建的存储过程。

6. 创建触发器，当修改商品表时，显示"正在修改商品表"。

7. 创建触发器，当向订单表中插入一条记录时，显示插入记录的客户号。

8. 创建触发器，当更新订单表中的订单号时，同时更新订单明细表中所有相应的订单号。

9. 创建触发器，当删除订单表中的订单记录时，同时将订单明细表中与该订单有关的数据全部删除。

10. 删除第 6 题创建的触发器。

11. 使用游标，输出商品表的商品号、商品名称、商品类型、单价。

12. 使用游标，输出各个部门的最高工资、最低工资和平均工资。

第 9 章　安全管理

为了维护数据库的安全，SQL Server 提供了完善的安全管理机制，包括登录名管理、用户管理、角色管理、架构管理和权限管理等。只有使用特定的身份验证方式的用户，才能登录到服务器中。只有具有一定权限的用户，才能对数据库对象执行相应的操作。本章介绍 SQL Server 安全机制和身份验证模式、服务器安全管理、数据库安全管理、架构安全管理、权限管理等内容。

9.1　SQL Server 安全机制和身份验证模式

SQL Server 具有 5 个层级的安全机制和两种身份验证模式，下面分别介绍。

9.1.1　SQL Server 安全机制

SQL Server 的整个安全体系结构从顺序上可以分为认证和授权两部分，其安全机制可以分为 5 个层级。

1）客户机安全机制

在用户使用客户机通过网络访问 SQL Server 服务器时，用户首先要获得客户机操作系统的使用权限。由于 SQL Server 2019 采用了集成 Windows NT 的网络安全性机制，因此提高了操作系统的安全性。

2）网络传输安全机制

SQL Server 对关键数据进行了加密，即使攻击者通过了防火墙和服务器上的操作系统，还要对数据进行破解。SQL Server 2019 有两种对数据加密的方式：数据加密和备份加密。

3）服务器级别安全机制

SQL Server 服务器级别安全机制即实例级别安全机制。SQL Server 服务器采用了标准 SQL Server 登录和集成 Windows 登录两种方式。用户登录 SQL Server 服务器必须通过身份验证，必须提供登录名和登录密码。服务器角色预先设定多种对服务器权限的分组，可以使登录名具有服务器角色所具有的权限。

4）数据库级别安全机制

用户在访问数据库时，必须提供数据库用户账号并具备访问该数据库的权限。在建立数据库用户的账号时，SQL Server 服务器会将登录名映射到数据库用户的账号上。数据库角色预先设定多种对数据库操作权限的分组，可以使数据库用户具有数据库角色所具有的数据库操作权限。

5）对象级别安全机制

数据库用户在访问数据库对象时，必须具备访问该数据库对象的权限。在建立数据库用户的账号后，可以在这个账号上定义访问数据库对象的权限。为了简化对众多的数据库对象的管理，可以通过数量较少的架构管理数量较多的数据库对象。

📢 注意：假设 SQL Server 服务器是一座大楼，大楼的每个房间都代表数据库，房间里的资料柜代表数据库对象，登录名则是进入大楼的钥匙，数据库用户名是进入房间的钥匙，数据库用户权限是打开资料柜的钥匙。

9.1.2　SQL Server 身份验证模式

SQL Server 提供了两种身份验证模式：Windows 验证模式和 SQL Server 验证模式。

1．Windows 验证模式

在 Windows 验证模式下，由于用户登录 Windows 时已进行身份验证，登录 SQL Server 时就不再进行身份验证。

2．SQL Server 验证模式

在 SQL Server 验证模式下，SQL Server 服务器要对登录的用户进行身份验证。

当 SQL Server 在 Windows 操作系统上运行时，系统管理员设定登录验证模式的类型可为 Windows 验证模式和混合模式。当采用混合模式时，SQL Server 系统既允许使用 Windows 账号登录，也允许使用 SQL Server 账号登录。

9.2　服务器安全管理

服务器安全管理是 SQL Server 系统安全管理的第一个层级，通过排除非法用户对 SQL Server 服务器的连接，防止外来的非法入侵。

登录名是客户端连接服务器时向其提交的用于身份验证的凭据，也是 SQL Server 服务器安全管理中的基本构件。

根据身份验证模式的不同，SQL Server 有两种登录名：Windows 登录名和 SQL Server 登录名。

❖ Windows 登录名：由 Windows 操作系统的用户账号对应到 SQL Server 的登录名，此类登录名主要用于 Windows 验证模式。

❖ SQL Server 登录名：由 SQL Server 独立维护并用于 SQL Server 验证模式的登录名。

下面介绍创建登录名、修改登录名、删除登录名、服务器角色等内容。

9.2.1 创建登录名

Windows 验证模式和 SQL Server 验证模式都可以使用 T-SQL 语句和图形用户界面两种方式创建登录名。

1. 使用 T-SQL 语句创建登录名

创建登录名使用 CREATE LOGIN 语句，语法格式如下。

```
CREATE LOGIN login_name
{ WITH PASSWORD = 'password' [ HASHED ] [ MUST_CHANGE ]
    [ , <option_list> [ ,… ] ]        /*WITH 子句用于创建 SQL Server 登录名*/
  | FROM                              /*FROM 子句用户创建其他登录名*/
  {
      WINDOWS [ WITH <windows_options> [ ,… ] ]
      | CERTIFICATE certname
      | ASYMMETRIC KEY asym_key_name
  }
}
```

各参数含义如下。

❖ WITH：创建 SQL Server 登录名。

❖ PASSWORD：指定正在创建的登录名的密码，password 为密码字符串。

❖ FROM：创建 Windows 登录名。在 FROM 子句的语法格式中，WINDOWS 关键字指定将登录名映射到 Windows 登录名。其中，<windows_options>为创建 Windows 登录名的选项。DEFAULT_DATABASE 指定默认数据库，DEFAULT_LANGUAGE 指定默认语言。

【例 9.1】使用 T-SQL 语句创建登录名 Csm、Csn、Csp、Splya、Splyb。

以下语句用于创建 SQL Server 验证模式的登录名。

```
CREATE LOGIN Csm
    WITH PASSWORD='1234',
    DEFAULT_DATABASE=sales

CREATE LOGIN Csn
    WITH PASSWORD='rst',
    DEFAULT_DATABASE=sales

CREATE LOGIN Csp
    WITH PASSWORD='lmn',
    DEFAULT_DATABASE=sales

CREATE LOGIN Splya
    WITH PASSWORD='f678',
    DEFAULT_DATABASE=sales
```

```
CREATE LOGIN Splyb
    WITH PASSWORD='mno9',
    DEFAULT_DATABASE=sales
```

2. 使用图形用户界面创建登录名

下面介绍使用图形用户界面创建登录名的过程。

【例 9.2】使用图形用户界面创建登录名 Em。

使用图形用户界面创建登录名的操作步骤如下。

（1）启动 SQL Server Management Studio，在"对象资源管理器"窗口中，展开"安全性"节点，右击"登录名"节点，在弹出的快捷菜单中选择"新建登录名"命令。

（2）出现如图 9.1 所示的"登录名-新建"窗口，单击"常规"选项卡，在"登录名"文本框中输入创建的登录名"Em"，选中"SQL Server 身份验证"单选按钮。如果选中"Windows 身份验证"单选按钮，可单击"搜索"按钮，在"选择用户或用户组"窗口中选择相应的用户名并添加到"登录名"文本框中。

图 9.1　"登录名-新建"窗口

由于选择了 SQL Server 验证模式，因此需要在"密码"和"确认密码"文本框中输入密码，此处输入"1234"，取消勾选"强制实施密码策略"复选框，单击"确定"按钮，完成登录名设置。

为了测试新建的登录名 Em 能否连接到 SQL Server，进行测试的步骤如下。

在"对象资源管理器"窗口中单击"连接"按钮，在下拉列表中选择"数据库引擎"选项，弹出"连接到服务器"窗口，在"身份验证"下拉列表中选择"SQL Server 身份验证"选项，在"登录名"文本框中输入"Em"，输入密码，单击"连接"按钮，连接到 SQL Server 服务器。

9.2.2 修改登录名

修改登录名可以使用 T-SQL 语句和图形用户界面两种方式。

1. 使用 T-SQL 语句修改登录名

修改登录名使用 ALTER LOGIN 语句，语法格式如下。

```
ALTER LOGIN login_name
{
  status_option | WITH set_option […]
}
```

其中，login_name 为需要更改的登录名，在 WITH set_option 选项中，可以指定新的登录名和密码等。

使用 T-SQL 语句修改登录名的举例如下。

【例 9.3】使用 T-SQL 语句修改登录名 Splya，将其名称改为 Splya2。

```
ALTER LOGIN Splya
    WITH name=Splya2
```

2. 使用图形用户界面修改登录名

使用图形用户界面修改登录名的举例如下。

【例 9.4】使用图形用户界面修改登录名为 Em 的密码，将其改为 123456。

使用图形用户界面修改登录名的操作步骤如下。

（1）启动 SQL Server Management Studio，在"对象资源管理器"窗口中，展开"安全性"→"登录名"节点，右击"Em"节点，在弹出的快捷菜单中选择"属性"命令。

（2）出现"登录属性-Em"窗口，单击"常规"选项卡，在"密码"和"确认密码"文本框中输入新密码"123456"，单击"确定"按钮，完成登录名的密码修改。

9.2.3 删除登录名

可以使用 T-SQL 语句和图形用户界面两种方式删除登录名。

1. 使用 T-SQL 语句删除登录名

删除登录名使用 DROP LOGIN 语句，语法格式如下。

```
DROP LOGIN login_name
```

其中，login_name 指定要删除的登录名。

【例 9.5】使用 T-SQL 语句删除登录名 Splya2。

```
DROP LOGIN Splya2
```

2. 使用图形用户界面删除登录名

使用图形用户界面删除登录名的举例如下。

【例 9.6】使用图形用户界面删除登录名 Splyb。

使用图形用户界面删除登录名的操作步骤如下。

（1）启动 SQL Server Management Studio，在"对象资源管理器"窗口中，展开"安全性"→"登录名"节点，右击"Splyb"节点，在弹出的快捷菜单中选择"删除"命令。

（2）在出现的"删除对象"窗口中，单击"确定"按钮，即可删除登录名 Splyb。

9.2.4　服务器角色

为便于集中地管理服务器和数据库中的权限，SQL Server 提供了若干"角色"。这些角色将登录名和用户分为不同的组，对相同组的登录名和用户进行统一管理，赋予其相同的操作权限，类似于 Windows 操作系统中的用户组。SQL Server 将角色划分为服务器角色、数据库角色，服务器角色用于对登录名授权，数据库角色用于对数据库用户授权。

服务器角色分为固定服务器角色和用户定义服务器角色。

1．固定服务器角色

固定服务器角色是执行服务器级管理操作的权限的集合，这些角色是系统预定义的。如果在 SQL Server 中创建一个登录名，要赋予该登录者管理服务器的权限，此时可以设置该登录者为服务器角色的成员。SQL Server 提供了以下的固定服务器角色。

❖ sysadmin：系统管理员，其角色成员可以对 SQL Server 服务器进行所有的管理工作，为最高管理角色，一般适合数据库管理员（DBA）。

❖ securityadmin：安全管理员，其角色成员可以管理登录名及其属性。可以授予、拒绝、撤销服务器级和数据库级的权限，另外还可以重置 SQL Server 登录名的密码。

❖ serveradmin：服务器管理员，其角色成员具有对服务器进行设置及关闭服务器的权限。

❖ setupadmin：设置管理员，其角色成员可以添加和删除链接服务器，并执行某些系统存储过程。

❖ processadmin：进程管理员，其角色成员可以终止 SQL Server 实例中运行的进程。

❖ diskadmin：用于管理磁盘文件。

❖ dbcreator：数据库的创建者，其角色成员可以创建、更改、删除或还原任意数据库。

❖ bulkadmin：其角色成员可以执行 BULK INSERT 语句，但是这些成员对要插入数据的表必须有 INSERT 权限。BULK INSERT 语句的功能是以用户指定的格式复制一个数据文件到数据库的表或视图中。

❖ public：其角色成员可以查看任意数据库。

用户只能将一个登录名添加为上述某个固定服务器角色的成员，不能自行定义服务器角色。

添加固定服务器角色成员有使用系统存储过程和图形用户界面两种方式。

1）使用系统存储过程添加固定服务器角色成员

使用系统存储过程 sp_addsrvrolemember 将登录名添加到某一个固定服务器角色中，语法格式如下。

```
sp_addsrvrolemember [ @loginame = ] 'login', [@rolename =] 'role'
```

其中，login 指定添加到固定服务器角色 role 的登录名，login 可以是 SQL Server 登录名或 Windows 登录名。对于 Windows 登录名，如果还没有被授予 SQL Server 访问权限，系统将自动对其授予访问权限。

【例 9.7】在固定服务器角色 sysadmin 中添加登录名 Csm。

```
EXEC sp_addsrvrolemember 'Csm', 'sysadmin'
```

2）使用系统存储过程删除固定服务器角色成员

使用系统存储过程 sp_dropsrvrolemember 从固定服务器角色中删除登录名，语法格式如下。

```
sp_dropsrvrolemember [ @loginame = ] 'login' , [ @rolename = ] 'role'
```

其中，login 为将要从固定服务器角色中删除的登录名。role 为固定服务器角色名，默认值为 NULL，必须是有效的固定服务器角色名。

【例 9.8】在固定服务器角色 sysadmin 中删除登录名 Csm。

```
EXEC sp_dropsrvrolemember 'Csm', 'sysadmin'
```

3）使用图形用户界面添加固定服务器角色成员

下面介绍使用图形用户界面添加固定服务器角色成员的过程。

【例 9.9】在固定服务器角色 sysadmin 中添加登录名 Em。

使用图形用户界面添加固定服务器角色成员的步骤如下。

（1）启动 SQL Server Management Studio，在"对象资源管理器"窗口中，展开"安全性"→"服务器角色"节点，右击"sysadmin"节点，在弹出的快捷菜单中选择"属性"命令。

（2）出现如图 9.2 所示的"服务器角色属性-sysadmin"窗口，在"角色成员"列表框中没有登录名"Em"，单击"添加"按钮。

（3）出现"选择服务器登录名或角色"对话框，单击"浏览"按钮，出现"查找对象"对话框，在登录名列表框中勾选"Em"复选框，两次单击"确定"按钮，返回如图 9.3 所示的"服务器角色属性-sysadmin"窗口，可以看出 Em 登录名为 sysadmin 角色成员，单击"确定"按钮，完成在固定服务器角色 sysadmin 中添加登录名 Em 的设置。

2．用户定义服务器角色

SQL Server 2012 新增了用户定义服务器角色的功能。

用户定义服务器角色提供了灵活有效的安全机制。用户可以创建、修改和删除用户定义服务器角色，可以像固定服务器角色一样添加角色成员和删除角色成员，其操作方法类似。

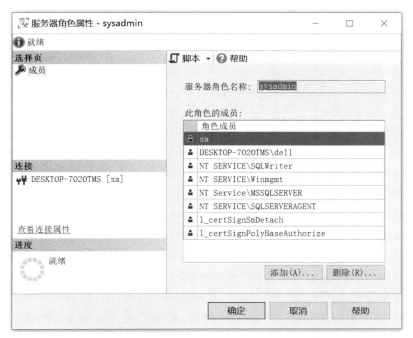

图 9.2 "服务器角色属性-sysadmin"窗口

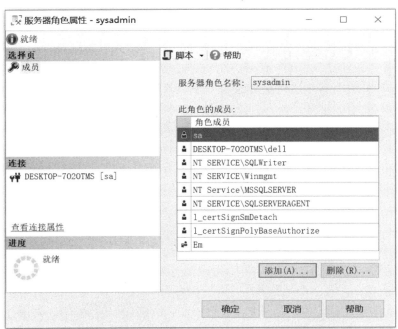

图 9.3 返回"服务器角色属性-sysadmin"窗口

9.3 数据库安全管理

数据库安全管理是通过数据库用户权限管理来实现的。

一个用户取得合法的登录名后，仅能够登录到 SQL Server 服务器，不能对数据库和数据库对象进行某些操作。登录名连接服务器后，如果需要访问数据库，必须在登录名与数据库中的用户之间建立映射。用户对数据库的访问和对数据库对象进行的所有操作都是通过数据库用户来控制的。

数据库用户是数据库级别的安全主体，是对数据库进行操作的对象。要使数据库能被用户访问，数据库中必须建立用户。系统为每个数据库自动创建了以下用户：dbo、guest、INFORMATION_SCHEMA、sys。

❖ dbo：数据库所有者的用户。dbo 用户拥有数据库的所有权限，并可以将这些权限授予其他用户。创建数据库的用户默认就是数据库的所有者，从属于服务器角色"sysadmin"的登录名会被自动映射为 dbo 用户，因此"sysadmin"角色的成员就具有对数据库执行任何操作的权限。

❖ guest：数据库客人的用户。当数据库中存在 guest 用户时，所有的登录名，不管是否具有访问数据库的权限，都可以访问 guest 用户所在的数据库。因此，guest 用户的存在会降低系统的安全性。在用户数据库中，guest 用户默认处于关闭状态。

❖ sys 和 INFORMATION_SCHEMA：此两类用户是为使用 sys 和 INFORMATION_SCHEMA 架构的视图而创建的用户。

下面介绍创建数据库用户、修改数据库用户、删除数据库用户、数据库角色等内容。

9.3.1 创建数据库用户

创建数据库用户必须首先创建登录名。创建数据库用户有 T-SQL 语句和图形用户界面两种方式，以下将"数据库用户"简称为"用户"。

1. 使用 T-SQL 语句创建用户

创建用户使用 CREATE USER 语句，语法格式如下。

```
CREATE USER user_name
[{ FOR | FROM }
    {
        LOGIN login_name
      | CERTIFICATE cert_name
      | ASYMMETRIC KEY asym_key_name
    }
    | WITHOUT LOGIN
]
    [ WITH DEFAULT_SCHEMA = schema_name ]
```

各参数含义如下。

❖ user_name：指定用户名。

❖ FOR 或 FROM 子句：指定相关联的登录名，LOGIN login_name 指定要创建的用户的 SQL Server 登录名。login_name 必须是服务器中有效的登录名，当此登录名进入数据库时，它将获取正在创建的用户的名称和 ID。

❖ WITHOUT LOGIN：指定不将用户映射到现有的登录名上。

❖ WITH DEFAULT_SCHEMA：指定服务器为此数据库用户解析对象名称时将搜索的第一个架构，默认为 dbo。

【例 9.10】使用 T-SQL 语句创建用户 Tang、Yuan、Gao、Fu、Ren。

以下语句用于创建用户 Tang，其登录名 Csm 已创建。

```
USE sales
GO
CREATE USER Tang
    FOR LOGIN Csm
GO
```

以下语句用于创建用户 Yuan，其登录名 Csn 已创建。

```
USE sales
GO
CREATE USER Yuan
    FOR LOGIN Csn
GO
```

以下语句用于创建用户 Gao，其登录名 Csp 已创建。

```
USE sales
GO
CREATE USER Gao
    FOR LOGIN Csp
GO
```

以下语句用于创建用户 Fu，其登录名 Sy1 已创建。

```
USE sales
GO
CREATE USER Fu
    FOR LOGIN Sy1
GO
```

以下语句用于创建用户 Ren，其登录名 Sy2 已创建。

```
USE sales
GO
CREATE USER Ren
    FOR LOGIN Sy2
GO
```

2. 使用图形用户界面创建用户

使用图形用户界面创建用户的举例如下。

【例 9.11】使用图形用户界面创建用户 Empl。

使用图形用户界面创建用户的操作步骤如下。

（1）启动 SQL Server Management Studio，在"对象资源管理器"窗口中，展开"数据库"→"sales"→"安全性"节点，右击"用户"节点，在弹出的快捷菜单中选择"新建用户"命令。

（2）出现如图 9.4 所示的"数据库用户-新建"窗口。

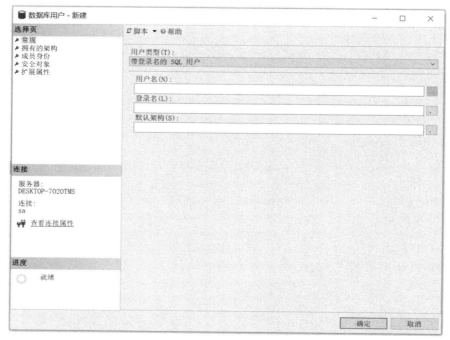

图 9.4   "数据库用户-新建"窗口

❖ 在"用户名"文本框中输入创建的用户名"Empl"。

❖ 在"登录名"文本框中，可以输入要建立映射的登录名，此处输入"Em"。或者单击"登录名"右侧的按钮，出现"选择登录名"对话框，单击"浏览"按钮，出现"查找对象"对话框，在登录名列表框中勾选"Em"复选框，两次单击"确定"按钮，"登录名"文本框中出现"Em"。

❖ 在"默认架构"文本框中可以输入要建立的默认架构，此处输入"dbo"。或者单击右侧的按钮，出现"选择架构"对话框，单击"浏览"按钮，出现"查找对象"对话框，在登录名列表框中勾选"dbo"复选框，两次单击"确定"按钮，"默认架构"文本框中出现"dbo"。如果不在此文本框中输入内容，用户的默认架构就是 dbo。

（3）单击"拥有的架构"选项卡，在"拥有的架构"列表框中，列出了当前数据库中所有的架构，如图 9.5 所示，可以根据需要进行勾选。由此可以看出用户与架构的关系是：架构属于用户，一个用户可以拥有多个架构，一个架构可以属于多个用户。

（4）输入"用户名""登录名""默认架构"后的"数据库用户-新建"窗口，如图 9.6 所示，单击"确定"按钮完成创建用户 Empl。

图 9.5   "拥有的架构"选项卡

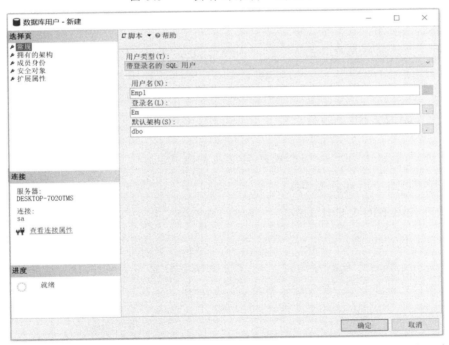

图 9.6   输入"用户名""登录名""默认架构"后的"数据库用户-新建"窗口

9.3.2   修改数据库用户

修改数据库用户有 T-SQL 语句和图形用户界面两种方式。

1．使用 T-SQL 语句修改用户

修改用户使用 ALTER USER 语句，语法格式如下。

```
ALTER USER user_name
  WITH NAME = new_ user_name
```

其中，user_name 为要修改的用户名，WITH NAME = new_ user_name 指定新的用户名。

【例 9.12】使用 T-SQL 语句将用户 Fu 修改为 Fu2。

```
USE sales
ALTER USER Fu
    WITH name=Fu2
```

2．使用图形用户界面修改用户

使用图形用户界面修改用户的举例如下。

【例 9.13】使用图形用户界面修改用户 Empl。

使用图形用户界面修改用户的操作步骤如下。

（1）启动 SQL Server Management Studio，在"对象资源管理器"窗口中，展开"数据库"→"sales"→"安全性"→"用户"节点，右击"Empl"节点，在弹出的快捷菜单中选择"属性"命令。

（2）出现"数据库用户-Empl"窗口，在其中进行相应的修改，单击"确定"按钮完成修改。

9.3.3　删除数据库用户

删除用户有 T-SQL 语句和图形用户界面两种方式。

1．使用 T-SQL 语句删除用户

删除用户使用 DROP USER 语句，语法格式如下。

```
DROP USER user_name
```

其中，user_name 为要删除的用户名，在删除之前要使用 USE 语句指定数据库。

【例 9.14】使用 T-SQL 语句删除用户 Fu2。

```
USE sales
DROP USER Fu2
```

2．使用图形用户界面删除用户

【例 9.15】使用图形用户界面删除用户 Ren。

使用图形用户界面删除用户的操作步骤如下。

（1）启动 SQL Server Management Studio，在"对象资源管理器"窗口中，展开"数据库"→"sales"→"安全性"→"用户"节点，右击"Ren"节点，在弹出的快捷菜单

中选择"删除"命令。

（2）在出现的"删除对象"窗口中，单击"确定"按钮，即可删除用户 Ren。

9.3.4 数据库角色

SQL Server 的数据库角色分为固定数据库角色、用户定义数据库角色和应用程序角色。

1. 固定数据库角色

固定数据库角色是在数据库级别中定义的，并且有权进行特定数据库的管理和操作。固定数据库角色及其执行的操作如下。

- ❖ db_owner：数据库所有者，可以执行数据库的所有管理操作。
- ❖ db_securityadmin：数据库安全管理员，可以修改角色成员的身份和管理权限。
- ❖ db_Emplessadmin：数据库访问权限管理员，可以为 Windows 登录名、Windows 组和 SQL Server 登录名添加或删除数据库访问权限。
- ❖ db_backupoperator：数据库备份操作员，可以备份数据库。
- ❖ db_ddladmin：数据库 DDL 管理员，可以在数据库中运行任何数据定义语言（DDL）命令。
- ❖ db_datawriter：数据库数据写入者，可以在所有用户表中添加、删除或更改数据。
- ❖ db_datareader：数据库数据读取者，可以从所有用户表中读取所有数据。
- ❖ db_denydatawriter：数据库拒绝数据写入者，不能添加、修改或删除用户表中的任何数据。
- ❖ db_denydatareader：数据库拒绝数据读取者，不能读取用户表中的任何数据。
- ❖ public：默认只有读取数据的权限，是特殊的数据库角色，每个用户都属于 public 数据库角色。如果未向某个用户授予或拒绝对安全对象的特定权限，该用户将继承授予该对象的 public 角色的权限。

添加固定数据库角色成员有使用系统存储过程和图形用户界面两种方式。

1）使用系统存储过程添加固定数据库角色成员

使用系统存储过程 sp_addrolemember 将一个数据库用户添加到某一固定数据库角色中，语法格式如下。

```
sp_addrolemember [ @rolename = ] 'role', [ @membername = ] 'security_Emplount'
```

其中，role 为当前数据库中的数据库角色的名称。security_Emplount 为添加到该角色中的安全账户，可以是数据库用户或当前数据库角色。

【例 9.16】在固定数据库角色 db_owner 中添加用户 Tang。

```
USE sales
GO
EXEC sp_addrolemember 'db_owner', 'Tang'
```

2）使用系统存储过程删除固定数据库角色成员

使用系统存储过程 sp_droprolemember 将某一成员从固定数据库角色中删除，语法格式如下。

```
sp_droprolemember [ @rolename = ] 'role' , [ @membername = ] 'security_Emplount
```

【例 9.17】在固定数据库角色 db_owner 中删除用户 Tang。

```
EXEC sp_droprolemember 'db_owner', 'Tang'
```

3）使用图形用户界面添加固定数据库角色成员

使用图形用户界面添加固定数据库角色成员的举例如下。

【例 9.18】使用图形用户界面在固定数据库角色 db_owner 中添加用户 Empl。

使用图形用户界面添加固定数据库角色成员的操作步骤如下。

（1）启动 SQL Server Management Studio，在"对象资源管理器"窗口中，展开"数据库"→"sales"→"安全性"→"用户"节点，右击"Empl"节点，在弹出的快捷菜单中选择"属性"命令，出现"数据库用户-Empl"窗口，单击"成员身份"选项卡，在"数据库角色成员身份"列表框中勾选"db_owner"复选框，如图 9.7 所示，单击"确定"按钮。

图 9.7　在"数据库用户-Empl"窗口中选择"db_owner"角色

（2）查看 db_owner 角色的成员中是否添加了 Empl 用户。在"对象资源管理器"窗口中，展开"数据库"→"sales"→"安全性"→"角色"→"数据库角色"节点，右击"db_owner"节点，在弹出的快捷菜单中选择"属性"命令，出现"数据库角色属性- db_owner"窗口，可以看出在"此角色的成员"列表框中已有"Empl"成员，如图 9.8 所示。

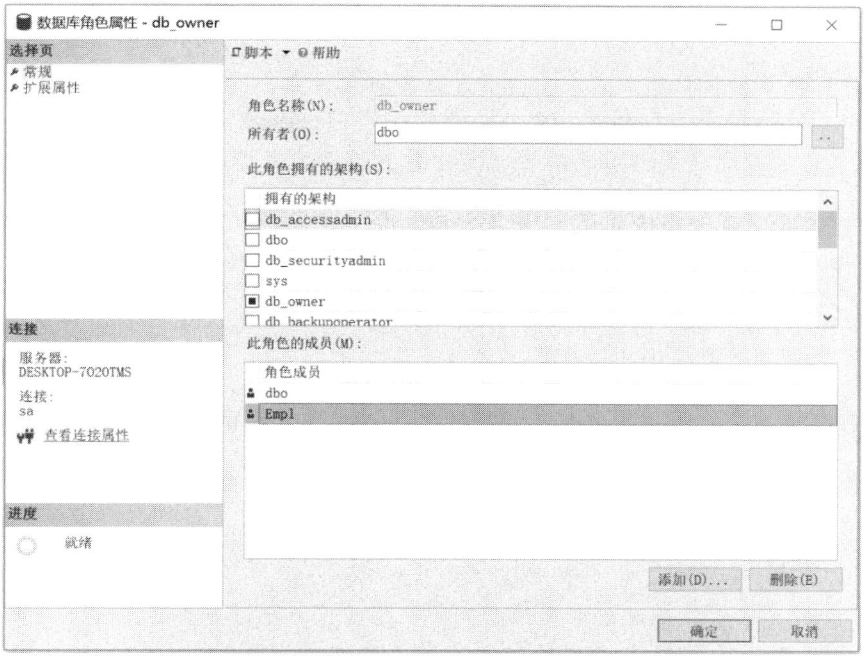

图 9.8　固定数据库角色 db_owner 中已添加成员 Empl

2．用户定义数据库角色

若有若干个用户需要获取数据库的共同权限，可将其形成一组，通过创建用户定义数据库角色来赋予该组相应的权限，并将这些用户作为该数据库的角色成员。

创建用户定义数据库角色有 T-SQL 语句和图形用户界面两种方式。

1）使用 T-SQL 语句创建用户定义数据库角色

（1）定义数据库角色。

创建用户定义数据库角色使用 CREATE ROLE 语句，语法格式如下。

```
CREATE ROLE role_name [ AUTHORIZATION owner_name ]
```

其中，role_name 为要创建的自定义数据库角色的名称，AUTHORIZATION owner_name 指定新的自定义数据库角色的拥有者。

【例 9.19】为 sales 数据库创建数据库用户角色 Rdb1、Rdb2。

```
USE sales
GO
CREATE ROLE Rdb1 AUTHORIZATION dbo
GO

USE sales
GO
CREATE ROLE Rdb2 AUTHORIZATION dbo
GO
```

（2）添加数据库角色成员。

使用存储过程 sp_ addrolemember 向用户定义数据库用户角色中添加成员，其用法与前面介绍的基本相同。

【例 9.20】给数据库用户角色 Rdb1 添加用户 Yuan。

```
EXEC sp_addrolemember 'Rdb1','Yuan'
```

2）使用 T-SQL 语句删除用户定义数据库角色

删除数据库用户角色使用 DROP ROLE 语句，语法格式如下。

```
DROP ROLE role_name
```

【例 9.21】删除数据库用户角色 Rdb2。

```
DROP ROLE Rdb2
```

3）使用图形用户界面创建用户定义数据库角色

使用图形用户界面创建用户定义数据库角色的举例如下。

【例 9.22】使用图形用户界面为 sales 数据库创建一个用户定义数据库角色 Rdb，所有者为 Empl。

使用图形用户界面添加固定数据库角色成员的操作步骤如下。

（1）启动 SQL Server Management Studio，在"对象资源管理器"窗口中，展开"数据库"→"sales"→"安全性"→"角色"节点，右击"数据库角色"节点，在弹出的快捷菜单中选择"新建数据库角色"命令。

（2）出现如图 9.9 所示的"数据库角色-新建"窗口，在"角色名称"文本框中输入"Rdb"，单击"所有者"文本框后的"..."按钮。

图 9.9 "数据库角色-新建"窗口

（3）出现"选择数据库用户或角色"对话框，单击"浏览"按钮。出现"查找对象"对话框，从中选择数据库用户"Empl"，两次单击"确定"按钮。

（4）单击"常规"选项卡，设置结果如图 9.10 所示，单击"确定"按钮，完成用户定义数据库角色 Rdb 的创建。

图 9.10 　"常规"选项卡

3．应用程序角色

应用程序角色用于允许用户通过特定的应用程序获取特定的数据，它是一种特殊的数据库角色。

应用程序角色是非活动的，在使用之前要在当前连接中将其激活。激活一个应用程序角色后，当前连接将失去所有的用户权限，只获得应用程序角色所拥有的权限。应用程序角色在默认情况下不包含任何成员。

9.4　架构安全管理

架构（Schema）又称模式，是一个独立于用户的非重复命名空间。它是数据库对象的容器，可以存放表、视图等数据库对象。如果将数据库比喻为操作系统，那么架构就相当于文件夹，架构中的对象就相当于文件夹中的文件。

为了简化对众多的数据库对象的管理，采用数量较少的架构对数量较多的数据库对象进行管理。数据库对象归属于架构，架构的所有者为用户，通过架构可以很好地解决管理的复杂性问题。

一个数据库可以包含一个或多个架构，同一个数据库中的架构名必须是唯一的。架构名可以是显式的，也可以是由 SQL Server 提供的默认名。属于一个架构的对象称为架构对象，架构对象包括表、视图、函数、过程、触发器等。

架构属于特定的授权用户，一个用户可以拥有多个架构，一个架构可以属于多个用户。每个用户都拥有一个默认架构，如果未定义默认架构，则该用户将使用 dbo 作为默认架构。

一个对象只能属于一个架构，就像一个文件只能存放于一个文件夹中一样。在访问某个数据库中的数据库对象时，应该引用它的全名，即"架构名.对象名"，例如：

```
USE sales
SELECT * FROM dbo.employee
```

以下语句也可执行。

```
USE sales
SELECT * FROM employee
```

这是由于当只给出表名时，SQL Server 会自动添加当前登录用户的默认架构，当用户没有创建架构时，默认架构是 dbo。

1. 使用 T-SQL 语句创建架构

创建架构的语句是 CREATE SCHEMA，语法格式如下。

```
CREATE SCHEMA schema_name_clause [ <schema_element> [ ...n ] ]
<schema_name_clause> ::=
    {
        schema_name
        | AUTHORIZATION owner_name
        | schema_name AUTHORIZATION owner_name
    }
<schema_element> ::=
    {
        table_definition | view_definition | grant_statement
        revoke_statement | deny_statement
    }
```

各参数含义如下。

❖ schema_name：架构的名称。

❖ owner_name：架构的所有者，可以是数据库用户、数据库角色和应用程序角色。

❖ table_definition：数据表的定义语句，在创建架构的语句中可以包含数据表的创建，新建的数据表从属于该架构。

❖ view_definition：视图的定义语句，在创建架构的语句中可以包含视图的创建，新建的视图从属于该架构。

❖ grant_statement |revoke_statement | deny_statement：权限设置情况。

【例 9.23】为用户 Gao 创建一个架构，架构名为 S_ Gao。

```
USE sales
GO
```

```
CREATE SCHEMA S_Gao AUTHORIZATION Gao
GO
```

2. 使用 T-SQL 语句删除架构

删除架构的语句是 DROP SCHEMA，语法格式如下。

```
DROP SCHEMA schema_name
```

其中，schema_name 为被删除的架构名。

【例 9.24】删除架构 S_Gao。

```
USE sales
GO
DROP SCHEMA S_Gao
GO
```

3. 使用图形用户界面创建架构

使用图形用户界面创建架构的举例如下。

【例 9.25】使用图形用户界面为用户 Gao 创建架构 Ctm。

在图形用户界面中创建架构的步骤如下。

（1）启动 SQL Server Management Studio，在"对象资源管理器"窗口中，展开"数据库"→"sales"→"安全性"节点，右击"架构"节点，在弹出的快捷菜单中选择"新建架构"命令。

（2）出现"架构-新建"窗口，在"架构名称"文本框中输入"Ctm"，在"架构所有者"文本框中输入"Gao"，单击"确定"按钮，完成架构的创建。

9.5 权限管理

对登录名、数据库用户和角色等安全主体设置权限，可以通过图形用户界面来实现，也可以通过 T-SQL 语句来实现。下面介绍登录名权限管理、数据库用户和角色权限管理等内容。

9.5.1 登录名权限管理

使用图形用户界面给登录名授权的举例如下。

【例 9.26】使用图形用户界面将固定服务器角色 serveradmin 的权限分配给一个登录名 Em。

使用图形用户界面添加固定数据库角色成员的操作步骤如下。

（1）启动 SQL Server Management Studio，在"对象资源管理器"窗口中，展开"安全性"→"登录名"节点，右击"Em"节点，在弹出的快捷菜单中选择"属性"命令。

（2）在出现的"登录属性-Em"窗口中，单击"服务器角色"选项卡，如图 9.11 所示，在"服务器角色"列表框中，勾选"serveradmin"复选框。

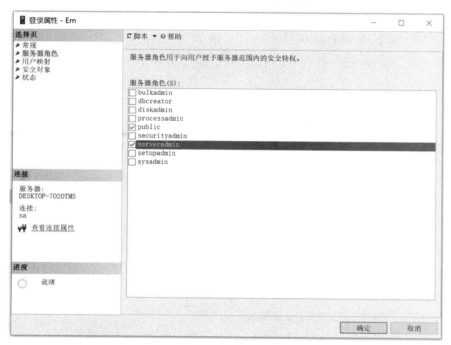

图 9.11　"登录属性-Em"窗口

（3）单击"用户映射"选项卡，出现如图 9.12 所示的窗口，在"映射到此登录名的
用户"列表框中，勾选"sales"复选框，设置数据库用户，此处设置为"Empl"用户，可
以看出数据库用户 Empl 具有固定服务器角色 public 的权限。

图 9.12　"用户映射"选项卡

（4）单击"安全对象"选项卡，单击"搜索"按钮，出现"添加对象"对话框，选中"特定类型的所有对象"单选按钮，单击"确定"按钮。出现"选择对象类型"对话框，选中"登录名"单选按钮，单击"确定"按钮。

（5）返回到"登录属性-Em"中的窗口"安全对象"选项卡，在"安全对象"列表框中勾选"Em"复选框，在"Em 的权限"列表框中勾选"更改"复选框进行授予，设置结果如图 9.13 所示，单击"确定"按钮，完成对登录名 Em 的授权。

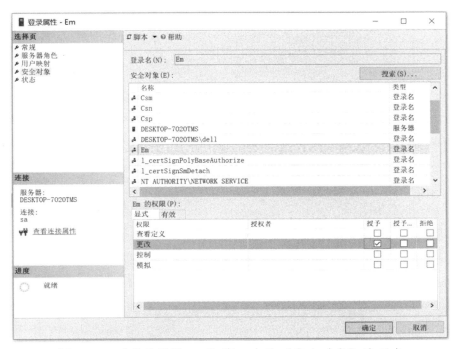

图 9.13　"登录属性-Em"窗口中的"安全对象"选项卡

9.5.2　数据库用户和角色权限管理

使用 T-SQL 语句和图形用户界面给数据库用户授权，下面分别进行介绍。

1．使用 GRANT 语句给用户授予权限

使用 GRANT 语句可以给数据库用户或数据库角色授予数据库级别或对象级别的权限，语法格式如下。

```
GRANT { ALL [ PRIVILEGES ] }| permission [ ( column [ ,…n ] ) ] [ ,…n ]
   [ ON [ class :: ] securable ] TO principal [ ,…n ]
   [ WITH GRANT OPTION ] [ AS principal ]
```

各参数含义如下。

❖　ALL：授予所有可用的权限。

❖　permission：权限的名称。

对于数据库，权限取值可为：CREATE DATABASE、CREATE DEFAULT、CREATE

FUNCTION、CREATE PROCEDURE、CREATE RULE、CREATE TABLE、CREATE VIEW、BACKUP DATABASE、 BACKUP LOG。

对于表、视图或表值函数，权限取值可为：SELECT、INSERT、DELETE、UPDATE、REFERENCES。

对于存储过程库，权限取值可为：EXECUTE。

对于用户函数，权限取值可为：EXECUTE、REFERENCES。

❖ column：指定表中将被授予权限的列的名称。

❖ class：指定将被授予权限的安全对象的类。需要范围限定符 "::"。

❖ ON securable：指定将被授予权限的安全对象。

❖ TO principal：主体的名称。被授予权限的安全对象的主体随安全对象而变化。

❖ GRANT OPTION：指示被授权者在获得指定权限的同时还可以将指定权限授予其他主体。

【例 9.27】使用 T-SQL 语句给用户 Tang 授予 CREATE TABLE 权限。

```
USE sales
GO
GRANT CREATE TABLE TO Tang
GO
```

【例 9.28】对用户 Tang、角色 Rdb1 授予 employee 表上的 INSERT、DELETE 权限。

```
USE sales
GO
GRANT INSERT, DELETE ON employee TO Tang, Rdb1
GO
```

2. 使用 DENY 语句拒绝授予用户权限

使用 DENY 语句可以拒绝给当前的用户授予权限，并防止用户通过用户组或角色成员资格继承权限，语法格式如下。

```
DENY { ALL [ PRIVILEGES ] }
  | permission [ ( column [ ,…n ] ) ] [ ,…n ]
  [ ON securable ] TO principal [ ,…n ]
  [ CASCADE] [ AS principal ]
```

其中，CASCADE 指定授予用户拒绝权限，并撤销该用户的 WITH GRANT OPTION 权限。

其他参数的含义与 GRANT 语句相同。

【例 9.29】对所有 Rdb 角色成员拒绝授予 CREATE TABLE 权限。

```
USE sales
GO
DENY CREATE TABLE TO Rdb
GO
```

3. 使用 REVOKE 语句撤销用户权限

使用 REVOKE 语句可以撤销以前给当前用户授予或拒绝的权限，语法格式如下。

```
REVOKE [ GRANT OPTION FOR ]
    { [ ALL [ PRIVILEGES ] ]
      | permission [ ( column [ ,…n ] ) ] ] [ ,…n ]
    }
    [ ON securable ]
    { TO | FROM } principal [ ,…n ]
    [ CASCADE] [ AS principal ]
```

【例 9.30】取消已授予用户 Tang 的 CREATE TABLE 权限。

```
USE sales
GO
REVOKE CREATE TABLE FROM Tang
GO
```

【例 9.31】取消对用户 Tang 授予的 employee 表上的 DELETE 权限。

```
USE sales
GO
REVOKE DELETE ON employee FROM Tang
GO
```

4. 使用图形用户界面给用户授予权限

使用图形用户界面给用户授予权限的举例如下。

【例 9.32】使用图形用户界面给用户 Empl 授予一些权限。

使用图形用户界面给用户 Empl 授权的操作步骤如下。

（1）启动 SQL Server Management Studio，在"对象资源管理器"窗口中，展开"数据库"→"sales"→"安全性"→"用户"节点，右击"Empl"节点，在弹出的快捷菜单中选择"属性"命令。

（2）在出现的"数据库用户-Empl"窗口中，单击"安全对象"选项卡，如图 9.14 所示，单击"搜索"按钮。

（3）出现"添加对象"对话框，选中"特定类型的所有对象"单选按钮，单击"确定"按钮。出现"选择对象类型"对话框，勾选"表"复选框，单击"确定"按钮。

（4）返回到"数据库用户-Empl"窗口中，单击"安全对象"选项卡，在"安全对象"列表框中勾选"employee"复选框，在"dbo.employee 的权限"列表框中勾选"插入""更改""更新""删除""选择"等复选框进行授予，设置结果如图 9.15 所示，单击"确定"按钮，完成对用户 Empl 的授权操作。

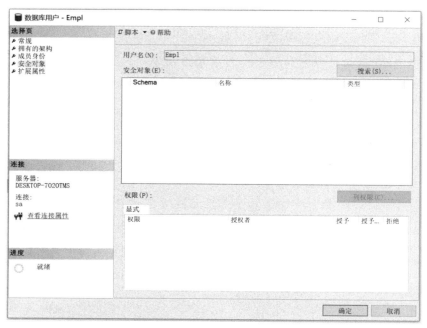

图 9.14　"数据库用户-Empl"窗口

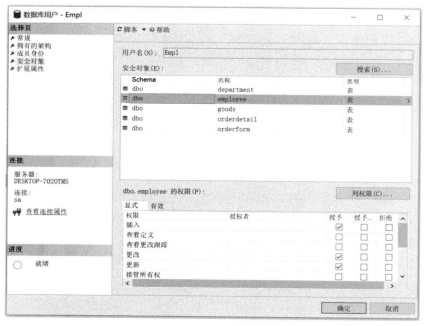

图 9.15　"安全对象"选项卡

9.6　小结

本章主要介绍了以下内容。

（1）SQL Server 的整个安全体系结构从顺序上可以分为认证和授权两部分。其安全机制可以分为 5 个层级：客户机安全机制、网络传输安全机制、服务器级别安全机制、数据库级别安全机制、对象级别安全机制。

SQL Server 提供了两种身份验证模式：Windows 验证模式和 SQL Server 验证模式。

（2）服务器安全管理是 SQL Server 系统安全管理的第一个层级。登录名是客户端连接服务器时，向其提交的用于身份验证的凭据，也是 SQL Server 服务器安全管理中的基本构件。

可以使用 T-SQL 语句和图形用户界面两种方式创建登录名。在 T-SQL 语句中，创建登录名使用 CREATE LOGIN 语句，修改登录名使用 ALTER LOGIN 语句，删除登录名使用 DROP LOGIN 语句。

服务器级角色分为固定服务器角色和用户定义服务器角色。

（3）数据库用户是数据库级别的安全主体，是对数据库进行操作的对象。数据库的安全管理是通过数据库用户的权限管理来实现的。登录名连接服务器后，如果需要访问数据库，必须在登录名与数据库的用户之间建立映射。用户对数据库的访问和对数据库对象进行的所有操作都是通过数据库用户来控制的。

创建、修改和删除数据库用户有 T-SQL 语句和图形用户界面两种方式。创建数据库用户使用 CREATE USER 语句，修改数据库用户使用 ALTER USER 语句，删除数据库用户使用 DROP USER 语句。

数据库角色分为固定数据库角色、用户定义数据库角色和应用程序角色。

（4）架构是一个独立于用户的非重复命名空间，它是数据库对象的容器，可以存放表、视图等数据库对象，属于特定的授权用户。一个用户可以拥有多个架构，一个架构可以属于多个用户，每个用户都拥有一个默认架构，如果未定义默认架构，则该用户将使用 dbo 作为默认架构。

可以使用 T-SQL 语句和图形用户界面两种方式创建架构。创建架构的语句是 CREATE SCHEMA，删除架构的语句是 DROP SCHEMA。

（5）权限管理包括登录名权限管理、数据库用户和角色权限管理。

给用户授予权限有 T-SQL 语句和图形用户界面两种方式。使用 GRANT 语句可以给用户或数据库角色授予数据库级别或对象级别的权限，使用 DENY 语句可以拒绝给当前用户授予权限，并防止用户通过用户组或角色成员资格继承权限，使用 REVOKE 语句可以撤销以前给当前用户授予或拒绝的权限。

习题 9

一、选择题

1. 在 SQL Server 中，系统管理员的登录名是_____。

A．adm   B．admin   C．sa   D．root

2. 创建 SQL Server 登录名的 SQL 语句是_____。

A．CREATE LOGIN   B．CREATE USER

C. ADD LOGIN　　　　　　　　　　　D. ADD USER

3. 在 T-SQL 中，创建数据库用户的语句是_____。

A. ALTER USER　　B. CREATE USER　　C. DROP USER　　D. ADD USER

4. 下列 SQL Server 提供的系统角色中，具有 SQL Server 服务器上全部操作权限的角色是_____。

A. db_Owner　　　　B. dbcreator　　　　C. db_datawriter　　D. sysadmin

5. 下列角色中，具有数据库中全部用户表数据的插入、删除、修改权限且只具有这些权限的角色是_____。

A. db_owner　　　B. db_datareader　　C. db_datawriter　　D. public

6. 下列关于用户定义数据库角色的说法中，错误的是_____。

A. 用户定义数据库角色只能是数据库级别的角色

B. 用户定义数据库角色可以是数据库级别的角色，也可以是服务器级别的角色

C. 定义用户定义数据库角色的目的是方便对用户的权限管理

D. 用户定义数据库角色的成员可以是用户定义数据库角色

7. 在 SQL Server 中，设用户 U1 是某数据库 db_datawriter 角色中的成员，则 U1 在该数据库中有权执行的操作是_____。

A. SELECT　　　　　　　　　　　B. SELECT 和 INSERT

C. INSERT、UPDATE 和 DELETE　　D. SELECT、INSERT、UPDATE 和 DELETE

8. 在 SQL Server 的某数据库中，设用户 U1 同时是角色 R1 和角色 R2 中的成员。现已授予角色 R1 对表 T 具有 SELECT、INSERT 和 UPDATE 权限，授予角色 R2 对表 T 具有 INSERT 和 DENY UPDATE 权限，没有对 U1 进行其他授权，则 U1 对表 T 有权执行的操作是_____。

A. SELECT 和 INSERT　　　　　　B. INSERT、UPDATE 和 SELECT

C. SELECT 和 UPDATE　　　　　　D. SELECT

二、填空题

1. SQL Server 的安全机制分为 5 个层级，包括客户机安全机制、网络传输的安全机制、服务器级别安全机制、数据库级别安全机制、_____。

2. SQL Server 提供了两种身份验证模式：Windows 验证模式和_____验证模式。

3. 架构是一个独立于数据库用户的非重复命名空间，属于特定的_____。

4. 在 SQL Server 中，创建登录名 em1，请补全下面的语句。

```
_____  em1 WITH PASSWORD='1234' DEFAULT_DATABASE=sales
```

5. 在 SQL Server 某数据库中，授予用户 emp1 对 employee 表数据的查询权限，请补全实现该授权操作的 T-SQL 语句。

```
_____  ON employee TO emp1
```

6. 在 SQL Server 某数据库中，授予用户 emp1 创建表的权限，请补全实现该授权操作的 T-SQL 语句。

```
_____    TO emp1
```

7．在 SQL Server 某数据库中，设置不允许用户 emp1 获得对 employee 表数据的插入权限，请补全实现该拒绝权限操作的 T-SQL 语句。

```
_____    ON employee TO emp1
```

8．在 SQL Server 某数据库中，撤销用户 u1 创建表的权限，请补全实现该撤销权限操作的 T-SQL 语句。

```
_____    FROM u1
```

三、问答题

1．怎样创建 Windows 验证模式和 SQL Server 验证模式的登录名？

2．SQL Server 登录名和用户有什么区别？

3．创建、修改和删除数据库用户有哪两种方式？简述创建、修改和删除数据库用户使用的语句。

4．什么是角色？固定服务器角色有哪些？固定数据库角色有哪些？

5．创建、删除架构有哪两种方式？简述创建、删除架构使用的语句。

6．常见的数据库对象的访问权限有哪些？

7．怎样给一个数据库用户或角色授予操作权限？怎样撤销授予的操作权限？

四、上机实验题

1．分别创建登录名：sp1，sp2。

2．给上述 2 个登录名分别创建 sales 的数据库用户：gds1，gds2。

3．在数据库 sales 上创建一个数据库角色 shop，并给该数据库角色授予在 goods 表上执行 SELECT 语句的权限。

4．将 gds2 数据库用户定义为数据库角色 shop 的成员。

5．为数据库用户 gds1 创建一个架构，架构名为 S_gds1。

6．将 goods 表上的 INSERT、UPDATE 和 DELETE 权限授予数据库用户 gds1。

7．拒绝 gds2 数据库用户对 goods 表的 UPDATE 权限。

8．撤销授予 gds1 的 goods 表上的 INSERT 权限。

第 10 章　备份和还原

　　SQL Server 提供了强大易用的备份和还原功能。当系统正常运行时，管理人员可以及时进行备份，当系统出现故障时，管理人员能够从备份中将数据恢复到备份时的状态，从而为用户灵活高效地实现数据的备份和还原提供了解决办法。本章介绍备份和还原概述、创建备份设备、备份数据库、还原数据库、分离和附加数据库、导入和导出数据等内容。

10.1　备份和还原概述

　　备份是指将数据库结构、数据库对象和数据复制到备份设备（例如磁盘和磁带）中的操作，当数据库遭到破坏时能够从备份中还原数据。还原是指从一个或多个备份中还原数据，并在还原最后一个备份后还原数据库的操作。

　　使用备份可以在发生故障后还原数据。通过妥善的备份，数据可以从多种故障中还原，举例如下。

- ❖ 硬件故障：磁盘驱动器损坏或服务器报废。
- ❖ 存储媒体故障：存放数据库的硬盘损坏。
- ❖ 用户错误：偶然或恶意地修改或删除数据。
- ❖ 自然灾难：火灾、洪水或地震等。
- ❖ 病毒：破坏性病毒会破坏系统软件、硬件和数据。

　　此外，数据库备份对于进行日常管理非常有用，例如将数据库从一台服务器中复制到另一台服务器中，设置数据库镜像以及进行存档。

1．备份类型

SQL Server 有 4 种备份类型：完整数据库备份、差异数据库备份、事务日志备份、数据库文件和文件组备份。

　　1）完整数据库备份

　　备份整个数据库或事务日志。

　　2）差异数据库备份

　　备份自上次备份以来发生过变化的数据，差异备份也称为增量备份。

　　3）事务日志备份

　　对事务日志进行备份。

4）数据库文件和文件组备份

对数据库中的部分文件和文件组进行备份。

2．还原模式

SQL Server 有 3 种还原模式：简单还原模式、完整还原模式和大容量日志还原模式。

1）简单还原模式

无须日志备份，自动回收日志空间以节省空间，实际上不再需要管理事务日志空间。

2）完整还原模式

需要日志备份，数据文件丢失或损坏不会导致丢失工作，数据可以还原到任意时间点（例如应用程序或用户错误之前）。

3）大容量日志还原模式

需要日志备份，是完整还原模式的附加模式。允许执行高性能、大容量的复制操作，通过使用最小方式记录大多数大容量操作，减少日志空间的使用量。

10.2　创建备份设备

在备份操作的过程中，需要将要备份的数据库备份到备份设备中，备份设备可以是磁盘设备或磁带设备。

创建备份设备需要一个物理名称或一个逻辑名称，将可以使用逻辑名称访问的备份设备称为命名备份设备，将可以使用物理名称访问的备份设备称为临时备份设备。

❖　命名备份设备：又称逻辑备份设备，用户可以定义名称，例如 bdev。

❖　临时备份设备：又称物理备份设备，例如 d:\bdev.bak。

使用命名备份设备比使用临时备份设备简单。

10.2.1　使用存储过程创建和删除备份设备

使用存储过程创建和删除备份设备的介绍如下。

1．使用存储过程创建备份设备

使用存储过程 sp_addumpdevice 创建备份设备，语法格式如下。

```
sp_addumpdevice [ @devtype = ] 'device_type',
  [ @logicalname = ] 'logical_name',
  [ @physicalname = ] 'physical_name'
```

其中，device_type 指定介质类型，可以是 DISK 或 TAPE，DISK 表示磁盘文件，TAPE 表示磁带设备；logical_name 和 physical_name 分别是逻辑名称和物理名称。

【例 10.1】使用存储过程创建备份设备 dev_newsales、bdev。

备份设备 dev_newsales 的逻辑名称为 dev_newsales，物理名称为 d:\dev_newsales.bak；备份设备 bdev 的逻辑名称为 bdev，物理名称为 d:\bdev.bak，语句如下。

```
EXEC sp_addumpdevice 'disk', 'dev_newsales', 'd:\dev_newsales.bak'

EXEC sp_addumpdevice 'disk', 'bdev', 'd:\bdev.bak'
```

2. 使用存储过程删除备份设备

使用存储过程 sp_dropdevice 删除备份设备的举例如下。

【例 10.2】使用存储过程删除备份设备 bdev。

```
EXEC sp_dropdevice 'bdev', DELFILE
```

10.2.2　使用图形用户界面创建和删除备份设备

图 10.1　选择"新建备份设备"命令

1. 使用图形用户界面创建备份设备

下面介绍使用图形用户界面创建备份设备的过程。

【例 10.3】使用图形用户界面创建备份设备 dev_newsales2。

使用图形用户界面创建备份设备的操作步骤如下。

（1）启动 SQL Server Management Studio，在"对象资源管理器"窗口中，展开"服务器对象"节点，右击"备份设备"节点，在弹出的快捷菜单中选择"新建备份设备"命令，如图 10.1 所示。

（2）出现如图 10.2 所示的"备份设备"窗口，在"设备名称"文本框中输入创建的备份设备名称为"dev_newsales2"，单击"确定"按钮完成设置。

图 10.2　"备份设备"窗口

📢 注意：请将数据库和备份放置在不同的设备上。否则，如果包含数据库的设备出现故障，备份也将不可用。此外，放置在不同的设备上还可以提高写入备份和使用数据库时的 I/O 性能。

2．使用图形用户界面删除命名备份设备

启动 SQL Server Management Studio，在"对象资源管理器"窗口中，展开"服务器对象"→"备份设备"节点，右击要删除的备份设备的节点，在弹出的快捷菜单中选择"删除"命令。出现"删除对象"窗口，单击"确定"按钮，删除备份设备完成。

10.3 备份数据库

首先创建备份设备，然后才能通过图形用户界面或 T-SQL 语句备份数据库到备份设备中。

10.3.1 使用图形用户界面备份数据库

下面举例说明使用图形用户界面备份数据库。

【例 10.4】使用图形用户界面备份数据库 newsales。

使用图形用户界面备份数据库的操作步骤如下。

（1）启动 SQL Server Management Studio，在"对象资源管理器"窗口中，展开"数据库"节点，右击"newsales"节点，在弹出的快捷菜单中选择"任务"→"备份"命令，如图 10.3 所示。

图 10.3 选择"任务"→"备份"命令

（2）出现如图 10.4 所示的"备份数据库-newsales"窗口，在"目标"中单击"添加"按钮。

图 10.4 "备份数据库-newsales"窗口

出现"选择备份目标"窗口，选中"备份设备"单选按钮，从下拉列表中选择已创建的备份设备"dev_newsales2"。

（3）单击"确定"按钮，返回"备份数据库-newsales"窗口，如图 10.5 所示。

图 10.5 返回"备份数据库-newsales"窗口

在备份组件中选中"数据库"单选按钮，在"备份类型"下拉列表中，有"完整""差异""事务日志"三个选项，如图 10.6 所示。如果需要执行完整备份，可在备份类型中选择"完整"；如果需要执行差异备份，可在备份类型中选择"差异"；如果需要执行事务日志备份，可在备份类型中选择"事务日志"。

图 10.6 "备份类型"下拉列表中的"完整""差异""事务日志"三个选项

在备份组件中选中"文件和文件组"单选按钮，出现"选择文件和文件组"窗口，可选择 PRIMARY，备份主数据库文件。

此处在备份组件中选中"数据库"单选按钮，在"备份类型"下拉列表中选择"完整"选项，单击"确定"按钮，出现提示"对数据库'newsales'的备份已成功完成"，单击"确定"按钮，完成完整备份数据库操作。

（4）按照上述方法，可继续进行差异备份、事务日志备份、文件和文件组备份。以上备份全部完成后，在"备份设备 dev_newsales2"窗口中的"备份集"列表框如图 10.7 所示。

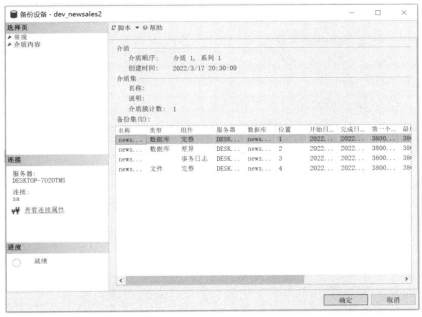

图 10.7 "备份设备 dev_newsales2"窗口中的"备份集"列表框

10.3.2 使用 T-SQL 语句备份数据库

使用 T-SQL 进行数据库备份，完整备份、差异备份、文件和文件组备份的语句均为 BACKUP DATABASE，事务日志备份的语句为 BACKUP LOG，语法格式如下。

```
BACKUP DATABASE { database_name | @database_name_var } /* 备份的数据库名称 */
    TO <backup_device> [ , … n ]                        /* 备份设备 */
```

```
    [ WITH { DIFFERENTIAL | <general_WITH_options> [ ,…n ] }]

    <general_WITH_options> [ ,…n ]::=
    COPY_ONLY
    |{ COMPRESSION | NO_COMPRESSION }
    |DESCRIPTION = { 'text' | @text_variable }
    |NAME = { backup_set_name | @backup_set_name_var }
    |PASSWORD = { password | @password_variable }
    |{ EXPIREDATE = { 'date' | @date_var }
    | RETAINDAYS = { days | @days_var } }
```

各参数含义如下。

❖ database_name: 备份的数据库的名称。

❖ backup_device: 备份设备。

❖ DIFFERENTIAL: 执行差异备份。

❖ COPY_ONLY: 指定备份为"仅复制备份"。

❖ COMPRESSION | NO_COMPRESSION: 用于指定是否对备份启用压缩。

❖ DESCRIPTION: 备份集的描述信息, 最长可以使用 255 个字符。

❖ NAME: 备份集的名称, 最长可以使用 128 个字符。如果不指定名称, 则名称为空。

❖ PASSWORD: 备份集的密码, 但在后续的 SQL Server 版本中将会去除这一特性, 不建议使用。

❖ EXPIREDATE: 指定备份集过期的时间。

❖ RETAINDAYS: 指定备份集可以保留而不被覆盖的天数。当超过此设定值后, 允许该备份集被后续的备份集覆盖。

1. 完整数据库备份

完整数据库备份可以获得数据库中完整的表、视图等所有对象, 并包括完整的事务日志。完整备份是其他备份方式的基础, 如果需要执行其他备份方式, 必须先执行完整备份。

【例 10.5】使用 BACKUP 语句完整备份 newsales 数据库。

```
BACKUP DATABASE newsales TO dev_newsales
WITH NAME='newsales 完整备份', DESCRIPTION='newsales 完整备份'
```

运行结果如下。

```
已为数据库 'newsales', 文件 'newsales' (位于文件 1 上)处理了 448 页。
已为数据库 'newsales', 文件 'newsales_log' (位于文件 1 上)处理了 1 页。
BACKUP DATABASE 成功处理了 449 页, 花费 0.025 秒(140.058 MB/秒)。
```

2. 差异数据库备份

进行差异数据库备份时, 将备份从最近的完整数据库备份后发生过变化的数据部分。对于需要频繁修改的数据库, 该备份类型可以缩短备份和还原的时间。

【例 10.6】使用 BACKUP 语句差异备份 newsales 数据库。

```
BACKUP DATABASE newsales TO dev_newsales
WITH DIFFERENTIAL, NAME='newsales 差异备份', DESCRIPTION='newsales 差异备份'
```

运行结果如下。

```
已为数据库 'newsales', 文件 'newsales' (位于文件 2 上)处理了 56 页。
已为数据库 'newsales', 文件 'newsales_log' (位于文件 2 上)处理了 1 页。
BACKUP DATABASE WITH DIFFERENTIAL 成功处理了 57 页, 花费 0.012 秒(36.580 MB/秒)。
```

3. 事务日志备份

事务日志备份用于记录经过前一次的数据库备份或事务日志备份后数据库所做出的改变。事务日志备份需要在一次完整数据库备份后进行，这样才能将事务日志文件与数据库备份一起用于还原。进行事务日志备份时，系统进行的操作如下。

❖ 将事务日志中从前一次成功备份结束的位置开始到当前事务日志的结尾处的内容进行备份。

❖ 标识事务日志的活动部分的开始。所谓事务日志的活动部分是指从最近的检查点或最早的打开位置开始至事务日志的结尾处的内容。

【例 10.7】使用 BACKUP 语句备份数据库 newsales 的事务日志。

```
BACKUP LOG newsales TO dev_newsales
WITH NAME='newsales 事务日志备份', DESCRIPTION='newsales 事务日志备份'
```

运行结果如下。

```
已为数据库 'newsales', 文件 'newsales_log' (位于文件 3 上)处理了 8 页。
BACKUP LOG 成功处理了 8 页, 花费 0.006 秒(9.602 MB/秒)。
```

4. 备份文件和文件组

当选择文件和文件组进行备份时，备份的量较少，相应地也只需要将损坏的部分文件和文件组还原，还原的量也较少。

【例 10.8】使用 BACKUP 语句备份数据库 newsales 的文件组。

```
BACKUP DATABASE newsales
FILEGROUP='PRIMARY' TO dev_newsales
WITH NAME='newsales 文件组备份', DESCRIPTION='newsales 文件组备份'
```

运行结果如下。

```
已为数据库 'newsales', 文件 'newsales' (位于文件 4 上)处理了 432 页。
已为数据库 'newsales', 文件 'newsales_log' (位于文件 4 上)处理了 2 页。
BACKUP DATABASE...FILE=<name> 成功处理了 434 页, 花费 0.014 秒(241.664 MB/秒)。
```

10.4 还原数据库

还原数据库有两种方式：一种是使用图形用户界面，一种是使用 T-SQL 语句。

10.4.1 使用图形用户界面还原数据库

1．还原数据库的准备

在进行数据库还原之前，RESTORE 语句要校验有关备份集或备份介质的信息，其目的是确保数据库的备份介质是有效的。

使用图形用户界面查看所有备份介质的属性的操作步骤如下。

启动 SQL Server Management Studio，在"对象资源管理器"窗口中，展开"服务器对象"→"备份设备"节点，选择要查看的备份设备，这里选择"dev_newsales2"并右击，在弹出的快捷菜单中选择"属性"命令，在打开的"备份设备-dev_newsales2"窗口中单击"介质内容"选项卡，可以看到所选备份介质的有关信息，例如备份介质所在的服务器、备份数据库名称、位置、备份日期、大小、用户名等信息。

2．使用图形用户界面还原数据库

下面介绍使用图形用户界面还原数据库的过程。

【例 10.9】使用图形用户界面还原数据库 newsales。

使用图形用户界面还原数据库的操作步骤如下。

（1）启动 SQL Server Management Studio，在"对象资源管理器"窗口中，展开"数据库"节点，右击"newsales"节点，在弹出的快捷菜单中选择"任务"→"还原"→"数据库"命令。

（2）出现如图 10.8 所示的"还原数据库- newsales"窗口，在"目标"选区中，选择"数据库"为"newsales"，在"源"选区中，选中"数据库"单选按钮，此时列出该数据库当前的备份清单。

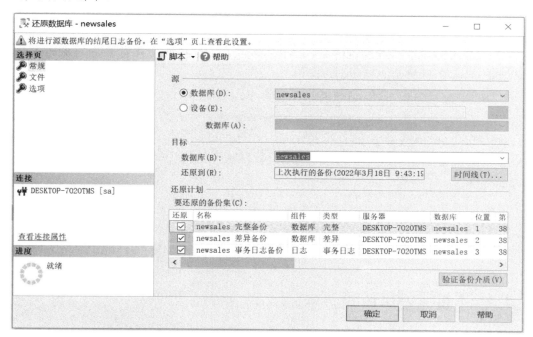

图 10.8　"还原数据库- newsales"窗口

（3）这里选中"设备"单选按钮，单击其右侧的"..."按钮。在出现的窗口中，从"备份介质类型"下拉列表中选择"备份设备"选项，单击"添加"按钮，出现"选择备份设备"窗口，从"备份设备"下拉列表中选择"dev_newsales2"选项。

单击"确定"按钮，返回前一个窗口，再单击"确定"按钮，返回"还原数据库-newsales"窗口，如图10.9所示。

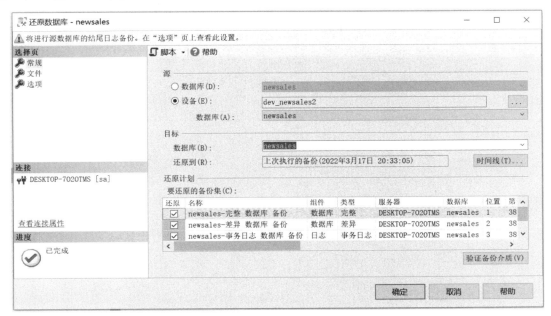

图10.9　"还原数据库-newsales"窗口

（4）单击"确定"按钮，数据库还原操作开始运行，还原完成后，出现提示"成功还原了数据库'newsales'"，单击"确定"按钮，完成数据库还原操作。

3. 将数据库还原到某个时间点

SQL Server的事务日志记录了每个操作的内容和时间，通过备份事务日志，可以将数据库还原到指定的时间点。

【例10.10】将数据库newsales还原到某个时间点。

将数据库newsales还原到某个时间点的操作步骤如下。

（1）在数据库newsales的employee表中插入一条记录('E009','余杰','男','1992-11-23','上海',4300.00,NULL)。

```
USE newsales
INSERT INTO employee
    VALUES('E009','余杰','男','1992-11-23','上海',4300.00,NULL)
GO
```

（2）为了将数据库还原到指定时间，需要对当前数据库创建一个事务日志备份。

```
BACKUP LOG newsales TO dev_newsales
WITH NAME='newsales 事务日志备份', DESCRIPTION='newsales 事务日志备份'
```

（3）在 employee 表中删除刚才插入的记录。

```
USE newsales
DELETE employee
WHERE emplid ='E009'
```

（4）在 SQL Server Management Studio 的"对象资源管理器"窗口中，展开"数据库"节点，右击"newsales"节点，在弹出的快捷菜单中选择"任务"→"还原"→"数据库"命令，出现"还原数据库-newsales"窗口，在"源"选区中，选中"设备"单选按钮，选择"备份设备"为"dev_newsales"，并选择所有可用的备份集，单击"时间线"按钮，出现"备份时间线：newsales"窗口，选中"特定日期和时间"单选按钮，输入具体时间，如图 10.10 所示。

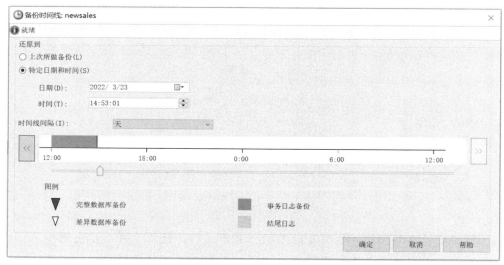

图 10.10   "备份时间线：newsales"窗口

图 10.11   还原成功的提示对话框

（5）单击"确定"按钮执行还原，还原成功之后，弹出还原成功的提示对话框，如图 10.11 所示，单击"确定"按钮。

（6）验证还原之后的数据库状态，查询 employee 表，可以看出，刚才删除的一条记录已经还原。

```
USE newsales
SELECT *
FROM employee
```

查询结果如下。

```
emplid    emplname    sex    birthday      native    wages     deptid
--------- ----------- ------ ------------- --------- --------- -----------
E001      孙浩然      男     1982-02-15    北京      4600.00   D001
E002      乔桂群      女     1991-12-04    上海      3500.00   NULL
```

E003	夏婷	女	1986-05-13	四川	3800.00	D003
E004	罗勇	男	1975-09-08	上海	7200.00	D004
E005	姚丽霞	女	1984-08-14	北京	3900.00	D002
E006	田文杰	男	1980-06-25	NULL	4800.00	D001
E009	余杰	男	1992-11-23	上海	4300.00	NULL

📢》 提示：在还原数据库时，要求数据库在单用户模式下工作，配置单用户模式的方法是：
在"数据库属性-newsales"窗口中，单击"选项"选项卡，在"状态"栏的"限
制访问"中将参数设置为"SINGLE_USER"。

10.4.2 使用 T-SQL 语句还原数据库

在 SQL Server 中，还原数据库的 T-SQL 语句是 RESTORE。RESTORE 语句可以还原
完整备份、差异备份、事务日志备份、文件和文件组备份，还可以还原数据库快照，语法
格式如下。

```
RESTORE DATABASE { database_name | @database_name_var }/*指定被还原的目标数据库*/
    [ FROM <backup_device> [ ,…n ] ]                      /*指定备份设备*/
    [ WITH {[ RECOVERY | NORECOVERY | STANDBY =
    {standby_file_name | @standby_file_name_var }]
    |, <general_WITH_options>[ ,…n ]
    |, <replication_WITH_option>
    |, <change_data_capture_WITH_option>
    |, <service_broker_WITH options>
    |,<point_in_time_WITH_options—RESTORE_DATABASE> }[ ,…n ]]


<general_WITH_options> [ ,…n ]::=
MOVE logical_file_name_in_backup' TO 'operating_system_file_name' [ ,…n ]
|REPLACE
|RESTART
|RESTRICTED_USER
|FILE = { backup_set_file_number | @backup_set_file_number }
| PASSWORD = { password | @password_variable }
```

各参数含义如下。

❖ database_name：还原的目标数据库的名称。

❖ backup_device：还原源数据库所在的备份设备。

❖ RECOVERY | NORECOVERY | STANDBY：用于指定还原的选项。RECOVERY 相
当于回滚未提交的事务，使数据库处于可以使用的状态；无法还原其他事务日志。
NORECOVERY 相当于不对数据库执行任何操作，不回滚未提交的事务；可以还
原其他事务日志。STANDBY 相当于使数据库处于只读模式；撤销未提交的事务，
但将撤销操作保存在备用文件中，以便能够还原恢复结果。其中 RECOVERY 为
默认设置。

❖ REPLACE：指定还原时强制覆盖现有的数据库文件。

❖ RESTART：指定在还原中断时，从中断点重新启动还原。

❖ RESTRICTED_USER：限制只有 db_owner、db_creater 或 sysadmin 的成员才能访问此数据库。

❖ FILE：用于指定还原的是备份集中的第几个备份数据。

❖ PASSWORD：在设置备份密码时，还原操作需要使用对应的密码。

1．完整备份还原

完整备份还原数据库的目的是还原整个数据库，在还原期间整个数据库处于脱机状态。

【例 10.11】使用 RESTORE 语句从完整备份中还原数据库 newsales。

```
RESTORE DATABASE newsales
FROM dev_newsales
WITH FILE=1, REPLACE
```

运行结果如下。

```
已为数据库 'newsales'，文件 'newsales' (位于文件 1 上)处理了 448 页。
已为数据库 'newsales'，文件 'newsales_log' (位于文件 1 上)处理了 1 页。
RESTORE DATABASE 成功处理了 449 页，花费 0.024 秒(145.894 MB/秒)。
```

2．差异备份还原

还原差异备份时，必须先还原完整备份。除了最后一个还原操作，其他所有操作都必须加上 NORECOVERY 或 STANDBY 参数。

【例 10.12】使用 RESTORE 语句从差异备份中还原数据库 newsales。

```
RESTORE DATABASE newsales
FROM dev_newsales
WITH FILE=1, NORECOVERY, REPLACE
GO
RESTORE DATABASE newsales
FROM dev_newsales
WITH FILE=2
GO
```

运行结果如下。

```
已为数据库 'newsales'，文件 'newsales' (位于文件 1 上)处理了 448 页。
已为数据库 'newsales'，文件 'newsales_log' (位于文件 1 上)处理了 1 页。
RESTORE DATABASE 成功处理了 449 页，花费 0.021 秒(166.736 MB/秒)。
已为数据库 'newsales'，文件 'newsales' (位于文件 2 上)处理了 56 页。
已为数据库 'newsales'，文件 'newsales_log' (位于文件 2 上)处理了 1 页。
RESTORE DATABASE 成功处理了 57 页，花费 0.014 秒(31.354 MB/秒)。
```

3．事务日志备份还原

还原事务日志备份时，必须先还原完整备份，除了最后一个还原操作，其他所有操作都必须加上 NORECOVERY 或 STANDBY 参数。

【例 10.13】使用 RESTORE 语句从事务日志备份中还原数据库 newsales。

```
RESTORE DATABASE newsales
FROM dev_newsales
WITH FILE=1, NORECOVERY, REPLACE
GO
RESTORE DATABASE newsales
FROM dev_newsales
WITH FILE=3
GO
```

运行结果如下。

```
已为数据库 'newsales', 文件 'newsales' (位于文件 1 上)处理了 448 页。
已为数据库 'newsales', 文件 'newsales_log' (位于文件 1 上)处理了 1 页。
RESTORE DATABASE 成功处理了 449 页, 花费 0.024 秒(145.894 MB/秒)。
已为数据库 'newsales', 文件 'newsales' (位于文件 3 上)处理了 0 页。
已为数据库 'newsales', 文件 'newsales_log' (位于文件 3 上)处理了 8 页。
RESTORE LOG 成功处理了 8 页, 花费 0.007 秒(8.231 MB/秒)。
```

4. 文件和文件组备份还原

在还原文件和文件组之后，还可以还原其他备份来获得最近的数据库状态。

【例 10.14】使用 RESTORE 语句从文件和文件组备份中还原数据库 newsales。

```
RESTORE DATABASE newsales
FILEGROUP='PRIMARY'
FROM dev_newsales
WITH FILE=4, REPLACE
```

运行结果如下。

```
已为数据库 'newsales', 文件 'newsales' (位于文件 4 上)处理了 432 页。
已为数据库 'newsales', 文件 'newsales_log' (位于文件 4 上)处理了 2 页。
RESTORE DATABASE ... FILE=<name> 成功处理了 434 页, 花费 0.021 秒(161.109 MB/秒)。
```

5. 还原数据库到数据库快照

如果发现数据库中的数据被破坏，或因误操作删除了一些数据，可以将数据库恢复到数据被破坏或误操作之前的状态。

要从数据库快照中还原数据库，要求源数据库必须存在；否则，由于快照中缺乏完整的数据，数据库是无法被还原的。

使用数据库快照执行数据库还原存在以下限制。

（1）使用数据库快照执行数据库还原时，只能保留用于还原的一个快照，其他快照不再存在。

（2）使用快照还原后，被还原的数据库中的全文检索目录将被删除。

（3）在还原过程中，快照和源数据库都处于正在还原的状态，不可以使用。

【例 10.15】例 2.11 已为数据库 sample 创建了数据库快照 sample_snapshot，使用 RESTORE 语句从数据库快照 sample_snapshot 中还原该数据库。

```
RESTORE DATABASE sample FROM DATABASE_SNAPSHOT='sample_snapshot'
```

10.5 分离和附加数据库

在 SQL Server 中可以分离数据库的数据和事务日志文件，然后将它们重新附加到同一个或其他 SQL Server 服务器上。如果要将数据库更改到同一台计算机的不同 SQL Server 服务器中或要移动数据库，分离和附加数据库是很有用的。

10.5.1 分离数据库

下面举例介绍分离数据库的操作过程。

【例 10.16】将数据库 newsales 从 SQL Server 中分离。

其操作步骤如下。

（1）启动 SQL Server Management Studio，在"对象资源管理器"窗口中，展开"数据库"节点，右击"newsales"节点，在弹出的快捷菜单中选择"任务"→"分离"命令。

（2）进入"分离数据库"窗口，在"数据库名称"列表中显示要分离的数据库的逻辑名称，勾选"删除连接"列和"更新统计信息"列，如图 10.12 所示。

图 10.12 "分离数据库"窗口

（3）单击"确定"按钮，完成分离数据库操作。在"数据库"节点下，已无"newsales"数据库。

10.5.2　附加数据库

附加数据库的操作过程。

【例 10.17】将数据库 newsales 附加到 SQL Server 中。

其操作步骤如下。

（1）启动 SQL Server Management Studio，在"对象资源管理器"窗口中，右击"数据库"，在弹出的快捷菜单中选择"附加"命令。

（2）进入如图 10.13 所示的"附加数据库"窗口，单击"添加"按钮。

图 10.13　"附加数据库"窗口

（2）出现如图 10.14 所示的"定位数据库文件-DESKTOP-7O2OTMS"窗口，选择"newsales.mdf"文件，单击"确定"按钮返回前一个窗口。

（3）返回如图 10.15 所示的"附加数据库"窗口，单击"确定"按钮，完成附加数据库操作。在"数据库"节点下，又可以看到"newsales"数据库了。

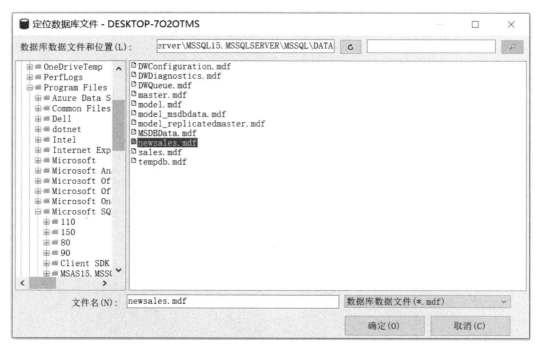

图 10.14　"定位数据库文件-DESKTOP-7O2OTMS"窗口

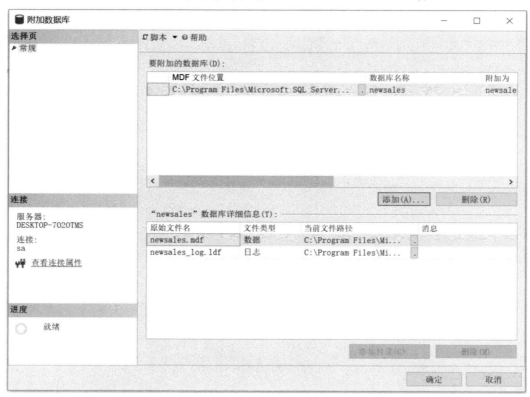

图 10.15　返回"附加数据库"窗口

10.6　导入和导出数据

使用"SQL Server 导入和导出向导"可在多种常用的数据格式（数据库、电子表格和文本文件）之间导入和导出数据，导入是将数据从数据文件加载到 SQL Server 数据库中，导出是将数据从 SQL Server 数据库复制到数据文件中，下面举例说明导入和导出数据的过程。

1．将数据库中的数据导出到数据文件中

使用"SQL Server 导入和导出向导"可将 SQL Server 数据库中的数据导出到 Oracle 数据库、Excel 电子表格和文本文件中。

【例 10.18】将 newsales 数据库的 employee 表中的数据导出到文本文件 D:\empl.txt 中。

将 employee 表中的数据导出到文本文件中的操作步骤如下。

（1）启动 SQL Server Management Studio，在"对象资源管理器"窗口中展开"数据库"节点，右击"newsales"节点，在弹出的快捷菜单中选择"任务"→"导出数据"命令，出现"SQL Server 导入和导出向导"窗口，单击"Next"按钮。

（2）进入"选择数据源"窗口，在"数据源"下拉列表中选择"SQL Server Native Client 11.0"选项，在"数据库"下拉列表中选择"newsales"选项，如图 10.16 所示，单击"Next"按钮。

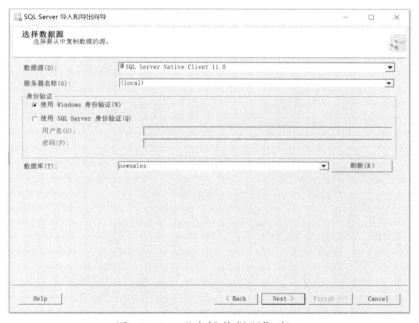

图 10.16　"选择数据源"窗口

（3）进入"选择目标"窗口，在"目标"下拉列表中选择"Flat File Destination（平面文件目标）"选项，在"文件名"文本框中输入"D:\empl.txt"，如图 10.17 所示，单击"Next"按钮。

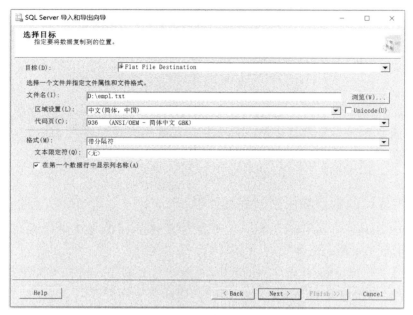

图 10.17　"选择目标"窗口

（4）进入"指定表复制或查询"窗口，选中"复制一个或多个表或视图的数据"单选按钮，单击"Next"按钮。

（5）进入"配置平面文件目标"窗口，在"源表或源视图"下拉列表中选择"[dbo].[employee]"选项，单击"Next"按钮。

（6）进入"保存并运行包"窗口，勾选"立即运行"复选框，单击"Next"按钮。

（7）进入"Complete the Wizard（完成向导）"窗口，可以看到当前导出数据的基本情况，如图 10.18 所示，单击"Finish"按钮结束向导。

图 10.18　"Complete the Wizard"窗口

（8）系统按上述配置执行导出操作，操作完成后，出现"执行成功"窗口，单击"Close"按钮结束数据导出操作。

打开 D:\empl.txt，导出到文本文件 empl.txt 中的数据如下，可以看出这正是 newsales 数据库的 employee 表中的数据。

```
emplid,emplname,sex,birthday,native,wages,deptid
E001,孙浩然    ,男,1982-02-15,北京     ,4600,D001
E002,乔桂群    ,女,1991-12-04,上海     ,3500,
E003,夏婷      ,女,1986-05-13,四川     ,3800,D003
E004,罗勇      ,男,1975-09-08,上海     ,7200,D004
E005,姚丽霞    ,女,1984-08-14,北京     ,3900,D002
E006,田文杰    ,男,1980-06-25,         ,4800,D001
```

2．从数据文件导入数据到数据库中

使用"SQL Server 导入和导出向导"可从 Oracle 数据库、Excel 电子表格和文本文件中导入数据到 SQL Server 数据库中。

【例 10.19】从文本文件 D:\empl.txt 中导入数据到 newsales 数据库中。

从文本文件 D:\empl.txt 导入数据到 newsales 数据库中的操作步骤如下。

（1）启动 SQL Server Management Studio，在"对象资源管理器"窗口中展开"数据库"节点，右击"newsales"节点，在弹出的快捷菜单中选择"任务"→"导入数据"命令，出现"SQL Server 导入和导出向导"窗口，单击"Next"按钮。

（2）进入"选择数据源"窗口，在"数据源"下拉列表中选择"Flat File Source（平面文件源）"选项，在"文件名"文本框中输入"D:\empl.txt"，如图 10.19 所示，单击"Next"按钮。

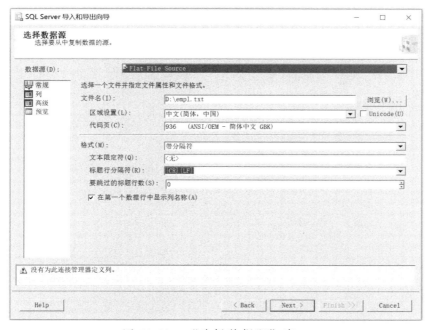

图 10.19　"选择数据源"窗口

（3）进入"选择目标"窗口，在"目标"下拉列表中选择"SQL Server Native Client 11.0"
选项，在"数据库"下拉列表中选择"newsales"选项，如图 10.20 所示，单击"Next"按钮。

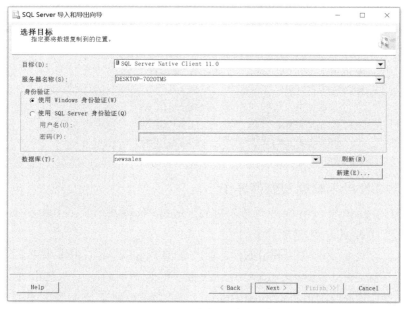

图 10.20 "选择目标"窗口

（4）进入"选择源表和源视图"窗口，默认目标为与文本文件同名的[dbo].[empl]，单
击"编辑映射"按钮。

（5）出现"列映射"窗口，如图 10.21 所示，可在此窗口中设置目标表的列名、列属
性、数据源和目标列的对应关系，关闭"列映射"窗口，返回"选择源表和源视图"窗口，
单击"Next"按钮。

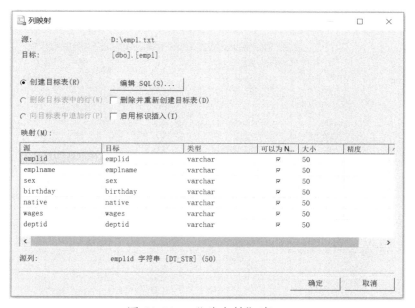

图 10.21 "列映射"窗口

（6）进入"保存并运行包"窗口，勾选"立即运行"复选框，单击"Next"按钮。进入"Complete the Wizard（完成向导）"窗口，单击"Finish"按钮结束向导。

（7）系统按上述配置执行导入操作，操作完成后，出现"执行成功"窗口，单击"Close"按钮结束数据导出操作。

查看 newsales 数据库的 empl 表中的数据，可以看出如果向导中指定的目标表在数据库中是不存在的，则导入数据后将创建此表，此处 empl 表中的数据与 employee 表中的数据是相同的。

10.7　小结

本章主要介绍了以下内容。

（1）备份是指将数据库结构、数据库对象和数据复制到备份设备（例如磁盘和磁带）中的操作，当数据库遭到破坏时能够从备份中还原数据。还原是指从一个或多个备份中还原数据，并在还原最后一个备份后还原数据库的操作。

在 SQL Server 中，有 4 种备份类型：完整数据库备份、差异数据库备份、事务日志备份、数据库文件和文件组备份。有 3 种还原模式：简单还原模式、完整还原模式和大容量日志还原模式。

（2）在备份操作过程中，需要将要备份的数据库备份到备份设备中，备份设备可以是磁盘设备或磁带设备。创建备份设备需要一个物理名称或一个逻辑名称，将可以使用逻辑名称访问的备份设备称为命名备份设备，将可以使用物理名称访问的备份设备称为临时备份设备。

使用存储过程 sp_addumpdevice 创建命名备份设备，使用存储过程 sp_dropdevice 删除命名备份设备。使用 T-SQL 的 BACKUP DATABASE 语句创建临时备份设备。使用图形用户界面创建和删除命名备份设备。

（3）备份数据库必须首先创建备份设备，然后才能通过 T-SQL 语句或图形用户界面备份数据库到备份设备中。

使用 T-SQL 中的 BACKUP 语句进行数据库备份，完整备份、差异备份、文件和文件组备份的语句均为 BACKUP DATABASE，事务日志备份的语句为 BACKUP LOG。

（4）还原数据库有两种方式，一种是使用图形用户界面，另一种是使用 T-SQL 语句。

还原数据库的 T-SQL 语句是 RESTORE。RESTORE 语句可以还原完整备份、差异备份、事务日志备份、文件和文件组备份，还可以还原数据库快照。

（5）在 SQL Server 中可以分离数据库的数据和事务日志文件，然后将它们重新附加到同一个或其他 SQL Server 服务器上。使用图形用户界面分离和附加数据库。

（6）使用"SQL Server 导入和导出向导"可在多种常用的数据格式（数据库、电子表格和文本文件）之间导入和导出数据，导入是将数据从数据文件加载到 SQL Server 数据库中，导出是将数据从 SQL Server 数据库复制到数据文件中。

习题 10

一、选择题

1. 下列关于数据库备份的说法中，正确的是_____。
   A. 对系统数据库和用户数据库都应采用定期备份的策略
   B. 对系统数据库和用户数据库都应采用修改后即备份的策略
   C. 对系统数据库应采用修改后即备份的策略，对用户数据库应采用定期备份的策略
   D. 对系统数据库应采用定期备份的策略，对用户数据库应采用修改后即备份的策略

2. 下列关于 SQL Server 备份设备的说法中，正确的是_____。
   A. 备份设备可以是磁盘上的一个文件
   B. 备份设备是一个逻辑设备，它只能建立在磁盘上
   C. 备份设备是一台物理存在的、有特定要求的设备
   D. 一个备份设备只能用于一个数据库的一次备份

3. 下列关于差异备份的说法中，正确的是_____。
   A. 差异备份备份的是从上次备份到当前时间数据库变化的内容
   B. 差异备份备份的是从上次完整备份到当前时间数据库变化的内容
   C. 差异备份仅备份数据，不备份日志
   D. 两次完整备份之间进行的各差异备份的备份时间都是一样的

4. 下列关于日志备份的说法中，错误的是_____。
   A. 日志备份仅备份日志，不备份数据
   B. 日志备份的执行效率通常比差异备份和完整备份高
   C. 日志备份的时间间隔通常比差异备份短
   D. 第一次对数据库进行的备份可以是日志备份

5. 在 SQL Server 中，有系统数据库 master、model、msdb、tempdb 和用户数据库。下列关于系统数据库和用户数据库的备份策略中，最合理的是_____。
   A. 对以上系统数据库和用户数据库都实行周期性备份
   B. 对以上系统数据库和用户数据库都实行修改之后即备份
   C. 对以上系统数据库实行修改之后即备份，对用户数据库实行周期性备份
   D. 对 master、model、msdb 实行修改之后即备份，对用户数据库实行周期性备份，对 tempdb 不备份

6. 设有如下备份操作：

现从备份中对数据库进行还原，正确的还原顺序为_____。

A．完整备份 1，日志备份 1，日志备份 2，差异备份 1，日志备份 3，日志备份 4

B．完整备份 1，差异备份 1，日志备份 3，日志备份 4

C．完整备份 1，差异备份 1

D．完整备份 1，日志备份 4

二、填空题

1．SQL Server 支持的 4 种备份类型是完整数据库备份、差异数据库备份、_____ 和数据库文件和文件组备份。

2．SQL Server 的 3 种还原模式是简单还原模式、_____ 和大容量日志还原模式。

3．第一次对数据库进行的备份必须是_____备份。

4．在 SQL Server 中，当还原模式为简单还原模式时，不能进行_____备份。

5．在 SQL Server 中，在进行数据库备份时，_____用户操作数据库。

6．备份数据库必须首先创建_____。

三、问答题

1．在 SQL Server 中有哪几种还原模式？有哪几种备份类型？分别简述其特点。

2．怎样创建备份设备？

3．备份数据库有哪些方式？

4．还原数据库有哪些方式？

5．分离和附加数据库要做哪些操作？

6．简述导出、导入数据的步骤。

四、应用题

1．在硬盘 D:\ 目录下创建一个备份设备 dev_mysales。

2．使用 BACKUP 语句为 mysales 数据库做完整备份。

3．使用 BACKUP 语句为 mysales 数据库做差异备份。

4．使用 BACKUP 语句为 mysales 数据库做事务日志备份。

5．使用 RESTORE 语句从完整备份中还原数据库 mysales。

6．将 mysales 数据库的 goods 表中的数据导出到文本文件 D:\gd.txt 中。

7．从文本文件 D:\gd.tx 中导入数据到 mysales 数据库中。

第 11 章 事务和锁

事务管理用于保证连续的多个操作能够全部完成，从而保证数据的完整性。锁定机制用于对多个用户进行并发控制，保证数据的一致性和完整性。本章介绍事务原理、事务类型、事务模式、事务处理语句、并发影响、可锁定资源、SQL Server 的锁模式和表锁定提示、死锁等内容。

11.1 事务

事务（Transaction）是 SQL Server 中的一个逻辑工作单元。该单元被作为一个整体进行处理，事务保证连续的多个操作必须全部执行成功，否则必须立即返回到操作执行前的状态，即执行事务的结果是：要么将数据所要执行的操作全部完成，要么全部数据都不修改。

11.1.1 事务原理

事务是作为一个逻辑工作单元所要执行的一系列的操作。事务的处理必须满足 ACID 原则，即原子性（Atomicity）、一致性（Consistency）、隔离性（Isolation）和持久性（Durability）。

1）原子性

事务必须是原子工作单元，即事务中包括的诸操作要么全部执行，要么全部不执行。

2）一致性

事务在完成时，必须使所有的数据都保持一致的状态。在相关的数据库中，所有规则都必须应用于事务的修改，以保证所有数据的完整性。事务结束时，所有的内部数据结构都必须是正确的。

3）隔离性

一个事务的执行不能被其他事务干扰，即一个事务内部的操作及使用的数据对其他并发事务是隔离的，并发执行的各个事务间不能互相干扰。事务查看数据时数据所处的状态，要么是另一个并发事务修改它之前的状态，要么是另一个事务修改它之后的状态，这称为事务的可串行性。由于它能够重新装载起始数据，并且重播一系列的事务，因此数据结束时的状态与原始事务执行的状态相同。

4）持久性

指一个事务一旦提交，则它对数据库中数据的改变就应该是永久的。即使以后出现系统故障也不应该对其执行结果有任何影响。

11.1.2 事务类型

SQL Server 的事务可分为两类：系统提供的事务和用户定义的事务。

1. 系统提供的事务

系统提供的事务是指在执行某些 T-SQL 语句时，一条语句就构成了一个事务，这些语句有：CREATE、ALTER TABLE、DROP、INSERT、DELETE、UPDATE、SELECT、REVOKE、GRANT、OPEN、FETCH。

例如执行下面的创建表的语句。

```
CREATE TABLE course
(
    cno char(3) NOT NULL PRIMARY KEY,
    cname char(16) NOT NULL,
    credit int NULL,
)
```

这条语句本身就构成了一个事务，它要么建立起含全部 3 列的表结构，要么不建立表结构，而不会建立起含 1 列、2 列的表结构。

2. 用户定义的事务

在实际应用中，大部分是用户定义的事务。用 BEGIN TRANSACTION 语句指定一个事务的开始，用 COMMIT TRANSACTION 语句或 ROLLBACK TRANSACTION 语句指定一个事务的结束。

📢 注意：在用户定义的事务中，必须明确指定事务的结束，否则系统会把从事务开始到用户关闭连接前的所有操作都作为一个事务来处理。

11.1.3 事务模式

SQL Server 通过三种事务模式管理事务。

1）自动提交事务模式

每条单独的语句都是一个事务。在此模式下，每条 T-SQL 语句在成功执行后，都会自动提交，如果遇到错误，则自动回滚该语句。该模式为系统默认的事务管理模式。

2）显式事务模式

该模式允许用户定义的事务的启动和结束。事务以 BEGIN TRANSACTION 语句显式开始，以 COMMIT TRANSACTION 语句或 ROLLBACK TRANSACTION 语句显式结束。

3）隐性事务模式

隐性事务模式不需要使用 BEGIN TRANSACTION 语句标识事务的开始，但需要以 COMMIT TRANSACTION 或 ROLLBACK TRANSACTION 语句来提交或回滚事务。在当前事务完成提交或回滚后，新事务会自动启动。

11.1.4　事务处理语句

应用程序主要通过指定事务开始和结束的时间来控制事务，可以使用 T-SQL 语句来控制事务的开始和结束。事务处理语句包括 BEGIN TRANSACTION、COMMIT TRANSACTION、ROLLBACK TRANSACTION。

1．BEGIN TRANSACTION

BEGIN TRANSACTION 语句用来标识一个事务的开始，语法格式如下。

```
BEGIN { TRAN | TRANSACTION }
    [ { transaction_name | @tran_name_variable }
    [ WITH MARK [ 'description' ] ]
    ]
[ ; ]
```

各参数含义如下。

❖ transaction_name：分配给事务的名称。必须符合标识符的规则，且标识符所包含的字符数不能大于 32。

❖ @tran_name_variable：用户定义的、含有有效事务名称的变量的名称。

❖ WITH MARK ['description']：指定在日志中标记事务。description 是描述该标记的字符串。

BEGIN TRANSACTION 语句的执行使全局变量@@TRANCOUNT 的值加 1。

📢 注意：显式事务的开始可以使用 BEGIN TRANSACTION 语句。

2．COMMIT TRANSACTION

COMMIT TRANSACTION 语句是提交语句。它使得事务自开始以来所执行的所有数据修改都成为数据库的永久部分，也用来标识一个事务的结束，语法格式如下。

```
COMMIT { TRAN | TRANSACTION } [ transaction_name | @tran_name_variable ] ]
[ ; ]
```

各参数含义如下。

❖ transaction_name：SQL Server 数据库引擎忽略该参数，它用于指定由前面的 BEGIN TRANSACTION 语句分配的事务的名称。

❖ @tran_name_variable：用户定义的、含有有效事务名称的变量的名称。

COMMIT TRANSACTION 语句的执行使全局变量@@TRANCOUNT 的值减 1。

📢 注意：隐性事务或显式事务的结果都可以使用 COMMIT TRANSACTION 语句。

【例 11.1】建立一个显式事务，显示销售数据库的员工表的数据。

```
BEGIN TRANSACTION
    USE sales
    SELECT * FROM employee
COMMIT TRANSACTION
```

该语句创建的显示事务以 BEGIN TRANSACTION 语句开始，以 COMMIT TRANSACTION 语句结束。

【例 11.2】建立一个显式事务，删除部门表和员工表中部门号为 D002 的记录行。

```
DECLARE @TranName char(20)
SELECT @TranName='TranDel'
BEGIN TRANSACTION @TranName
    DELETE FROM department WHERE deptid='D002'
    DELETE FROM employee WHERE deptid='D002'
COMMIT TRANSACTION TranDel
```

该语句创建显式事务以删除部门表和员工表中部门号为 D002 的记录行，将 BEGIN TRANSACTION 语句和 COMMIT TRANSACTION 语句之间的所有语句作为一个整体，当执行到 COMMIT TRANSACTION 语句时，事务对数据库的更新操作才算完成。

【例 11.3】建立一个隐性事务，向部门表和员工表中插入部门号为 D002 的记录行。

```
SET IMPLICIT_TRANSACTIONS ON        /*启动隐性事务模式*/
GO
/*第一个事务由 INSERT 语句启动*/
USE sales
INSERT INTO department VALUES  ('D002','人事部')
COMMIT TRANSACTION                  /*提交第一个隐性事务*/
GO
/*第二个隐式事务由 SELECT 语句启动*/
USE sales
SELECT COUNT(*) FROM employee
INSERT INTO employee VALUES ('E005','姚丽霞','女','1984-08-14','北京',3900,'D002')
COMMIT TRANSACTION                  /*提交第二个隐性事务*/
GO
SET IMPLICIT_TRANSACTIONS OFF       /*关闭隐性事务模式*/
GO
```

该语句启动隐性事务模式后，由 COMMIT TRANSACTION 语句提交了两个事务，第一个事务用于在 department 表中插入一条记录，第二个事务用于统计 employee 表的行数并插入一条记录。隐性事务不需要使用 BEGIN TRANSACTION 语句标识开始位置，而由第一个 T-SQL 语句启动，直到遇到 COMMIT TRANSACTION 语句时结束。

3. ROLLBACK TRANSACTION

ROLLBACK TRANSACTION 语句是回滚语句，它使得事务回滚到起点或指定的保存点，也标识一个事务的结束，语法格式如下。

```
ROLLBACK { TRAN | TRANSACTION }
    [ transaction_name | @tran_name_variable
    | savepoint_name | @savepoint_variable ]
[ ; ]
```

各参数含义如下。

❖ transaction_name：事务名称。

❖ @tran_name_variable：事务的变量名称。

❖ savepoint_name：保存点的名称。

❖ @savepoint_variable：含有保存点名称的变量名。

如果事务回滚到开始点，则全局变量@@TRANCOUNT 的值减 1；如果只回滚到指定的保存点，则@@TRANCOUNT 的值不变。

📢 注意：ROLLBACK TRANSACTION 语句将显式事务或隐性事务回滚到事务的起点或事务内的某个保存点，也标识一个事务的结束。

【例 11.4】建立事务并对部门表进行插入操作，使用 ROLLBACK TRANSACTION 语句标识事务的结束。

```
BEGIN TRANSACTION
    USE sales
    INSERT INTO department VALUES('D007','物资部')
    INSERT INTO department VALUES('D008','供应部')
ROLLBACK TRANSACTION    /*关闭隐性事务模式*/
GO
```

该语句建立的事务对部门表进行插入操作，但当服务器遇到回滚语句 ROLLBACK TRANSACTION 时，会清除自事务起点开始所做的所有数据修改，将数据恢复到开始工作之前的状态，所以事务结束后，部门表不会改变。

【例 11.5】建立事务并规定员工表只能插入 7 条记录，如果超出 7 条记录，则插入失败，现在该表已有 6 条记录，向该表中插入 2 条记录。

```
USE sales
GO
BEGIN TRANSACTION
    INSERT INTO employee VALUES('E008','刘松','男','1993-04-21',NULL,3200,'D001')
    INSERT INTO employee VALUES('E009','田小芳','女','1994-03-17',NULL,3200,'D001')
DECLARE @Count int
SELECT @Count=(SELECT COUNT(*) FROM employee)
IF @Count>7
    BEGIN
        ROLLBACK TRANSACTION
        PRINT '插入记录数超过规定数，插入失败！'
    END
```

```
ELSE
   BEGIN
      COMMIT TRANSACTION
      PRINT '插入成功！'
   END
```

该语句用 BEGIN TRANSACTION 定义事务的开始，向 employee 表中插入 2 条记录，插入完成后，对该表的记录计数，判断得到插入记录的数量已超过规定的 7 条，使用 ROLLBACK TRANSACTION 语句撤销该事务的所有操作，将数据恢复到开始工作之前的状态，事务结束后，employee 表未改变。

【例 11.6】建立一个事务，向商品表中插入一行数据，设置保存点，再删除该行。

```
BEGIN TRANSACTION
   USE sales
   INSERT INTO goods VALUES('1005','DELL GTX1050','10',5799,5,2)
   SAVE TRANSACTION GoodsPoint          /* 设置保存点 */
   DELETE FROM goods WHERE goodsid='1005'
   ROLLBACK TRANSACTION GoodsPoint       /*回滚到保存点 GoodsPoint */
COMMIT TRANSACTION
```

该语句建立的事务执行完成后，插入的一行并没有被删除，因为回滚语句 ROLLBACK TRANSACTION 将操作回滚到保存点 GoodsPoint，删除操作被撤销，所以 goods 表增加了一行数据。

【例 11.7】建立事务并更新员工表一行的列值，设置保存点，再插入一行数据到部门表中。

```
BEGIN TRANSACTION TranUpdate
   USE sales
   UPDATE employee SET wages='3900' WHERE emplid='E003'
   SAVE TRANSACTION EmplPoint                              /* 设置保存点 */
   INSERT INTO department VALUES('D009','设备部')
   IF (@@error=0)
      BEGIN
         ROLLBACK TRANSACTION EmplPoint
                /* 如果上一条 T-SQL 语句执行成功,回滚到保存点 EmplPoint */
      END
   ELSE
COMMIT TRANSACTION TranUpdate
```

该语句建立的事务执行完成后，并未插入一行到 department 表中，由 IF 语句根据条件 IF (@@error=0)进行判断，回滚语句 ROLLBACK TRANSACTION 将操作回滚到保存点 EmplPoint，插入操作被撤销，所以仅更新了 employee 表一行的列值。

4．事务嵌套

在 SQL Server 中，BEGIN TRANSACTION 和 COMMIT TRANSACTION 语句也可以进行嵌套，即事务可以嵌套执行。

全局变量@@TRANCOUNT 用于返回当前等待处理的嵌套事务的数量，如果没有等待处理的事务，该变量值为 0。BEGIN TRANSACTION 语句将@@TRANCOUNT 的值加 1。ROLLBACK TRANSACTION 语句将@@TRANCOUNT 的值减 1，但 ROLLBACK TRANSACTION savepoint_name 除外，它不影响@@TRANCOUNT 的值。COMMIT TRANSACTION 语句或 COMMIT WORK 语句将@@TRANCOUNT 的值减 1。

【例 11.8】查询嵌套的 BEGIN TRANSACTION 和 COMMIT TRANSACTION 语句的执行结果。

```
USE sales
CREATE TABLE clients
    (
        clientid int NOT NULL,
        clientname char(8) NOT NULL
    )
GO
BEGIN TRANSACTION Tran1                /* @@TRANCOUNT 为 1 */
    INSERT INTO clients VALUES(1,'Wu')
    BEGIN TRANSACTION Tran2            /* @@TRANCOUNT 为 2 */
        INSERT INTO clients VALUES(2, 'Hua')
        BEGIN TRANSACTION Tran3        /* @@TRANCOUNT 为 3 */
            PRINT @@TRANCOUNT
            INSERT INTO clients VALUES(3, 'Kang')
        COMMIT TRANSACTION Tran3       /* @@TRANCOUNT 为 2 */
            PRINT @@TRANCOUNT
    COMMIT TRANSACTION Tran2           /* @@TRANCOUNT 为 1 */
    PRINT @@TRANCOUNT
COMMIT TRANSACTION Tran1               /* @@TRANCOUNT 为 0 */
PRINT @@TRANCOUNT
```

该语句的查询结果如下。

```
(1 行受影响)

(1 行受影响)
3

(1 行受影响)
2
1
0
```

11.2　锁定

锁定是 SQL Server 用来控制多个用户同时对同一个数据块进行访问的机制。它用于控制多个用户的并发操作，以防止用户读取其他用户更改的数据或者多个用户同时修改相同的数据，从而确保事务完整性和数据库一致性。

11.2.1　并发影响

修改数据的用户会影响同时读取或修改相同数据的其他用户，即使这些用户可以并发地访问数据。并发操作带来的数据不一致性包括丢失更新、脏读、不可重复读、幻读等。

1）丢失更新（lost update）

当两个事务同时更新数据时，系统只能保存最后一个事务更新的数据，导致另一个事务更新的数据丢失。

2）脏读（dirty read）

当第一个事务正在访问数据，而第二个事务正在更新该数据，但尚未提交时，会发生脏读问题。此时第一个事务正在读取的数据可能是"脏"（不正确的）数据，从而引起错误。

3）不可重复读（unrepeatable read）

如果第一个事务两次读取同一个文档，但在两次读取之间，另一个事务重写了该文档，当第一个事务第二次读取文档时，文档已被更改，此时发生原始读取不可重复读的情况。

4）幻读

当对某行执行插入或删除操作，而该行属于某个事务正在读取的行的范围时，会发生幻读问题。由于其他事务的删除操作，事务第一次读取的内容显示有一行不再存在于第二次或后续读取的内容中。同样，由于其他事务的插入操作，事务第二次或后续读取的内容显示有一行并不存在于原始读取的内容中。

11.2.2　可锁定资源

SQL Server 具有多粒度锁定，允许一个事务锁定不同类型的资源。为了减少锁定的开销，数据库引擎会自动将资源锁定在适合任务的级别。锁定在较小的粒度（例如行）上可以提高并发度，但开销较高，因为如果锁定了许多行，则需要持有更多的锁。锁定在较大的粒度（例如表）上会降低并发度，因为锁定整个表限制了其他事务对表中任意部分的访问；但其开销较低，因为需要维护的锁较少。

可锁定资源的粒度由细到粗列举如下。

1）数据行（Row）

数据页中的单行数据。

2）索引行（Key）

索引页中的单行数据，即索引的键值。

3）页（Page）

页是 SQL Server 存取数据的基本单位，大小为 8KB。

4）扩展盘区（Extent）

一个盘区由 8 个连续的页组成。

5）表（Table）

包括所有数据和索引的整个表。

6）数据库（Database）

整个数据库。

11.2.3　SQL Server 的锁模式

SQL Server 使用不同的锁模式锁定资源。这些锁模式确定了并发事务访问资源的方式，有以下 7 种锁模式，分别是共享锁、排他锁、更新锁、意向锁、架构锁、大容量更新锁、键范围锁。

1）共享锁（Shared lock, S）

用于数据的读取操作，例如 SELECT 语句。

共享锁锁定的资源可以被其他用户读取，但无法被其他用户修改。读取操作一旦完成，就立即释放资源上的共享锁。

2）排他锁（Exclusive lock, X）

用于数据的修改操作，例如 INSERT、UPDATE 或 DELETE 语句。

排他锁与所有的锁模式互斥，以确保不会对相同资源进行重复更新。

3）更新锁（Update lock, U）

用于可更新的资源，防止多个会话在读取、锁定以及随后可能进行的资源更新时发生常见形式的死锁。同一时刻，只有一个事务可以获得资源的更新锁。

当系统准备更新数据时，会自动将资源用更新锁锁定，此时数据将不能被修改，但可以被读取。等到系统确定要进行数据更新时，再自动将更新锁转换为排他锁。

4）意向锁（Intent lock）

意向锁用于建立锁的层次结构，包括 3 种类型：意向共享锁、意向排他锁以及意向排他共享锁。

❖ 意向共享锁（Intent Share, IS）：通过在各资源上放置 S 锁，表明事务的意向是读取表中的部分（而不是全部）数据。当事务不传达更新的意图时，就获取这种锁。

❖ 意向排他锁（Intent Exclusive, IX）：通过在各资源上放置 X 锁，表明事务的意向是修改表中的部分（而不是全部）数据。IX 是 IS 的超集。当事务传达更新表中行的意图时，就获取这种锁。

❖ 意向排他共享锁（Share with Intent Exclusive, SIX）：通过在各资源上放置 SIX 锁，表明事务的意向是读取表中的全部数据并修改部分（而不是全部）数据。

5）架构锁（Schema lock）

架构锁在执行依赖于表架构的操作时使用，包括架构修改锁和架构稳定性锁。

❖ 架构修改锁（Sch-M）：在执行表的数据定义语言操作（如增加列或删除表）时使用。

❖ 架构稳定性锁（Sch-S）：在编译查询时使用。

6）大容量更新锁（Bulk Update lock, BU）

将大量数据复制到表中，且指定了 TABLOCK 提示使用。

7）键范围锁

当用于序列化的事务隔离级别时，可以保护查询、读取范围内的行。

当第一个事务持有数据资源上的锁，而第二个事务又请求相同资源上的锁时，系统将检查两种锁的状态以确定它们是否兼容。如果锁是兼容的，则将锁授予第二个事务；如果锁不兼容，则第二个事务必须等待，直至第一个事务将其释放，才可以获取对资源的访问权限并处理资源，各种锁之间的兼容性如表 11.1 所示。

表 11.1　各种锁之间的兼容性

锁模式	IS	S	U	IX	SIX	X
IS	兼容	兼容	兼容	兼容	兼容	不兼容
S	兼容	兼容	兼容	不兼容	不兼容	不兼容
U	兼容	兼容	不兼容	不兼容	不兼容	不兼容
IX	兼容	不兼容	不兼容	兼容	不兼容	不兼容
SIX	兼容	不兼容	不兼容	不兼容	不兼容	不兼容
X	不兼容	不兼容	不兼容	不兼容	不兼容	不兼容

11.2.4　SQL Server 的表锁定提示

使用 SELECT、INSERT、UPDATE、DELETE 语句的 WITH 子句，可以为单个表引用指定的锁定提示，SQL Server 的表锁定提示如表 11.2 所示。

表 11.2　SQL Server 的表锁定提示

锁定提示	描述
HOLDLOCK	保持共享锁直到事务完成
NOLOCK	不加任何锁，有可能发生脏读
PAGELOCK	对数据页加共享锁
ROWLOCK	当采用页锁或表锁时，采用行锁
TABLOCK	对表采用共享锁并让其一直持有，直至语句结束
TABLOCKX	对表采用排他锁，如果还指定了 HOLDLOCK，则会一直持有该锁直至事务完成
UPDLOCK	采用更新锁并保持到事务完成
XLOCK	采用排他锁并保持到事务完成

【例 11.9】为 employee 表添加共享锁，并保持到事务结束时再释放。

```
USE sales
GO
SELECT * FROM employee WITH(TABLOCK HOLDLOCK)
GO
```

使用 sys.dm_tran_locks 视图查看当前 sales 数据库的锁的信息。

```
SELECT resource_database_id, request_mode, request_type, request_status, request_
reference_count
    FROM sys.dm_tran_locks
    WHERE resource_database_id=DB_ID('sales')
```

查询结果如下。

```
resource_database_id request_mode  request_type  request_status  request_reference_count
-------------------- ------------  ------------  --------------  ----------------------
8                    S             LOCK          GRANT           1
```

各参数含义如下。

❖ resource_database_id：数据库的 ID。

❖ request_mode：请求的模式。

❖ request_type：请求的类型，该值为 LOCK。

❖ request_status：该请求的当前状态，可能值为 GRANT（锁定）、CONVERT（转换）、或 WAIT（阻塞）。

❖ request_reference_count：返回同一请求程序已请求该资源的次数。

【例 11.10】为 employee 表添加更新锁，并保持到事务结束时再释放。

```
USE sales
GO
UPDATE department WITH(UPDLOCK HOLDLOCK)
SET deptid='D006' WHERE deptid='D005'
GO
```

11.2.5　死锁

两个事务分别锁定某个资源，而又分别等待对方释放其锁定的资源时，会发生死锁。

除非某个外部进程断开死锁，否则死锁中的两个事务都将无限期地等待下去。SQL Server 死锁监视器会定期检查陷入死锁的任务。如果监视器检测到循环依赖关系，将选择其中一个会话作为牺牲品，然后终止其事务并提示错误，这样其他会话就可以完成其事务。对于因错误终止事务的应用程序，它还可以重试该事务，但通常要等到与它一起陷入死锁的其他事务完成后再执行。

将哪个会话选为死锁的牺牲品取决于每个会话的死锁优先级：如果两个会话的死锁优先级相同，则 SQL Server 实例会将回滚开销较低的会话选为死锁的牺牲品。例如，两个会话都将其死锁优先级设置为 HIGH，则此实例会将回滚开销较低的会话选为牺牲品。

如果会话的死锁优先级不同，则将死锁优先级最低的会话选为死锁的牺牲品。

下列方法可将死锁减至最少。

（1）按同一顺序访问对象。

（2）避免事务中的用户交互。

（3）保持事务简短并处于一个批处理中。

（4）使用较低的隔离级别。

（5）使用基于行版本控制的隔离级别。

（6）将 READ_COMMITTED_SNAPSHOT 数据库选项设置为 ON，使得已提交的读事务能用行版本控制。

（7）使用快照隔离。

（8）使用绑定连接。

11.3 小结

本章主要介绍了以下内容。

（1）事务是作为一个逻辑工作单元所要执行的一系列的操作。事务的处理必须满足 ACID 原则，即原子性（Atomicity）、一致性（Consistency）、隔离性（Isolation）和持久性（Durability）。

SQL Server 的事务可分为两类：系统提供的事务和用户定义的事务。

（2）SQL Server 通过三种事务模式管理事务：自动提交事务模式、显式事务模式和隐性事务模式。

显式事务模式以 BEGIN TRANSACTION 语句显式开始，以 COMMIT TRANSACTION 或 ROLLBACK TRANSACTION 语句显式结束。

隐性事务模式不需要使用 BEGIN TRANSACTION 语句标识事务的开始，但需要以 COMMIT TRANSACTION 语句来提交事务，或以 ROLLBACK TRANSACTION 语句来回滚事务。

（3）事务处理语句包括 BEGIN TRANSACTION、COMMIT TRANSACTION、ROLLBACK TRANSACTION。

（4）锁定是 SQL Server 用来控制多个用户同时对同一个数据块进行访问的机制，用于控制多个用户的并发操作，以防止用户读取其他用户更改的数据或者多个用户同时修改相同的数据，从而确保事务完整性和数据库一致性。

并发操作带来的数据不一致性包括丢失更新、脏读、不可重复读、幻读等。

可锁定资源的粒度由细到粗为：数据行（Row）、索引行（Key）、页（Page）、扩展盘区（Extent）、表（Table）、数据库（Database）。

SQL Server 使用不同的锁模式锁定资源，这些锁模式确定了并发事务访问资源的方式，有以下 7 种锁模式，分别是共享锁、排他锁、更新锁、意向锁、架构锁、大容量更新锁、键范围锁。

使用 SELECT、INSERT、UPDATE、DELETE 语句的 WITH 子句，可为单个表引用指定的锁定提示。

（5）两个事务分别锁定某个资源，而又分别等待对方释放其锁定的资源时，会发生死锁。将死锁减至最少的方法。

习题 11

一、选择题

1. 如果有两个事务同时对数据库中相同的数据进行操作，不会引起冲突的操作是_____。

A. 一个是 DEIETE，一个是 SELECT　　B. 一个是 SELECT，一个是 DELETE

C．两个都是 UPDATE　　　　　　　　D．两个都是 SELECT

2．解决并发操作带来的数据不一致问题普遍采用_____技术。

A．存取控制　　　　B．锁　　　　　C．恢复　　　　　D．协商

3．若某数据库系统中存在一个等待事务集{$T1$, $T2$, $T3$, $T4$, $T5$}，其中 $T1$ 正在等待被 $T2$ 锁住的数据项 $A2$，$T2$ 正在等待被 $T4$ 锁住的数据项 $A4$，$T3$ 也在等待被 $T4$ 锁住的数据项 $A4$，$T5$ 正在等待被 $T1$ 锁住的数据项 A。下列有关此系统所处状态及需要进行的操作的说法中，正确的是_____。

A．系统处于死锁状态，撤销其中任意一个事务即可退出死锁状态

B．系统处于死锁状态，撤销 $T4$ 即可退出死锁状态

C．系统处于死锁状态，撤销 $T5$ 即可退出死锁状态

D．系统未处于死锁状态，不需要撤销其中的任何事务

二、填空题

1．事务的处理必须满足 ACID 原则，即原子性、一致性、隔离性和_____。

2．显式事务模式以_____语句显式开始，以 COMMIT TRANSACTION 或 ROLLBACK TRANSACTION 语句显式结束。

3．隐性事务模式需要以 COMMIT TRANSACTION 语句来提交事务，或以_____语句来回滚事务。

4．锁定是 SQL Server 用来控制多个用户同时对同一个_____进行访问的机制。

5．并发操作带来的数据不一致性包括丢失更新、脏读、不可重复读、_____等。

6．共享锁用于数据的读取操作，读取操作完成后，就立即_____资源上的共享锁。

7．排他锁与所有的锁模式_____，以确保不会对相同的资源进行多重更新。

8．同一时刻，只有_____个事务可以获得资源的更新锁。

9．意向锁用于建立锁的_____结构。

10．两个事务分别锁定某个资源，而又分别等待对方_____其锁定的资源时，会发生死锁。

三、问答题

1．什么是事务？事务的作用是什么？

2．ACID 原则有哪几个？

3．事务模式有哪几种？

4．为什么要在 SQL Server 中引入锁定机制？

5．锁模式有哪些？简述各种锁的作用。

6．为什么会产生死锁？怎样解决死锁问题？

四、上机实验题

1．建立一个显式事务以显示 sales 数据库的订单表的数据。

2．建立一个隐性事务以插入部门表中的新部门的记录行。

3．建立一个事务，向订单表中插入一行数据，设置保存点，再删除该行。

4．为商品表添加共享锁，并保持到事务结束时再释放。

第12章 基于Visual C#和SQL Server 数据库的学生管理系统的开发

本章以 Visual Studio 2012 为开发环境，以 Visual C#为编程语言，使用 SQL Server 的学生成绩数据库作为后台数据库，进行学生管理系统的开发。学生管理系统的功能包括学生信息录入、学生信息查询等。

12.1 新建项目和窗体

1. 新建项目

启动 Visual Studio 2012（以下简称 VS 2012），选择"文件"→"新建"→"项目"命令，弹出"新建项目"对话框，在"已安装"→"模板"→"Visual C#"→"Windows"中选择"Windows 窗体应用程序"模板，在"名称"文本框中输入"StudentManagement"，如图 12.1 所示，单击"确定"按钮，在 VS 2012 窗口右边的"解决方案资源管理器"中出现项目名"StudentManagement"。

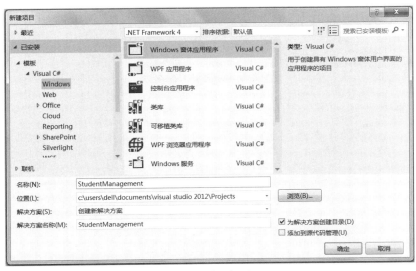

图 12.1 新建项目

2．新建父窗体

右击项目名"StudentManagement"，在弹出的快捷菜单中选择"添加"→"Windows 窗体"命令，出现"添加新项-StudentManagement"对话框，在"已安装"→"Visual C# 项"→"Windows Form"中选择"MDI 父窗体"模板，在"名称"文本框中输入"SM.cs"，如图 12.2 所示，单击"添加"按钮，完成父窗体的添加。

图 12.2　新建父窗体

3．新建子窗体

本项目 StudentManagement 包括学生信息录入、学生信息查询、学生信息管理等功能，相应地需要新建 3 个子窗体。

首先新建学生信息录入窗体，右击项目名"StudentManagement"，在弹出的快捷菜单中选择"添加"→"Windows 窗体"命令，出现"添加新项-StudentManagement"对话框，在"已安装"→"Visual C#项"→"Windows Forms"中选择"Windows 窗体"模板，在"名称"文本框中输入"St_Input.cs"，如图 12.3 所示，单击"添加"按钮，完成子窗体的添加。

图 12.3　新建子窗体

按照同样的方法添加学生信息查询窗体 St_Query、学生信息管理窗体 St_Management。

12.2 父窗体设计

父窗体包含学生管理系统中所有的功能选择，各个功能界面作为父窗体的子窗体。

设计父窗体的操作步骤如下。

（1）设置父窗体的属性。

打开父窗体，在父窗体属性窗口中，将"Text"属性设置为"学生管理系统"，删除父窗体下边的 menuStrip 控件和 ToolStrip 控件。

（2）添加菜单。

从工具箱中拖动一个 menuStrip 菜单控件到父窗体中，分别添加"录入""管理""查询"菜单，如图 12.4 所示。

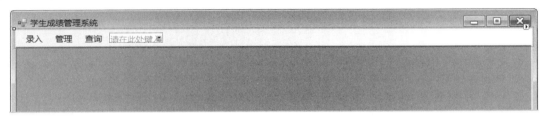

图 12.4　添加菜单

（3）保留类 SM 中构造函数的代码，删除其余代码。

打开 SM.cs 代码页，保留类 SM 中构造函数的代码，删除其余代码，如下所示。

```
public partial class SM : Form
{
  public SM()
  {
    InitializeComponent();
  }
}
```

（4）在类 SM 中添加代码。

在 SM.cs 代码页中，添加"录入 ToolStripMenuItem_Click"方法，此方法为单击"录入"菜单时所执行的事件方法，代码如下。

```
private void 录入ToolStripMenuItem_Click(object sender, EventArgs e)
{
  St_Input input = new St_Input();
  input.MdiParent = this;              //St_Input 的父窗体为 SM
  input.Show();                        //显示学生信息录入窗体
}
```

用同样的方法添加"查询"菜单的事件代码，如下所示。

```
private void 查询ToolStripMenuItem_Click(object sender, EventArgs e)
{
```

```
St_Query query = new St_Query();
query.MdiParent = this;          //St_Query 的父窗体为 SM
query.Show();                    //显示学生信息查询窗体
}
```

（5）设置父窗体为首选执行窗体。

打开 Program.cs 文件代码页，将 Form1 修改为 SM，修改后的代码如下。

```
static class Program
{
  /// <summary>
  /// 应用程序的主入口点
  /// </summary>
  [STAThread]
  static void Main()
  {
    Application.EnableVisualStyles();
    Application.SetCompatibleTextRenderingDefault(false);
    Application.Run(new SM());
  }
}
```

12.3　学生信息录入

1．主要功能

用户可以在"学号""姓名""出生时间""总学分"等文本框中分别输入有关信息，通过"性别"单选按钮选择"男"或"女"，在"专业"下拉列表中选择"计算机"或"电子信息工程"，单击"录入"按钮，即可录入数据，学生信息录入界面如图 12.5 所示。

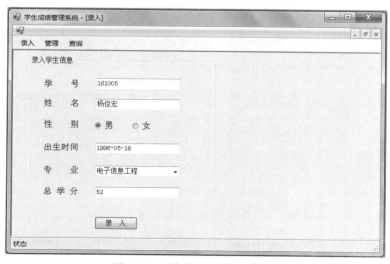

图 12.5　学生信息录入界面

2．窗体设计

打开 St_Input 窗体设计模式，将 St_Input 窗体的"Text"属性设置为"录入"。在窗体中添加一个 GroupBox 容器，在 GroupBox 中，新建 6 个 Label 控件用于标识学生的学号、姓名、性别等信息，4 个 TextBox 控件用于保存学生的学号、姓名、出生日期、总学分等信息，1 个 RadioButton 控件用于选择学生的性别，1 个 ComboBox 控件用于选择学生的专业，1 个 Button 控件用于执行学生信息的录入，窗体设计界面如图 12.6 所示。

图 12.6　St_Input 窗体设计界面

St_Input 窗体中的各个控件的命名和设置如表 12.1 所示。

表 12.1　St_Input 窗体的控件设置

控件类型	控件名称	属性设置	说明
Label	Label1- Label6	设置各自的 Text 属性	标识学生的学号、姓名、性别等信息
TextBox	StudentNo	清空 Text 值	保存学生学号
TextBox	StudentName	清空 Text 值	保存学生姓名
TextBox	StudentBirthday	清空 Text 值	保存学生出生日期
TextBox	TotalCredit	清空 Text 值	保存学生总学分
RadioButton	Man 和 Woman	将 Man 的 Text 属性设置为 True	选择学生性别
ComboBox	Speciality	在窗体加载时初始化	选择学生专业
Button	insertBtn	设置 Text 属性为插入	执行学生信息的插入

"专业"下拉列表的 Speciality 控件设置如下：打开"Speciality 控件属性"窗口，单击"Item"属性后的图标按钮，打开"字符串集合编辑器"，分别添加"计算机"和"电子信息工程"，如图 12.7 所示，另外，将"Text"属性设置为"所有专业"。

3．主要代码

（1）定义数据库连接字符串。

在 St_Input.cs 代码页的 public partial class St_Input : Form 类代码首部，添加以下代码。

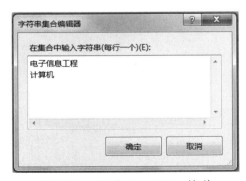

图 12.7　设置 Speciality 控件

```
string constr = "server=.;database=StudentScore;uid=sa;pwd=123456";
```

（2）窗体初始化。

```
public St_Input()
{
  InitializeComponent();
}
```

（3）单击"录入"按钮后，提交录入数据。

```
private void insertBtn_Click(object sender, EventArgs e)
{
  string no = StudentNo.Text.Trim().ToString();              //学号控件
  string name = StudentName.Text.Trim().ToString();          //姓名控件
  string sex = "";                                           //性别控件
  string birth = "";                                         //出生时间控件
  string spe = Speciality.Text.Trim().ToString();            //专业控件
  string credit = TotalCredit.Text.Trim().ToString();        //总学分控件
  if (Man.Checked == true)
    sex = "男";
  else
    sex = "女";
  if (no == "" || name == "")
  {
    MessageBox.Show("学号和姓名不能为空！");
    return;                                                  //如果学号和姓名为空则返回
  }
  try
  {
    //获取出生时间字符串
    birth = DateTime.Parse(StudentBirthday.Text.Trim()).ToString("yyyy-MM-dd");
  }
  catch
  {
    MessageBox.Show("日期格式不正确！");
    return;
  }
  string sql = "SELECT * FROM STUDENT WHERE StudentID='" + no + "'";
  string sqlStr = "";
  // 新建数据库连接对象
  System.Data.SqlClient.SqlConnection sqlConnection = new System.Data.SqlClient.
SqlConnection(constr);
  sqlConnection.Open();

  System.Data.SqlClient.SqlCommand sqlCmd1 = new System.Data.SqlClient.SqlCommand
(sql, sqlConnection);
  Object o = sqlCmd1.ExecuteNonQuery();
```

```
    if (o==null)                              //如果学号已存在则修改信息
        sqlStr = "UPDATE STUDENT SET Name='" + name + "',Sex='" + sex + "',Birthday='"
+ birth + "',Speciality='" + spe + "',TotalCredits=" + credit + " WHERE StudentID='"
+ no + "'";
    else
        sqlStr = "INSERT INTO STUDENT Values('" + no + "','" + name + "','" + sex + "',
'" + birth + "','" + spe + "'," + credit + ")";
    try
    {
        System.Data.SqlClient.SqlCommand sqlCmd = new System.Data.SqlClient.SqlCommand
(sqlStr, sqlConnection);
        sqlCmd.ExecuteNonQuery();
        MessageBox.Show("录入成功！");
        sqlConnection.Close();
    }
    catch (Exception ex)
    { MessageBox.Show("出错！" + ex.Message); }
}
```

12.4 学生信息查询

1. 主要功能

当未输入任何查询条件时，界面中显示所有的记录。当输入查询条件时，可以按照条件的关系进行简单的模糊查询，学生信息查询界面如图 12.8 所示。

图 12.8 学生信息查询界面

2. 窗体设计

打开 St_Query 窗体设计模式，将 St_Query 窗体的"Text"属性设置为"查询"。在窗体中添加 2 个 GroupBox 容器对窗体进行分割，在第 1 个 GroupBox 中新建 3 个 Label 控件用于标识学生的学号、姓名、专业等信息，2 个 TextBox 控件用于保存学生的学号、姓名等信息，1 个 ComboBox 控件用于选择学生的专业，1 个 Button 控件用于执行学生信息的查询。在第 2 个 GroupBox 中，新建 1 个 DataGridView 控件用于显示学生的信息。窗体设计界面如图 12.9 所示。

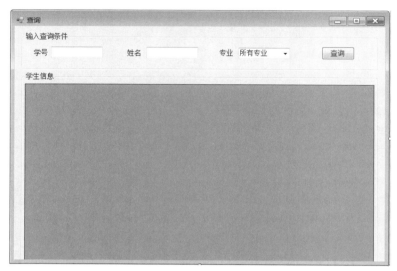

图 12.9 St_Query 窗体设计界面

St_Query 窗体中的各个控件的命名和设置如表 12.2 所示。

表 12.2 St_Query 窗体的控件设置

控件类型	控件名称	属性设置	说明
Label	Label1- Label3	设置各自的 Text 属性	标识学生的学号、姓名、专业等信息
TextBox	StudentNo	清空 Text 值	保存学生的学号
TextBox	StudentName	清空 Text 值	保存学生的姓名
ComboBox	Specialist	将 Text 值设置为所有专业	选择并保存学生的专业
DataGridView	StuGridView		以列表的方式显示学生信息
Button	insertBtn	设置 Text 属性为查询	执行学生信息的查询

3. 主要代码

（1）定义数据库连接字符串。

在 St_Query.cs 代码页的 public partial class St_Query : Form 类代码首部，添加以下代码。

```
string constr = "server=.;database=StudentScore;uid=sa;pwd=123456";
```

（2）在窗口加载时初始化 StuGridView。

```
private void stu_Query_Load(object sender, EventArgs e)
{
  System.Data.SqlClient.SqlConnection sqlConnection = new System.Data.SqlClient.SqlConnection(constr);
                                                          //定义连接对象
```

```
    string sql = "SELECT StudentID AS 学号,Name AS 姓名, Sex AS 性别,Birthday AS
出生时间,Speciality AS 专业,TotalCredits AS TC FROM Student";
    try
    {
      System.Data.SqlClient.SqlDataAdapter sqlDa = new System.Data.SqlClient.
SqlDataAdapter(sql, sqlConnection);               //实例化数据库适配器
      DataTable dt = new DataTable();               //定义数据集 dt
      sqlDa.Fill(dt);                               //填充数据集
      StuGridView.DataSource = dt;                  //dt 为 StuGridView 的数据源
      StuGridView.Show();                           //显示 StuGridView 的数据
    }
    catch (Exception ex)
    { MessageBox.Show(ex.Message); }
    finally
    { sqlConnection.Close(); }
  }
```

（3）定义产生查询字符串的方法。

```
private string MakeSql()
{
  string Sql = "";
  if (StudentNo.Text.Trim() != string.Empty)
  {
    Sql = " AND StudentID LIKE '%" + StudentNo.Text.Trim() + "%'";
  }
  if (StudentName.Text.Trim() != string.Empty)
  {
    Sql = Sql + " AND Name LIKE '%" + StudentName.Text.Trim() + "%'";
  }
  if (Speciality.Text != "所有专业")
  {
    Sql = Sql + " AND Speciality LIKE '%" + Speciality.Text + "%'";
  }
  return Sql;
}
```

（4）单击查询按钮触发的事件。

```
private void queryBtn_Click(object sender, EventArgs e)
{
  string sql = MakeSql();
  string str_sql = "SELECT StudentID AS 学号,Name AS 姓名, Sex AS 性别,Birthday
AS 出生时间, Speciality AS 专业,TotalCredits AS 总学分 FROM STUDENT WHERE 1=1" +
sql;

  System.Data.SqlClient.SqlConnection sqlConnection = new System.Data.SqlClient.
SqlConnection(constr);
  System.Data.SqlClient.SqlDataAdapter  sqlDa  =  new  System.Data.SqlClient.
```

```
SqlDataAdapter (str_sql, sqlConnection);
    DataTable dt = new DataTable();
    sqlDa.Fill(dt);
    StuGridView.DataSource = dt;
    StuGridView.Show();
}
```

12.5 小结

本章主要介绍了以下内容。

（1）本章以 Visual Studio 2012 为开发环境，以 Visual C#为编程语言，使用 SQL Server 的学生成绩数据库作为后台数据库，进行学生管理系统的开发，在 Visual C# 语言中对数据库的访问是通过.NET 框架中的 ADO.NET 实现的。

（2）在 Visual Studio 2012 开发环境中，新建项目 StudentManagement、父窗体 SM.cs 和学生信息录入窗体 St_Input、学生信息查询窗体 St_Query。

（3）在学生信息录入、学生信息查询中，分别进行功能设计、窗体设计、代码编写和调试。

习题 12

一、选择题

1. 在 C#程序中，如果需要连接 SQL Server 数据库，那么需要使用的连接对象是
_____。

    A．SqlConnection   B．OleDbConnection

    C．OdbcConnection   D．OracleConnection

2. 以下关于 Data Set 的说法中，错误的是_____。

    A．在 Data Set 中可以创建多个表

    B．Data Set 的数据库存放在内存中

    C．Data Set 中的数据不能修改

    D．在关闭数据库连接时，仍能使用 Data Set 中的数据

二、填空题

1. 在 Visual C#语言中对数据库的访问是通过_____框架中的 ADO.NET 实现的。

2. Data Set 对象是 ADO.NET 的核心组件，它是一个_____数据库。

三、应用题

参照本章的内容，以 Visual Studio 2012 为开发环境，以 Visual C#为编程语言，以学生成绩数据库 StudentScore 为后台数据库，使用其中的课程表 Course 开发一个课程管理系统项目，根据业务需求修改录入、查询等界面的设计和有关代码。

第 2 篇

SQL Server 数据库实验

实验 1　E-R 图设计、SQL Server 2019 的安装和操作

实验 1.1　E-R 图设计

1．实验目的及要求

（1）了解 E-R 图的构成要素。

（2）掌握 E-R 图的绘制方法。

（3）掌握概念模型向逻辑模型的转换原则和方法。

2．验证性实验

（1）某同学需要设计开发班级信息管理系统，希望能够管理班级与学生信息的数据库，其中学生信息包括学号、姓名、年龄、性别；班级信息包括班号、年级号、班级人数。

① 确定班级实体和学生实体的属性。

学生：学号、姓名、年龄、性别；

班级：班号、班主任、班级人数。

② 确定班级和学生之间的联系，给联系命名并指出联系的类型。

一个学生只能属于一个班级，一个班级可以有很多个学生，所以班级和学生间是 1 对多的联系，即 1:n。

③ 确定联系的名称和属性。

联系的名称：属于。

④ 画出班级与学生关系的 E-R 图。

班级和学生关系的 E-R 图如实验图 1.1 所示。

⑤ 将 E-R 图转化为关系模式，写出每个关系模式并标明各自的主码。

学生（学号，姓名，年龄，性别，班号），主码：学号；

班级（班号，班主任，班级人数），主码：班号。

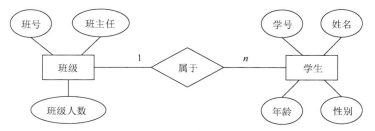

实验图 1.1　班级和学生关系的 E-R 图

（2）设图书借阅系统在需求分析阶段搜集到的图书信息包括书号、书名、作者、价格、复本量、库存量；学生信息包括借书证号、姓名、专业、借书量。

① 确定图书和学生实体的属性。

图书信息：书号、书名、作者、价格、复本量、库存量；

学生信息：借书证号、姓名、专业、借书量。

② 确定图书和学生之间的联系，为联系命名并指出联系的类型。

一个学生可以借阅多种图书，一种图书可以被多个学生借阅。学生借阅的图书需要在数据库中记录索书号、借阅时间，所以图书和学生间是多对多的联系，即 $m:n$。

③ 确定联系的名称和属性。

联系的名称：借阅；属性：索书号、借阅时间。

④ 画出图书和学生关系的 E-R 图。

图书和学生关系的 E-R 图如实验图 1.2 所示。

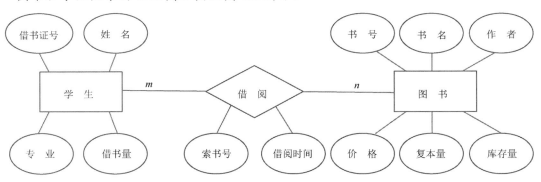

实验图 1.2　图书和学生关系的 E-R 图

⑤ 将 E-R 图转换为关系模式，写出表的关系模式并标明各自的主码。

学生（<u>借书证号</u>，姓名，专业，借书量），主码：借书证号；

图书（<u>书号</u>，书名，作者，价格，复本量，库存量），主码：书号；

借阅（<u>书号，借书证号</u>，索书号，借阅时间），主码：书号，借书证号。

（3）在商场销售系统中，搜集到的顾客信息包括顾客号、姓名、地址、电话；订单信息包括订单号、单价、数量、总金额；商品信息包括商品号、商品名称。

① 确定顾客、订单、商品实体的属性。

顾客信息：顾客号、姓名、地址、电话；

订单信息：订单号、单价、数量、总金额；

商品信息：商品号、商品名称。

② 确定顾客、订单、商品之间的联系，给联系命名并指出联系的类型。

一个顾客可以拥有多个订单，一个订单只属于一个顾客，顾客和订单间是一对多的联系，即 $1:n$。一个订单可以购买多种商品，一种商品可以通过多个订单购买，订单和商品间是多对多的联系，即 $m:n$。

③ 确定联系的名称和属性。

联系的名称：订单明细；属性：单价，数量。

④ 画出顾客、订单、商品之间关系的 E-R 图。

顾客、订单、商品之间关系的 E-R 图如实验图 1.3 所示。

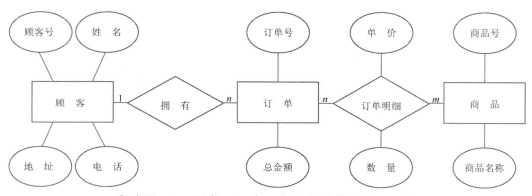

实验图 1.3　顾客、订单、商品之间关系的 E-R 图

⑤ 将 E-R 图转换为关系模式，写出表的关系模式并标明各自的主码。

顾客（顾客号，姓名，地址，电话），主码：顾客号；

订单（订单号，总金额，顾客号），主码：订单号；

订单明细（订单号，商品号，单价，数量），主码：订单号，商品号；

商品（商品号，商品名称），主码：商品号。

（4）设某汽车运输公司想开发车辆管理系统，其中，车队信息包括车队号、车队名等；车辆信息包括车辆牌号、厂家、出厂日期等；司机信息包括司机编号、姓名、电话等。车队与司机之间存在"聘用"联系，每个车队可以聘用若干个司机，但每个司机只能应聘一个车队，车队聘用司机有"聘用开始时间"和"聘期"两个属性；车队与车辆之间存在"拥有"联系，每个车队可以拥有若干个车辆，但每辆车只能属于一个车队；司机与车辆之间存在着"使用"联系，司机使用车辆有"使用日期"和"千米数"两个属性，每个司机可以使用多辆汽车，每辆汽车可以被多个司机使用。

① 确定实体及其属性。

车队：车队号、车队名；

车辆：车辆牌号、厂家、生产日期；

司机：司机编号、姓名、电话、车队号。

② 确定实体之间的联系，给联系命名并指出联系的类型。

车队与车辆的联系类型是 $1:n$，联系的名称为拥有；车队与司机的联系类型是 $1:n$，联系的名称为聘用；车辆和司机的联系类型为 $m:n$，联系的名称为使用。

③ 确定联系的名称和属性。

联系"聘用"有"聘用开始时间"和"聘期"两个属性；联系"使用"有"使用日期"和"千米数"两个属性。

④ 画出 E-R 图。

车队、车辆和司机关系的 E-R 图如实验图 1.4 所示。

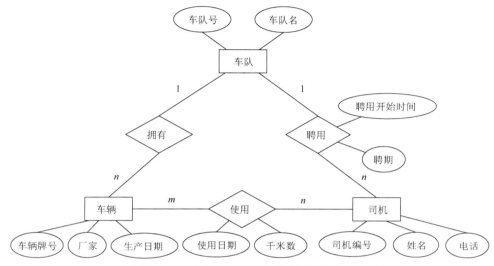

实验图 1.4 车队、车辆和司机关系的 E-R 图

⑤ 将 E-R 图转换为关系模式，写出表的关系模式并标明各自的主码。

车队（<u>车队号</u>，车队名），主码：车队号；

车辆（<u>车辆牌号</u>，厂家，生产日期，车队号），主码：车辆牌号；

司机（<u>司机编号</u>，姓名，电话，车队号，聘用开始时间，聘期），主码：司机编号；

使用（<u>司机编号</u>，<u>车辆牌号</u>，使用日期，千米数），主码：司机编号，车辆牌号。

3．设计性实验

（1）设计存储生产厂商和产品信息的数据库，生产厂商的信息包括厂商名称、地址、电话；产品信息包括品牌、型号、价格；生产厂商生产某产品的数量和日期。

① 确定产品实体和生产厂商实体的属性。

② 确定产品和生产厂商之间的联系，为联系命名并指出联系的类型。

③ 确定联系的名称和属性。

④ 画出产品与生产厂商关系的 E-R 图。

⑤ 将 E-R 图转换为关系模式，写出表的关系模式并标明各自的主码。

（2）某房地产交易公司，需要能够存储房地产交易中的客户、业务员和合同三者的信息的数据库，其中，客户信息包括客户编号、购房地址；业务员信息包括员工号、姓名、年龄；合同信息包括客户编号、员工号、合同有效时间。一个业务员可以接待多个客户，每个客户只能签署一个合同。

① 确定客户实体、业务员实体和合同的属性。

② 确定客户、业务员和合同三者之间的联系，为联系命名并指出联系的类型。

③ 确定联系的名称和属性。

④ 画出客户、业务员和合同三者关系的 E-R 图。

⑤ 将 E-R 图转换为关系模式，写出表的关系模式并标明各自的主码。

4．观察与思考

如果有 10 个不同的实体集，它们之间存在 12 个不同的二元联系（二元联系是指两个实体集之间的联系），其中 3 个 1∶1 联系，4 个 1∶n 联系，5 个 m∶n 联系，那么根据 E-R 图转换为关系模型的规则，这个 E-R 图转换的关系模式至少有多少个？

实验 1.2　SQL Server 2019 的安装和操作

1．实验目的及要求

（1）掌握 SQL Server 2019 的安装步骤。

（2）掌握连接到 SQL Server 服务器的步骤。

（3）掌握 SQL Server 服务的启动、停止、暂停、继续、重启等操作。

2．实验内容

（1）SQL Server 2019 的安装步骤参见第 1 章。

（2）连接到 SQL Server 服务器的操作步骤如下。

选择"开始"→"Microsoft SQL Server Tools 18"→"SQL Server Management Studio 18"命令，出现"连接到服务器"对话框，如实验图 1.5 所示。

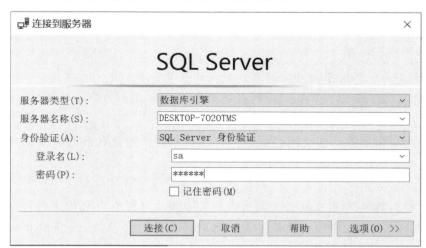

实验图 1.5　"连接到服务器"对话框

① 在"服务器类型"下拉列表中选择"数据库引擎"选项。

② 在"服务器名称"下拉列表中选择"DESKTOP-7O2OTMS"选项。

③ 在"身份验证"下拉列表中选择"SQL Server 身份验证"选项。

④ 在"登录名"下拉列表中选择"sa"选项。

⑤ 在"密码"文本框中输入"123456"，此为安装过程中设置的密码。

单击"连接"按钮，即可启动 SQL Server Management Studio，并连接到 SQL Server 服务器。

（3）SQL Server 服务的启动、停止、暂停、继续、重启等操作，有以下两种常用的实现方法。

① 使用操作系统中的"服务"命令。

选择"控制面板"→"管理工具"→"服务"命令，出现"服务"对话框，在右边的列表框中选择所需的服务，右击"SQL Server (MSSQLSERVER)"并在弹出的快捷菜单中选择相应的命令，即可进行 SQL Server 服务的启动、停止、暂停、继续、重启等操作，如实验图 1.6 所示。

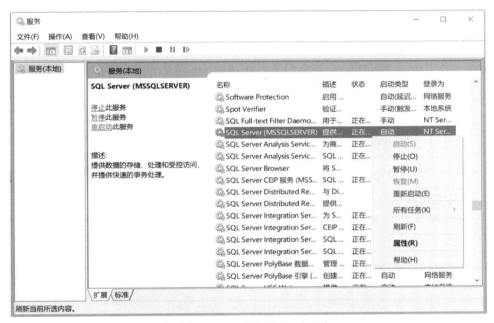

实验图 1.6 "服务"对话框

② 使用 SQL Server 配置管理器。

单击"开始"按钮，在弹出的快捷菜单中选择"Microsoft SQL Server 2019"→"SQL Server 2019 配置管理器"命令，出现"SQL Server 配置管理器"窗口，在右边的列表框中选择所需的服务，右击"SQL Server (MSSQLSERVER)"并在弹出的快捷菜单中选择相应的命令，即可进行 SQL Server 服务的启动、停止、暂停、继续、重启等操作。

实验 2　SQL Server 数据库

1．实验目的及要求

（1）理解 SQL Server 数据库的基本概念。

（2）掌握使用 T-SQL 语句创建数据库、修改数据库、删除数据库、创建和删除数据库快照的命令和方法，具备编写和调试创建数据库、修改数据库、删除数据库、创建和删除数据库快照的代码的能力。

2．验证性实验

使用 T-SQL 语句创建学生数据库 stpm，数据库 stpm 在实验中会多次用到。

（1）创建全部使用默认值的数据库 stpm。

```
CREATE DATABASE stpm
```

（2）创建数据库 stpm1。其主数据文件为 stpm1.mdf，初始大小为 14MB，增量为 2MB，增长无限制；事务日志文件为 stpm1_log.ldf，初始大小为 2MB，增量为 8%，最大文件大小为 115MB。

```
CREATE DATABASE stpm1
    ON
    (
        NAME='stpm1',
        FILENAME='C:\Program Files\Microsoft SQL Server\MSSQL15.MSSQLSERVER\
MSSQL\DATA\stpm1.mdf',
        SIZE=14MB,
        MAXSIZE=UNLIMITED,
        FILEGROWTH=2MB
    )
    LOG ON
    (
        NAME='stpm1_log',
        FILENAME='C:\Program Files\Microsoft SQL Server\MSSQL15.MSSQLSERVER\
MSSQL\DATA\stpm1_log.ldf',
        SIZE=2MB,
        MAXSIZE=115MB,
```

```
            FILEGROWTH=8%
    )
```

（3）修改数据库 stpm1，首先增加数据文件 stpm1add.ndf，再删除数据文件 stpm1add.ndf。

```
ALTER DATABASE stpm1
    ADD FILE
    (
        NAME = 'stpm1add',
        FILENAME='C:\Program  Files\Microsoft  SQL  Server\MSSQL15.MSSQLSERVER\
MSSQL\DATA\stpm1add.ndf',
        SIZE=12MB,
        MAXSIZE=130MB,
        FILEGROWTH=3MB
    )

ALTER DATABASE stpm1
    REMOVE FILE stpm1add
```

（4）删除数据库 stpm1。

```
DROP DATABASE stpm1
```

（5）创建数据库快照 stpm_snapshot。

```
USE master
GO
CREATE DATABASE stpm_snapshot
    ON
    (
        NAME='stpm',
        FILENAME='D:\SQLServer2019\stpm_snapshot.mdf'
    )
    AS SNAPSHOT OF stpm
GO
```

（6）删除数据库快照 stpm_snapshot。

```
DROP DATABASE stpm_snapshot
```

3．设计性实验

使用 T-SQL 语句创建图书借阅实验数据库 libpm。

（1）创建全部使用默认值的数据库 libpm。

（2）创建数据库 libpm1，主数据文件为 libpm1.mdf，初始大小为 11MB，增量为 7%，最大文件大小为 150MB；事务日志文件为 libpm1_log.ldf，初始大小为 3MB，增量为 2MB，最大文件大小为 80MB。

（3）修改数据库 libpm1，首先增加数据文件 libpm1bk.ndf 和事务日志文件 libpm1bk_log.ldf，再删除数据文件 libpm1bk.ndf 和事务日志文件 libpm1bk_log.ldf。

（4）删除数据库 libpm1。

（5）创建数据库快照 libpm_snapshot。

（6）删除数据库快照 libpm_snapshot。

4．观察与思考

（1）在数据库 libpm 已经存在的情况下，使用 CREATE DATABASE 语句创建数据库 libpm，查看错误信息。怎样避免数据库已经存在又再创建的错误？

（2）能够删除系统数据库吗？

实验 3　数据表

实验 3.1　创建表

1．实验目的及要求

（1）理解数据定义语言的概念和 CREATE TABLE 语句、ALTER TABLE 语句、DROP TABLE 语句的语法格式。

（2）理解表的基本概念。

（3）掌握使用数据定义语言创建表的操作，具备编写和调试创建表、修改表、删除表的代码的能力。

2．验证性实验

学生数据库 stpm 是本书用到的实验数据库，包含学生表 StudentInfo、课程表 CourseInfo、成绩表 ScoreInfo、教师表 TeacherInfo、讲课表 LectureInfo，它们的表结构分别如实验表 3.1、实验表 3.2、实验表 3.3、实验表 3.4、实验表 3.5 所示。

实验表 3.1　StudentInfo（学生表）的表结构

列名	数据类型	允许 null 值	是否主键	说明
StudentNo	varchar(6)		主键	学号
Name	varchar(8)			姓名
Sex	varchar(2)			性别
Birthday	date			出生日期
Speciality	varchar(12)	√		专业
Native	varchar(20)	√		籍贯

实验表 3.2　CourseInfo（课程表）的表结构

列名	数据类型	允许 null 值	是否主键	说明
CourseNo	varchar(4)		主键	课程号
CourseName	varchar (16)			课程名
Credit	tinyint	√		学分

实验表 3.3 ScoreInfo（成绩表）的表结构

列名	数据类型	允许 null 值	是否主键	说明
StudentNo	varchar(6)		主键	学号
CourseNo	varchar(4)		主键	课程号
Grade	tinyint	√		成绩

实验表 3.4 TeacherInfo（教师表）的表结构

列名	数据类型	允许 null 值	是否主键	说明
TeacherNo	varchar(6)		主键	教师编号
TeacherName	varchar(8)			姓名
TeacherSex	varchar(2)			性别
TeacherBirthday	date			出生日期
School	varchar(12)	√		学院
TeacherNative	varchar(20)	√		籍贯

实验表 3.5 LectureInfo（讲课表）的表结构

列名	数据类型	允许 null 值	是否主键	说明
TeacherNo	varchar(6)		主键	教师编号
CourseNo	varchar(4)		主键	课程号
Location	varchar(10)	√		上课地点

在数据库 stpm 中，验证和调试创建表、修改表、删除表的代码。

（1）使用 CREATE TABLE 语句，创建 CourseInfo 表。

```
CREATE TABLE CourseInfo
   (
      CourseNo varchar(4) NOT NULL PRIMARY KEY,
      CourseName varchar(16) NOT NULL,
      Credit tinyint NULL
   )
```

（2）由 CourseInfo 表创建 CourseInfo1 表。

```
SELECT CourseNo, CourseName, Credit INTO CourseInfo1
FROM CourseInfo
```

（3）使用 ALTER TABLE 语句的 ADD 子句，在 CourseInfo 表中增加一列 Cid，值不为空。

```
ALTER TABLE CourseInfo
ADD Cid varchar(4) NOT NULL
```

（4）使用 ALTER TABLE 语句的 ALTER COLUMN 子句，将 CourseInfo1 表的列 CourseName 的数据类型改为 char，值可为空。

```
ALTER TABLE CourseInfo1
ALTER COLUMN CourseName char(16) NULL
```

（5）使用 ALTER TABLE 语句的 DROP 子句，在 CourseInfo 表中删除列 Cid。

```
ALTER TABLE CourseInfo
DROP COLUMN Cid
```

（6）使用 DROP TABLE 语句删除 CourseInfo1 表。

```
DROP TABLE CourseInfo1
```

3．设计性实验

在数据库 stpm 中，设计、编写和调试创建表、修改表、删除表的代码。

（1）创建 StudentInfo 表。

（2）由 StudentInfo 表创建 StudentInfo1 表。

（3）在 StudentInfo 表中增加一列 Sno，值不为空。

（4）将 StudentInfo1 表的列 Speciality 的数据类型改为 char。

（5）在 StudentInfo 表中删除列 Sno。

（6）删除 StudentInfo1 表。

4．观察与思考

（1）在创建表的语句中，NOT NULL 的作用是什么？

（2）一个表可以设置几个主键？

（3）主键列能否修改为 NULL？

实验 3.2　表数据操作

1．实验目的及要求

（1）理解数据操纵语言的概念和 INSERT 语句、UPDATE 语句、DELETE 语句的语法格式。

（2）掌握使用数据操纵语言的 INSERT 语句进行表数据的插入、使用 UPDATE 语句进行表数据的修改和使用 DELETE 语句进行表数据的删除操作的能力。

（3）具备编写和调试插入数据、修改数据和删除数据的代码的能力。

2．验证性实验

在学生数据库 stpm 中，学生表 StudentInfo、课程表 CourseInfo、成绩表 ScoreInfo、教师表 TeacherInfo、讲课表 LectureInfo 的样本数据分别如实验表 3.6、实验表 3.7、实验表 3.8、实验表 3.9、实验表 3.10 所示。

实验表 3.6　StudentInfo（学生表）的样本数据

学号	姓名	性别	出生日期	专业	籍贯
201001	孟志敏	男	2000-05-19	计算机	北京
201002	秦红梅	女	2000-02-25	计算机	四川
201003	管林锋	男	1999-11-23	计算机	上海
205001	叶倩	女	1999-07-08	通信	四川

学号	姓名	性别	出生日期	专业	籍贯
205002	钱亚兰	女	2000-06-17	通信	上海
205004	彭宇	男	1999-12-06	通信	北京

实验表 3.7　CourseInfo（课程表）的样本数据

课程号	课程名	学分
1004	数据库系统	4
1009	软件工程	3
1201	英语	5
5002	数字电路	3
8001	高等数学	5

实验表 3.8　ScoreInfo（成绩表）的样本数据

学号	课程号	成绩	学号	课程号	成绩
201001	1004	93	205001	5002	92
201002	1004	87	205002	5002	79
201003	1004	91	205004	5002	87
205001	1201	93	201001	8001	94
205002	1201	88	202002	8001	86
205004	1201	93	202003	8001	91
201001	1201	94	205001	8001	91
201002	1201	77	205002	8001	NULL
201003	1201	91	205004	8001	92

实验表 3.9　TeacherInfo（教师表）的样本数据

教师编号	姓名	性别	出生日期	学院	籍贯
100004	徐明杰	男	1974-07-21	计算机学院	上海
100025	祝志浩	男	1979-12-06	计算机学院	北京
120037	柳英	女	1978-06-15	外国语学院	上海
400012	方丽	女	1986-08-23	通信学院	四川
800026	洪克勤	男	1976-11-18	数学学院	北京

实验表 3.10　LectureInfo（讲课表）的样本数据

教师编号	课程号	上课地点
100004	1004	1-105
120037	1201	5-209
400012	5002	3-214
800026	8001	4-112

设课程表 CourseInfo、CourseInfo2 的表结构已经创建，编写和调试表数据的插入、修改和删除的代码，完成以下操作。

（1）向 CourseInfo 表中插入样本数据。

```
INSERT INTO CourseInfo
    VALUES('1004','数据库系统',4),
    ('1009','软件工程',3),
```

```
('1201','英语',4),
('5002','数字电路',3),
('8001','高等数学',4);
```

（2）使用 SELECT…INTO 语句创建一个新表 CourseInfo1，将 CourseInfo 表的记录填充到该表中。

```
SELECT CourseNo, CourseName, Credit INTO CourseInfo1
FROM CourseInfo
```

（3）采用 3 种不同的方法，向 CourseInfo2 表中插入数据。

① 省略列名表，插入记录('1009','软件工程',3)。

```
INSERT INTO CourseInfo2 VALUES('1009','软件工程',3)
```

② 不省略列名表，插入课程名为"数字电路"、课程号为"5002"、学分为 3 的记录。

```
INSERT INTO CourseInfo2(CourseName, CourseNo, Credit)
    VALUES('数字电路', '5002', 3)
```

③ 插入课程名为"通信原理"、课程号为"5015"的记录。

```
INSERT INTO CourseInfo2(CourseName, CourseNo)
    VALUES('通信原理', '5015')
```

（4）在 CourseInfo2 表中，将"通信原理"的学分改为 3。

```
UPDATE CourseInfo2
SET Credit=3
WHERE CourseName='通信原理'
```

（5）在 CourseInfo2 表中，将所有的学分增加 1 分。

```
UPDATE CourseInfo2
SET Credit=Credit+1
```

（6）在 CourseInfo2 表中，删除课程号为"5015"的记录。

```
DELETE FROM CourseInfo2
WHERE CourseNo='5015'
```

（7）采用 2 种不同的方法，删除表中的全部记录。

① 使用 DELETE 语句删除 CourseInfo1 表中的全部记录。

```
DELETE FROM CourseInfo1
```

② 使用 TRUNCATE 语句删除 CourseInfo2 表中的全部记录。

```
TRUNCATE TABLE CourseInfo2
```

3．设计性实验

设学生表 StudentInfo、StudentInfo2 的表结构已经创建，设计、编写和调试表数据的插入、修改和删除的代码，完成以下操作。

（1）向 StudentInfo 表中插入样本数据。

（2）使用 SELECT…INTO 语句创建一个新表 StudentInfo1，将 StudentInfo 表的记录填充到该表中。

（3）采用 3 种不同的方法，向 StudentInfo2 表中插入数据。

① 省略列名表，插入记录('201001','孟志敏','男','2000-05-19','计算机','北京')。

② 不省略列名表，插入姓名为"叶倩"、性别为"女"、出生日期为"1999-07-08"、学号为"205001"、专业为"通信"、籍贯为"四川"的记录。

③ 插入姓名为"周勇"、性别为"男"、出生日期为"2000-03-14"、学号为"205005"的记录。

（4）在 StudentInfo2 表中，将姓名为"叶倩"的记录的出生日期改为"1999-04-08"。

（5）在 StudentInfo2 表中，将姓名为"周勇"的记录的专业改为"通信"、籍贯改为"上海"。

（6）在 StudentInfo2 表中，删除姓名为"周勇"的记录。

（7）采用 2 种不同的方法，删除表中的全部记录。

① 使用 DELETE 语句删除 StudentInfo1 表中的全部记录。

② 使用 TRUNCATE 语句删除 StudentInfo2 表中的全部记录。

4．观察与思考

（1）省略列名表插入记录需要满足什么条件？

（2）将已有的表的记录快速插入到当前表中，使用什么语句？

（3）比较 DELETE 语句和 TRUNCATE 语句的异同。

（4）DROP 语句与 DELETE 语句有何区别？

实验 4　数据查询

实验 4.1　单表查询

1．实验目的及要求

（1）理解数据查询语言的概念和 SELECT 语句的语法格式。

（2）掌握单表查询中的 SELECT 子句、FROM 子句、WHERE 子句、GROUP BY 子句、HAVING 子句、ORDER BY 子句的使用方法。

（3）具备编写和调试 SELECT 语句的代码以进行数据库单表查询的能力。

2．验证性实验

对 stpm 数据库进行数据查询，验证和调试查询语句的代码。

（1）列出 CourseInfo 表的有关课程号、课程名的记录。

```
USE stpm
SELECT CourseNo, CourseName
FROM CourseInfo
```

（2）使用两种方式列出 ScoreInfo 表的所有记录。

① 使用列名表。

```
USE stpm
SELECT StudentNo, CourseNo, Grade
FROM ScoreInfo
```

② 使用 "*"。

```
USE stpm
SELECT *
FROM ScoreInfo
```

（3）使用两种方式，列出学分为 3 分和 4 分的课程信息。

① 使用 IN 关键字。

```
USE stpm
```

```
SELECT *
FROM CourseInfo
WHERE Credit IN (3, 4)
```

② 使用 OR 关键字。

```
USE stpm
SELECT *
FROM CourseInfo
WHERE Credit=3 OR Credit=4
```

（4）使用两种方式列出 CourseInfo 表中学分为 4 分到 5 分的课程信息。

① 使用指定范围关键字。

```
USE stpm
SELECT *
FROM CourseInfo
WHERE Credit BETWEEN 4 AND 5
```

② 使用比较运算符。

```
USE stpm
SELECT *
FROM CourseInfo
WHERE Credit>=4 AND Credit<=5
```

（5）列出含有"软件"的课程信息。

```
USE stpm
SELECT *
FROM CourseInfo
WHERE CourseName LIKE '软件%'
```

（6）对于 ScoreInfo 表，列出各门课程的选修人数。

```
USE stpm
SELECT CourseNo AS 课程号, COUNT(StudentNo) AS 学生人数
FROM ScoreInfo
GROUP BY CourseNo
```

（7）列出各门课程的最高成绩、最低成绩和平均成绩。

```
USE stpm
SELECT  CourseNo  AS  课程号,  MAX(Grade)  AS  最高成绩,  MAX(Grade)  AS  最低成绩,
AVG(Grade) AS 平均成绩
FROM ScoreInfo
GROUP BY CourseNo
```

（8）按照学分从低到高的顺序排列课程信息。

```
USE stpm
```

```
SELECT *
FROM CourseInfo
ORDER BY Credit
```

（9）按照从高到低的顺序排列学分，列出前 3 名的课程信息。

```
USE stpm
SELECT TOP 3 *
FROM CourseInfo
ORDER BY Credit DESC
```

3. 设计性实验

对 stpm 数据库进行数据查询，设计、编写和调试查询语句的代码，完成以下操作。

（1）列出 StudentInfo 表的有关学号、姓名和籍贯的记录。

（2）使用两种方式列出 StudentInfo 表的所有记录。

① 使用列名表。

② 使用 "*"。

（3）对于 ScoreInfo 表，使用两种方式查询学分为 87 分和 92 分的成绩信息。

① 使用 IN 关键字。

② 使用 OR 关键字。

（4）使用两种方式列出学分为 85 分到 95 分的成绩信息。

① 使用指定范围关键字。

② 使用比较运算符。

（5）列出籍贯为"上海"的学生的信息。

（6）列出每个专业的人数。

（7）列出 1004 课程的平均成绩、最高分和最低分。

（8）将 1201 课程的成绩按从低到高的顺序排列。

（9）按照从高到低的顺序排列 8001 课程的成绩，列出前 3 名的信息。

4. 观察与思考

（1）LIKE 的通配符 "%" 和 "_" 有何不同？

（2）IS 能用 "=" 来代替吗？

（3）"=" 与 IN 在什么情况下的作用相同？

（4）空值的使用，可分为哪几种情况？

（5）聚集函数能否直接使用在 SELECT 子句、WHERE 子句、GROUP BY 子句、HAVING 子句中？

（6）WHERE 子句与 HAVING 子句有何不同？

（7）COUNT (*)、COUNT (列名)、COUNT (DISTINCT 列名)三者的区别是什么？

实验 4.2　多表查询

1. 实验目的及要求

（1）理解连接查询、子查询以及联合查询的语法格式。

（2）掌握连接查询、子查询以及联合查询操作的使用方法。

（3）具备编写和调试连接查询、子查询以及联合查询语句的代码以进行数据库查询的能力。

2. 验证性实验

对 stpm 数据库进行数据查询，验证和调试数据查询的代码。

（1）对课程表 CourseInfo 和成绩表 ScoreInfo 进行交叉连接，观察所有可能的组合。

```
USE stpm
SELECT *
FROM CourseInfo CROSS JOIN ScoreInfo
```

或

```
USE stpm
SELECT *
FROM CourseInfo, ScoreInfo
```

（2）对课程表 CourseInfo 和成绩表 ScoreInfo 进行等值连接。

① 使用 JOIN 关键字的表示方式。

```
USE stpm
SELECT *
FROM CourseInfo INNER JOIN ScoreInfo ON CourseInfo.CourseNo=ScoreInfo.CourseNo
```

② 使用连接谓词的表示方式。

```
USE stpm
SELECT *
FROM CourseInfo, ScoreInfo
WHERE CourseInfo.CourseNo=ScoreInfo.CourseNo
```

（3）对课程表 CourseInfo 和成绩表 ScoreInfo 进行自然连接。

```
USE stpm
SELECT CourseInfo.*, StudentNo, Grade
FROM CourseInfo JOIN ScoreInfo ON CourseInfo.CourseNo=ScoreInfo.CourseNo
```

（4）查询选修"数据库系统"的学生的姓名、专业、课程号和成绩。

① 使用 JOIN 关键字的表示方式。

```
USE stpm
```

```
SELECT Name, Speciality, CourseName, Grade
FROM CourseInfo a JOIN ScoreInfo b ON a.CourseNo=b.CourseNo JOIN StudentInfo c
ON b.StudentNo=c.StudentNo
WHERE CourseName='数据库系统'
```

② 使用连接谓词的表示方式。

```
USE stpm
SELECT Name, Speciality, CourseName, Grade
FROM CourseInfo a, ScoreInfo b, StudentInfo c
WHERE a.CourseNo=b.CourseNo AND b.StudentNo=c.StudentNo AND a.CourseName='数据库系统'
```

（5）分别对课程表 CourseInfo 和成绩表 ScoreInfo 进行左外连接、右外连接和全外连接。

① 左外连接。

```
USE stpm
SELECT CourseName, StudentNo
FROM CourseInfo LEFT OUTER JOIN ScoreInfo ON CourseInfo.CourseNo=ScoreInfo.CourseNo
```

② 右外连接。

```
USE stpm
SELECT CourseName, StudentNo
FROM CourseInfo RIGHT OUTER JOIN ScoreInfo ON CourseInfo.CourseNo=ScoreInfo.CourseNo
```

③ 全外连接。

```
USE stpm
SELECT CourseName, StudentNo
FROM CourseInfo FULL OUTER JOIN ScoreInfo ON CourseInfo.CourseNo=ScoreInfo.CourseNo
```

（6）采用 IN 子查询列出"英语"的成绩信息。

```
USE stpm
SELECT *
FROM ScoreInfo
WHERE CourseNo IN
    (SELECT CourseNo
     FROM CourseInfo
     WHERE CourseName='英语'
     )
```

（7）列出选修课程"1004"的成绩高于选修课程"5002"的成绩的信息。

```
USE stpm
```

```
SELECT *
FROM ScoreInfo
WHERE CourseNo='1004' AND Grade>=ANY
    (SELECT Grade
     FROM ScoreInfo
     WHERE CourseNo='5002'
    )
```

（8）采用 EXISTS 子查询列出选修"数字电路"的学生的姓名。

```
USE stpm
SELECT Name AS '姓名'
FROM StudentInfo a
WHERE EXISTS
    (SELECT *
     FROM ScoreInfo b, CourseInfo c
     WHERE a.StudentNo=b.StudentNo AND b.CourseNo=c.CourseNo AND CourseName='
数字电路'
    )
```

（9）列出选修"数据库系统"和"英语"的学生的信息。

```
USE stpm
SELECT StudentNo
FROM ScoreInfo a, CourseInfo b
WHERE a.CourseNo=b.CourseNo AND CourseName='数据库系统'
UNION
SELECT StudentNo
FROM ScoreInfo a, CourseInfo b
WHERE a.CourseNo=b.CourseNo AND CourseName='英语'
```

3．设计性实验

在数据库 stpm 中，设计、编写和调试查询语句的代码，完成以下操作。

（1）对学生表 StudentInfo 和成绩表 ScoreInfo 进行交叉连接，观察所有可能的组合。

（2）对学生表 StudentInfo 和成绩表 ScoreInfo 进行等值连接。

① 使用 JOIN 关键字的表示方式。

② 使用连接谓词的表示方式。

（3）对学生表 StudentInfo 和成绩表 ScoreInfo 进行自然连接。

（4）查询籍贯为"北京"的学生的姓名、专业、课程和成绩。

① 使用 JOIN 关键字的表示方式。

② 使用连接谓词的表示方式。

（5）分别对教师表 TeacherInfo 和讲课表 LectureInfo 进行左外连接、右外连接和全外连接。

① 左外连接。

② 右外连接。

③ 全外连接。

（6）查询"计算机"专业的学生的姓名、专业、课程和成绩。

（7）查询"徐明杰"的专业、课程和成绩。

（8）查询所有任课教师的姓名和学院。

（9）列出选修过"8001"课程但未选修过"1004"课程的学生。

4．观察与思考

（1）使用 JOIN 关键字的表示方式和使用连接谓词的表示方式有什么不同？

（2）内连接与外连接有何区别？

（3）举例说明 IN 子查询、比较子查询和 EXIST 子查询的用法。

（4）关键字 ALL、SOME 和 ANY 对比较运算有何限制？

实验 5　索引和视图

实验 5.1　索引

1. 实验目的及要求

（1）理解索引的概念。

（2）掌握创建索引、查看表上建立的索引、删除索引的方法。

（3）具备编写和调试创建索引语句、查看表上建立的索引语句、删除索引语句的代码的能力。

2. 验证性实验

对 stpm 数据库的课程表 CourseInfo，验证和调试创建、查看和删除索引语句的代码。

（1）按 CourseInfo 表的 CourseName 列建立一个非聚集索引 I_CourseName。

```
USE stpm
CREATE INDEX I_CourseName ON CourseInfo(CourseName)
```

（2）按 CourseInfo 表的 CourseNo 列建立一个唯一聚集索引 I_CourseNo（创建前先删除现有的聚集索引）。

```
USE stpm
CREATE UNIQUE CLUSTERED INDEX I_CourseNo ON CourseInfo(CourseNo)
```

（3）按 CourseInfo 表的 Credit 列（降序）和 CourseName 列（升序）建立一个组合索引 I_Credit_CourseName。

```
USE stpm
CREATE INDEX I_Credit_CourseName ON CourseInfo(Credit DESC, CourseName)
```

（4）查看 CourseInfo 表创建的索引。

```
USE stpm
GO
EXEC sp_helpindex CourseInfo
GO
```

（5）删除已创建的索引 I_Credit_CourseName。

```
USE stpm
DROP INDEX CourseInfo.I_Credit_CourseName
```

3．设计性实验

对 stpm 数据库的学生表 StudentInfo，设计、编写和调试创建、查看和删除索引语句的代码。

（1）按 StudentInfo 表的 Name 列建立一个非聚集索引 I_Name。

（2）按 StudentInfo 表的 StudentNo 列建立一个唯一聚集索引 I_StudentNo（创建前先删除现有的聚集索引）。

（3）按 StudentInfo 表的 Native 列（降序）和 Name 列（升序）建立一个组合索引 I_Native_Name。

（4）查看 StudentInfo 表创建的索引。

（5）删除已创建的索引 I_Native_Name。

4．观察与思考

（1）索引有何作用？

（2）使用索引有何代价？

（3）数据库中的索引被破坏后会产生什么结果？

实验 5.2　视图

1．实验目的及要求

（1）理解视图的概念。

（2）掌握创建、修改、删除视图的方法，掌握通过视图进行插入、删除、修改数据的方法。

（3）具备编写和调试创建、修改、删除视图语句和更新视图语句的代码的能力。

2．验证性实验

对 stpm 数据库的课程表 CourseInfo 和成绩表 ScoreInfo，验证和调试创建、修改、删除视图语句的代码。

（1）创建视图 V_CourseInfoScoreInfo，包括学号、课程号、课程名、成绩、学分。

```
USE stpm
GO
CREATE VIEW V_CourseInfoScoreInfo
AS
SELECT StudentNo, a.CourseNo, CourseName, Grade, Credit
    FROM CourseInfo a, ScoreInfo b
    WHERE a.CourseNo=b.CourseNo
```

```
        WITH CHECK OPTION
    GO
```

（2）查看视图 V_CourseInfoScoreInfo 的所有记录。

```
USE stpm
SELECT *
FROM V_CourseInfoScoreInfo
```

（3）查看"高等数学"的成绩信息。

```
USE stpm
SELECT *
FROM V_CourseInfoScoreInfo
WHERE CourseName='高等数学'
```

（4）更新视图，将"数字电路"的学分改为 4 分。

```
USE stpm
UPDATE V_CourseInfoScoreInfo SET Credit=4
WHERE CourseName='数字电路'
```

（5）对视图 V_CourseInfoScoreInfo 进行修改，指定课程名为"英语"。

```
USE stpm
GO
ALTER VIEW V_CourseInfoScoreInfo
AS
SELECT StudentNo, a.CourseNo, CourseName, Grade, Credit
    FROM CourseInfo a, ScoreInfo b
    WHERE a.CourseNo=b.CourseNo AND CourseName='英语'
    WITH CHECK OPTION
GO
```

（6）创建索引视图 V_indexCourseInfo。

```
USE stpm
GO
CREATE VIEW V_indexCourseInfo
WITH SCHEMABINDING
AS
SELECT CourseNo, CourseName, Credit
    FROM dbo.CourseInfo
GO
CREATE UNIQUE CLUSTERED INDEX I_CourseNoCourseInfo ON V_indexCourseInfo(CourseNo)
GO
```

（7）删除 V_CourseInfoScoreInfo 视图。

```
USE stpm
DROP VIEW V_CourseInfoScoreInfo
```

3．设计性实验

对 stpm 数据库的学生表 StudentInfo 和成绩表 ScoreInfo，设计、编写和调试创建、修改、删除视图语句的代码。

（1）创建视图 V_StudentInfoScoreInfo，包括学号、姓名、课程号、成绩、专业、籍贯。

（2）查看视图 V_StudentInfoScoreInfo 的所有记录。

（3）查看学生"孟志敏"的成绩。

（4）更新视图，将学生"钱亚兰"的籍贯修改为北京。

（5）对视图 V_StudentInfoScoreInfo 进行修改，指定专业为"计算机"。

（6）创建索引视图 V_indexStudentInfo。

（7）删除 V_StudentInfoScoreInfo 视图。

4．观察与思考

（1）在视图中插入的数据能进入基表吗？

（2）修改基表中的数据会自动映射到相应的视图中吗？

（3）哪些视图中的数据不可以进行插入、修改、删除操作？

实验 6　完整性约束

1. 实验目的及要求

（1）理解域和实体完整性、参照完整性、用户定义完整性的概念。

（2）掌握通过完整性约束实现数据完整性的方法和操作。

（3）具备编写 PRIMARY KEY 约束、UNIQUE 约束、FOREIGN KEY 约束、CHECK 约束的代码的能力。

2. 验证性实验

对 stpm 数据库的课程表 CourseInfo 和成绩表 ScoreInfo，验证和调试完整性实验的代码。

（1）在 stpm 数据库中，创建 CourseInfo1 表，以列级完整性约束的方式定义主键。

```
USE stpm
CREATE TABLE CourseInfo1
    (
        CourseNo varchar(4) NOT NULL PRIMARY KEY,
        CourseName varchar(16) NOT NULL,
        Credit tinyint NULL
    )
```

（2）在 stpm 数据库中，创建 CourseInfo2 表，以表级完整性约束的方式定义主键，并指定主键约束的名称。

```
USE stpm
CREATE TABLE CourseInfo2
    (
        CourseNo varchar(4) NOT NULL,
        CourseName varchar(16) NOT NULL,
        Credit tinyint NULL
        CONSTRAINT PK_CourseInfo2 PRIMARY KEY(CourseNo)
    )
```

（3）删除在（2）中创建的 CourseInfo2 表上的主键约束。

```
USE stpm
```

```
ALTER TABLE CourseInfo2
DROP CONSTRAINT PK_CourseInfo2
```

（4）重新在 CourseInfo2 表上定义主键约束。

```
USE stpm
ALTER TABLE CourseInfo2
ADD CONSTRAINT PK_CourseInfo2 PRIMARY KEY(CourseNo)
```

（5）在 stpm 数据库中，创建 CourseInfo3 表，以列级完整性约束的方式定义唯一性约束。

```
USE stpm
CREATE TABLE CourseInfo3
    (
        CourseNo varchar(4) NOT NULL PRIMARY KEY,
        CourseName varchar(16) NOT NULL UNIQUE,
        Credit tinyint NULL
    )
```

（6）在 stpm 数据库中，创建 CourseInfo4 表，以表级完整性约束的方式定义唯一性约束，并指定唯一性约束的名称。

```
USE stpm
CREATE TABLE CourseInfo4
    (
        CourseNo varchar(4) NOT NULL PRIMARY KEY,
        CourseName varchar(16) NOT NULL,
        Credit tinyint NULL
        CONSTRAINT UQ_CourseInfo4 UNIQUE(CourseName)
    )
```

（7）删除在（6）中创建的 CourseInfo4 表上的唯一性约束。

```
USE stpm
ALTER TABLE CourseInfo4
DROP CONSTRAINT UQ_CourseInfo4
```

（8）重新在 CourseInfo4 表上定义唯一性约束。

```
USE stpm
ALTER TABLE CourseInfo4
ADD CONSTRAINT UQ_CourseInfo4 UNIQUE(CourseName)
```

（9）在 stpm 数据库中，创建 ScoreInfo1 表，以列级完整性约束的方式定义外键。

```
USE stpm
CREATE TABLE ScoreInfo1
    (
        StudentNo varchar(6) NOT NULL,
        CourseNo varchar(4) NOT NULL REFERENCES CourseInfo1(CourseNo),
```

```
          Grade tinyint NULL,
          PRIMARY KEY(StudentNo, CourseNo)
     )
```

（10）在 stpm 数据库中，创建 ScoreInfo2 表，以表级完整性约束的方式定义外键，指定外键约束的名称，并定义相应的参照动作。

```
USE stpm
CREATE TABLE ScoreInfo2
     (
          StudentNo varchar(6) NOT NULL,
          CourseNo varchar(4) NOT NULL,
          Grade tinyint NULL,
          PRIMARY KEY(StudentNo, CourseNo),
          CONSTRAINT FK_ScoreInfo2 FOREIGN KEY(CourseNo) REFERENCES CourseInfo2
(CourseNo)
          ON DELETE CASCADE
          ON UPDATE NO ACTION
     )
```

（11）删除在（10）中创建的 ScoreInfo2 表上的外键约束。

```
USE stpm
ALTER TABLE ScoreInfo2
DROP CONSTRAINT FK_ScoreInfo2
```

（12）重新在 ScoreInfo2 表上定义外键约束。

```
USE stpm
ALTER TABLE ScoreInfo2
ADD CONSTRAINT FK_ScoreInfo2 FOREIGN KEY(CourseNo) REFERENCES CourseInfo2(CourseNo)
```

（13）在 stpm 数据库中，创建 ScoreInfo3 表，以列级完整性约的束方式定义检查约束。

```
USE stpm
CREATE TABLE ScoreInfo3
     (
          StudentNo varchar(6) NOT NULL,
          CourseNo varchar(4) NOT NULL,
          Grade tinyint NULL CHECK(Grade>=0 AND Grade<=100),
          PRIMARY KEY(StudentNo, CourseNo)
     )
```

（14）在 stpm 数据库中，创建 ScoreInfo4 表，以表级完整性约束的方式定义检查约束，并指定检查约束的名称。

```
USE stpm
CREATE TABLE ScoreInfo4
     (
```

```
       StudentNo varchar(6) NOT NULL,
       CourseNo varchar(4) NOT NULL,
       Grade tinyint NULL,
       PRIMARY KEY(StudentNo, CourseNo),
       CONSTRAINT CK_ScoreInfo4 CHECK(Grade>=0 AND Grade<=100)
   )
```

（15）在 CourseInfo1 表的 Credit 列上添加 DEFAULT 约束，使 Credit 列的默认值为 4。

```
USE stpm
ALTER TABLE CourseInfo1
ADD CONSTRAINT DF_CourseInfo1 DEFAULT 4 FOR Credit
```

3．设计性实验

对 stpm 数据库的教师表 TeacherInfo、讲课表 LectureInfo，设计、编写和调试完整性实验的代码。

（1）在 stpm 数据库中，创建 TeacherInfo1 表，以列级完整性约束的方式定义主键。

（2）在 stpm 数据库中，创建 TeacherInfo2 表，以表级完整性约束的方式定义主键，并指定主键约束的名称。

（3）删除在（2）中创建的 TeacherInfo2 表上的主键约束。

（4）重新在 TeacherInfo2 表上定义主键约束。

（5）在 stpm 数据库中，创建 TeacherInfo3 表，以列级完整性约束的方式定义唯一性约束。

（6）在 stpm 数据库中，创建 TeacherInfo4 表，以表级完整性约束的方式定义唯一性约束，并指定唯一性约束的名称。

（7）删除在（6）中创建的 TeacherInfo4 表上的唯一性约束。

（8）重新在 TeacherInfo4 表上定义唯一性约束。

（9）在 stpm 数据库中，创建 LectureInfo1 表，以列级完整性约束的方式定义外键。

（10）在 stpm 数据库中，创建 LectureInfo2 表，以表级完整性约束的方式定义外键，指定外键约束的名称，并定义相应的参照动作。

（11）删除在（10）中创建的 LectureInfo2 表上的外键约束。

（12）重新在 LectureInfo2 表上定义外键约束。

（13）在 stpm 数据库中，创建 TeacherInfo5 表，以列级完整性约束的方式定义检查约束。

（14）在 stpm 数据库中，创建 TeacherInfo6 表，以表级完整性约束的方式定义检查约束，并指定检查约束的名称。

（15）在 TeacherInfo1 表中添加 DEFAULT 约束。

4．观察与思考

（1）一个表可以设置几个 PRIMARY KEY 约束，几个 UNIQUE 约束？

（2）UNIQUE 约束的列可以取 NULL 值吗？

（3）如果被参照表无数据，参照表的数据能输入吗？

（4）如果未指定参照动作，当删除被参照表的数据时，如果违反完整性约束，操作能否被禁止？

（5）定义外键时有哪些参照动作？

（6）能否先创建参照表，再创建被参照表？

（7）能否先删除被参照表，再删除参照表？

（8）设置 FOREIGN KEY 约束时应注意哪些问题？

实验 7 数据库程序设计

1. 实验目的及要求

（1）理解常量、变量、运算符和表达式、流程控制语句、系统内置函数、用户定义函数的概念。

（2）掌握常量、变量、运算符和表达式、系统内置函数、用户定义函数的使用方法。

（3）具备设计、编写和调试包含流程控制、系统内置函数、用户定义函数的语句的代码，并解决应用问题的能力。

2. 验证性实验

编写和调试包含流程控制、系统内置函数、用户定义函数语句的代码，解决以下应用问题。

（1）计算 1!+2!+3!+…+10! 的值。

```
DECLARE @s int, @i int, @j int, @m int
/*@s 为阶乘和，@i 为外层循环控制变量，@j 为内层循环控制变量，@m 为@i 的阶乘值*/
SET @s=0
SET @i=1
WHILE @i<=10
BEGIN
    SET @j=1
    SET @m=1
    WHILE @j<=@i
    BEGIN
        SET @m=@m*@j        /*求各项阶乘值*/
        SET @j=@j+1
    END
    SET @s=@s+@m            /*将各项累加*/
    SET @i=@i+1
END
PRINT '1!+2!+3!+...+10!= '+CAST(@s AS char(10))
```

（2）打印输出"下三角"形状的九九乘法表。

```
DECLARE  @i int, @j int, @s varchar(100)
```

```
    SET @i=1                        /*设置被乘数*/
    WHILE @i<=9                     /*外循环9次*/
    BEGIN
        SET @j=1                    /*设置乘数*/
        SET @s=''                   /*循环接收乘法表达式*/
        WHILE @j<=@i                /*内循环输出当前行的各个乘积等式项*/
        BEGIN
                                    /*输出当前行的各个乘积等式项时，留1个空字符的间距*/
            SET @s=@s+CAST(@i AS varchar(10))+'*'+CAST(@j AS varchar(10))+'='+CAST
(@i*@j AS varchar(10))+SPACE(1)
            SET @j=@j+1
        END
        PRINT @s
        SET @i=@i+1
    END
```

（3）使用 CASE 函数，将学生成绩转换为成绩等级。

```
USE stpm
SELECT StudentNo AS '学号', CourseNo AS '课程号', level=
    CASE
        WHEN Grade>=90 THEN 'A'
        WHEN Grade>=80 THEN 'B'
        WHEN Grade>=70 THEN 'C'
        WHEN Grade>=60 THEN 'D'
        WHEN Grade<60 THEN 'E'
    END
FROM ScoreInfo
WHERE CourseNo='1201' AND Grade IS NOT NULL
ORDER BY StudentNo
```

（4）创建一个标量函数 F_courseName，给定课程号，返回课程名。

```
USE stpm
GO
/* 创建标量函数 F_courseName，@CNo 为该函数的形参，对应的实参为课程号 */
CREATE FUNCTION F_courseName(@CNo varchar(4))
RETURNS varchar(16)                     /* 函数的返回值类型为 varchar 类型 */
AS
BEGIN
    DECLARE @CName varchar(16)          /* 定义变量@CName 为 varchar 类型 */
    /* 将实参指定的课程号传递给形参@CNo 作为查询条件，查询课程名 */
    SELECT @CName=(SELECT CourseName FROM CourseInfo WHERE CourseNo=@CNo)
    RETURN @CName                       /* 返回课程名的标量值 */
END
GO
```

```
USE stpm
DECLARE @CouNo varchar(4)
DECLARE @CouName varchar(16)
SELECT @CouNo = '5002'
SELECT @CouName=dbo.F_courseName(@CouNo)
SELECT @CouName AS '课程号 5002 的课程名'
GO
```

（5）创建一个内联表值函数 F_studentNameGrade，给定课程名，返回选修该课程的学生的姓名和成绩。

```
USE stpm
GO
/* 创建内联表值函数 F_studentNameGrade，@CName 为该函数的形参，对应的实参为课程名 */
CREATE FUNCTION F_studentNameGrade(@CName varchar(16))
RETURNS TABLE              /* 函数的返回值类型为表类型 */
AS
RETURN(SELECT Name, Grade
    FROM CourseInfo a, ScoreInfo b, StudentInfo c
    /* 将实参指定的课程名传递给形参@CName 作为查询条件，查询学生的姓名和成绩 */
    WHERE  a.CourseNo=b.CourseNo AND  b.StudentNo=c.StudentNo  AND  CourseName=
@CName)
    GO


USE stpm
SELECT * FROM F_studentNameGrade('英语')
GO
```

（6）创建一个多语句表值函数 F_courseNameGrade，由学号查询学生选修的课程和成绩。

```
USE stpm
GO
/* 创建多语句表值函数 F_courseNameGrade，@SNo 为该函数的形参，对应实参为学号 */
CREATE FUNCTION F_courseNameGrade(@SNo varchar(6))
RETURNS @tbl TABLE              /* 函数的返回值类型为表类型 */
    (
        SName varchar(8),
        CName varchar(16),
        Cd tinyint
    )
AS
BEGIN
    /*将实参指定的学号传递给形参@SNo 作为查询条件，查询学生选修的课程和成绩，通过
INSERT 语句插入到@tbl 表中 */
    INSERT @tbl     /*向@tbl 表插入满足条件的记录*/
    SELECT Name, CourseName, Grade
```

```
            FROM StudentInfo a JOIN ScoreInfo b ON a.StudentNo=b.StudentNo JOIN
CourseInfo c ON b.CourseNo=c.CourseNo
            WHERE a.StudentNo=@SNo
        RETURN
    END
GO


USE stpm
SELECT * FROM F_courseNameGrade('201001')
GO
```

3．设计性实验

设计、编写和调试包含流程控制、系统内置函数、用户定义函数语句的代码以解决下列应用问题。

（1）计算从 1 到 100 的偶数的和。

（2）打印输出"上三角"形状的九九乘法表。

（3）使用 CASE 函数，将教师职称转换为职称类型。

（4）创建一个标量函数，给定学号，返回学生姓名。

（5）创建一个内联表值函数，由学生姓名查询选修的课程和成绩。

（6）创建一个多语句表值函数，由专业名查询该专业学生的学号、姓名、选修的课程和成绩等情况。

4．观察与思考

（1）SQL Server 的运算符有那些？

（2）SQL Server 提供的流程控制语句与其他程序设计语言有何不同？

（3）T-SQL 提供了哪些系统内置函数？

（4）用户定义函数有哪些类型？各有何特点？

实验 8　数据库编程技术

实验 8.1　存储过程

1．实验目的及要求

（1）理解存储过程的概念。

（2）掌握存储过程的创建、调用、删除等操作和使用方法。

（3）具备设计、编写和调试存储过程语句的代码以解决应用问题的能力。

2．验证性实验

在 stpm 数据库中，编写和调试存储过程语句的代码以解决下列应用问题。

（1）创建显示课程表全部记录的存储过程。

```
USE stpm
GO
CREATE PROCEDURE P_dispCourseInfo                    /* 创建不带参数的存储过程 */
AS
BEGIN
    SELECT * FROM CourseInfo
END
GO

USE stpm
GO
EXECUTE P_dispCourseInfo
GO
```

（2）创建修改学分的存储过程。

```
USE stpm
GO
/* 定义课程号形参@cno、学分形参@cd 为输入参数 */
CREATE PROCEDURE P_updateCredit(@cno varchar(4), @cd tinyint)
AS
```

```
BEGIN
    UPDATE CourseInfo SET Credit=@cd WHERE CourseNo=@cno
    SELECT * FROM CourseInfo WHERE CourseNo=@cno
END
GO


EXEC P_updateCredit '1201', 6
GO
```

（3）创建一个存储过程，输入课程号后，将查询出的课程名存入输出参数。

```
USE stpm
GO
/* 定义课程号形参@cno为输入参数，课程名形参@cname为输出参数 */
CREATE PROCEDURE P_findCname(@cno varchar(4), @cname varchar(16) OUTPUT)
AS
    SELECT @cname=CourseName
    FROM CourseInfo
    WHERE CourseNo=@cno
GO

DECLARE @couname varchar(16)          /* 定义形参@couname为输出参数 */
EXEC P_findCname '1004', @couname OUTPUT
SELECT '课程名'=@couname
GO
```

（4）创建删除课程表指定的记录的存储过程。

```
USE stpm
GO
/* 定义课程号形参@cno为输入参数，形参@msg为输出参数 */
CREATE PROCEDURE P_deleteCourseInfo(@cno varchar(4), @msg varchar(8) OUTPUT)
AS
BEGIN
    DELETE FROM CourseInfo WHERE CourseNo=@cno
    SET @msg='删除成功';
END
GO

DECLARE @mg varchar(8)
EXEC P_deleteCourseInfo '8001', @mg OUTPUT
SELECT @mg
GO
```

（5）删除在（1）中创建的存储过程。

```
USE stpm
DROP PROCEDURE P_dispCourseInfo
```

3．设计性实验

在 stpm 数据库中，设计、编写和调试存储过程语句的代码，解决以下应用问题。

（1）创建显示教师表全部记录的存储过程。

（2）创建修改教师籍贯的存储过程。

（3）创建一个存储过程，输入教师编号后，将查询出的教师姓名存入输出参数。

（4）创建删除教师表指定记录的存储过程。

（5）删除在（1）中创建的存储过程。

4．观察与思考

（1）存储过程的参数有哪几种？如何设置？

（2）怎样执行存储过程？

实验 8.2　触发器和游标

1．实验目的及要求

（1）理解触发器、游标的概念。

（2）掌握触发器的创建和删除等操作，以及游标的使用。

（3）具备设计、编写和调试触发器语句、游标语句的代码以解决应用问题的能力。

2．验证性实验

在 stpm 数据库中，验证和调试触发器语句和游标语句的代码，解决以下应用问题。

（1）设计一个触发器，当插入或修改成绩表中的成绩列时，检查插入的数据是否在 0～100 的范围内。

```
USE stpm
GO
CREATE TRIGGER T_changeGrade
  ON ScoreInfo
AFTER INSERT,UPDATE
AS
BEGIN
    DECLARE @gd int
    SELECT @gd=inserted.Grade FROM inserted
    IF @gd<=100 and @gd>=0
        PRINT '插入数值正确！'
    ELSE
        BEGIN
            PRINT '插入数值不在正确范围内！'
            ROLLBACK TRANSACTION
        END
END
```

```
GO

INSERT INTO ScoreInfo VALUES('205001','1004',200)
GO
```

（2）创建触发器，当向课程表中插入一条记录时，显示插入记录的课程名。

```
USE stpm
GO
CREATE TRIGGER T_insertCourseInfo      /* 创建 INSERT 触发器 T_insertCourseInfo */
    ON CourseInfo
AFTER INSERT
AS
BEGIN
    DECLARE @cname char(16)
    SELECT @cname=inserted.CourseName FROM inserted
    PRINT @cname
END
GO

USE stpm
INSERT INTO CourseInfo VALUES('1007','数据结构',4)
GO
```

（3）创建触发器，当更新课程表中的某个课程号时，同时更新成绩表中的所有相应的课程号。

```
USE stpm
GO
CREATE TRIGGER T_updateCourseInfo      /* 创建 UPDATE 触发器 T_updateCourseInfo */
    ON CourseInfo
AFTER UPDATE
AS
BEGIN
    DECLARE @cnoOld varchar(4)
    DECLARE @cnoNew varchar(4)
    SELECT @cnoOld=CourseNo FROM deleted
    SELECT @cnoNew=CourseNo FROM inserted
    UPDATE ScoreInfo SET CourseNo=@cnoNew WHERE CourseNo=@cnoOld
END
GO

USE stpm
UPDATE CourseInfo SET CourseNo='5012' WHERE CourseNo='5002'
GO
```

（4）创建触发器，当删除课程表的课程号时，同时将成绩表中与该课程有关的课程数据全部删除。

```
USE stpm
GO
CREATE TRIGGER T_deleteCourseInfo      /* 创建 DELETE 触发器 T_deleteCourseInfo */
    ON CourseInfo
AFTER DELETE
AS
BEGIN
    DECLARE @cnoOld varchar(4)
    SELECT @cnoOld=CourseNo FROM deleted
    DELETE ScoreInfo WHERE CourseNo=@cnoOld
END
GO

USE stpm
DELETE CourseInfo WHERE CourseNo='1201'
GO
```

（5）删除在（1）中创建的触发器。

```
USE stpm
DROP TRIGGER T_changeGrade
```

（6）使用游标，输出课程表的课程号、课程名、成绩等信息。

```
USE stpm
SET NOCOUNT ON
DECLARE @cno varchar(4), @cname varchar(16), @cd tinyint
/* 声明游标，查询产生与所声明的游标相关联的课程情况的结果集 */
DECLARE Cur_CourseInfo CURSOR FOR SELECT CourseNo, CourseName, Credit FROM CourseInfo
OPEN Cur_CourseInfo                                      /* 打开游标 */
FETCH NEXT FROM Cur_CourseInfo INTO @cno, @cname, @cd    /* 提取第一行数据 */
PRINT '课程号    课程名           成绩 '                    /* 打印表头 */
PRINT '--------------------------------'
WHILE @@fetch_status = 0                                 /* 循环打印并提取各行数据 */
BEGIN
    PRINT CAST(@cno as char(8))+CAST(@cname  as char(16))+'  '+CAST(@cd as char(2))
    FETCH NEXT FROM Cur_CourseInfo INTO @cno, @cname, @cd
END
CLOSE Cur_CourseInfo                                     /* 关闭游标 */
DEALLOCATE Cur_CourseInfo                                /* 释放游标 */
```

3. 设计性实验

在 stpm 数据库中，设计、编写和调试触发器语句和游标语句的代码，解决下列应用问题。

（1）创建触发器，当修改讲课表时，显示"正在修改讲课表"。

（2）创建触发器，当向教师表中插入一条记录时，显示插入记录的教师姓名。

（3）创建触发器，当更新教师表中的教师编号时，同时更新讲课表中所有相应的教师编号。

（4）创建触发器，当删除教师表中的教师时，同时将讲课表中与该教师有关的数据全部删除。

（5）删除在（1）中创建的触发器。

（6）使用游标，输出教师表的教师编号、姓名、性别、学院等信息。

4．观察与思考

（1）执行 DML 触发器时，系统会创建哪两个特殊的临时表？各有何作用？

（2）执行 INSERT 操作时，什么记录会被插入到 inserted 表中？执行 DELETE 操作时，什么记录会被插入到 deleted 表中。

（3）执行 UPDATE 操作时，哪些记录会被插入到 deleted 表中？哪些记录会被插入到 inserted 表中？

（4）游标使用完成后，应如何处理？

实验 9　安全管理

1．实验目的及要求

（1）了解 SQL Server 安全机制和身份验证模式的概念。

（2）掌握登录名、用户、角色和架构的创建和删除，以及权限的授予、拒绝和撤销等操作的使用方法。

（3）具备设计、编写和调试登录名、用户、角色和架构的创建和删除，权限授予、拒绝和撤销等的代码以解决应用问题的能力。

2．验证性实验

使用登录名、用户、角色和架构管理、权限管理语句解决以下应用问题。

（1）分别创建 3 个登录名：s1、s2、s3，默认数据库为 stpm。

```
CREATE LOGIN s1
    WITH PASSWORD='1234',
    DEFAULT_DATABASE=stpm
GO

CREATE LOGIN s2
    WITH PASSWORD='lmno',
    DEFAULT_DATABASE=stpm
GO

CREATE LOGIN s3
    WITH PASSWORD='st01',
    DEFAULT_DATABASE=stpm
GO
```

（2）在数据库 stpm 上创建 3 个数据库用户：stu1、stu2、stu3。

```
USE stpm
GO

CREATE USER stu1
    FOR LOGIN s1
GO
```

```
CREATE USER stu2
    FOR LOGIN s2
GO

CREATE USER stu3
    FOR LOGIN s3
GO
```

（3）在数据库 stpm 上创建 3 个数据库角色 math1、math2、math3，给数据库角色 math3 添加用户 stu3。

```
USE stpm
GO

CREATE ROLE math1 AUTHORIZATION dbo
GO

CREATE ROLE math2 AUTHORIZATION dbo
GO

CREATE ROLE math3 AUTHORIZATION dbo
GO

EXEC sp_addrolemember 'math3', 'stu3'
```

（4）删除用户 stu3、登录名 s3、数据库角色 math3。

```
USE stpm
GO

DROP USER stu3

DROP LOGIN s3

DROP ROLE math3
```

（5）为用户 stu1 创建一个架构，架构名为 stu1Schema。

```
USE stpm
GO
CREATE SCHEMA stu1Schema AUTHORIZATION stu1
GO
```

（6）删除架构 stu1Schema。

```
USE stpm
GO
```

```
DROP SCHEMA stu1Schema
GO
```

（7）授予用户 stu1 和角色 math1 在数据库 stpm 上创建表和视图的权限。

```
USE stpm
GO
GRANT CREATE TABLE, CREATE VIEW TO stu1, math1
GO
```

（8）授予用户 stu2 和角色 math2 在数据库 stpm 的 CourseInfo 表上查询、插入、更新和删除数据的权限。

```
USE stpm
GO
GRANT SELECT, INSERT, UPDATE, DELETE ON CourseInfo TO stu2, math2
GO
```

（9）对用户 stu2 和角色 math2 拒绝授予创建视图的权限。

```
USE stpm
GO
DENY CREATE VIEW TO stu2, math2
GO
```

（10）撤销已授予用户 stu2 和角色 math2 的在数据库 stpm 的 CourseInfo 表上插入和更新数据的权限。

```
USE stpm
GO
REVOKE INSERT, UPDATE ON CourseInfo FROM stu2, math2
GO
```

3．设计性实验

设计、编写和调试登录名、用户、角色和架构管理、权限管理语句的代码，解决下列应用问题。

（1）分别创建 3 个登录名：m1、m2、m3，默认数据库为 stpm。

（2）在数据库 stpm 上创建 3 个数据库用户：mgmt1、mgmt2、mgmt3。

（3）在数据库 stpm 上创建 3 个数据库角色：stf1、stf2、stf3，给数据库角色 stf3 添加用户 mgmt3。

（4）删除数据库用户 mgmt3、登录名 m3、数据库角色 stf3。

（5）为用户 mgmt1 创建一个架构，架构名为 mgmt1Schema。

（6）删除架构 mgmt1Schema。

（7）授予用户 mgmt1 和角色 stf1 在数据库 stpm 上创建视图的权限。

（8）授予用户 mgmt2 和角色 stf2 在数据库 stpm 的 TeacherInfo 表上查询、插入、更新数据的权限。

（9）对用户 mgmt2 和角色 stf3 拒绝授予创建表的权限。

（10）撤销已授予用户 mgmt2 和角色 stf2 的在数据库 stpm 的 TeacherInfo 表上查询数据的权限。

4．观察与思考

（1）什么是架构？架构有何作用？

（2）登录名权限和数据库用户权限有何不同之处？

（3）授予权限和撤销权限有何关系？

实验 10　备份和还原

1．实验目的及要求

（1）理解备份和还原的概念。

（2）掌握 SQL Server 数据库常用的备份数据的方法和还原数据的方法。

（3）具备设计、编写和调试备份数据和还原数据的语句的代码以解决应用问题的能力。

2．验证性实验

验证和调试备份数据和还原数据的语句的代码，解决以下应用问题。

（1）在硬盘 D:\ 目录下创建一个备份设备 bd_mystpm。

```
EXEC sp_addumpdevice 'disk', 'bd_mystpm', 'd:\bd_mystpm.bak'
```

（2）将 mystpm 数据库完整备份到 bd_mystpm 设备上。

```
BACKUP DATABASE mystpm TO bd_mystpm
WITH NAME='mystpm 完整备份', DESCRIPTION='mystpm 完整备份'
```

（3）将 mystpm 数据库差异备份到 bd_mystpm 设备上。

```
BACKUP DATABASE mystpm TO bd_mystpm
WITH DIFFERENTIAL, NAME='mystpm 差异备份', DESCRIPTION='mystpm 差异备份'
```

（4）备份 mystpm 数据库的事务日志到备份设备 bd_mystpm 上。

```
BACKUP LOG mystpm TO bd_mystpm
WITH NAME='mystpm 事务日志备份', DESCRIPTION='mystpm 事务日志备份'
```

（5）备份 mystpm 数据库的文件组到备份设备 bd_mystpm 上。

```
BACKUP DATABASE mystpm
FILEGROUP='PRIMARY' TO bd_mystpm
WITH NAME='mystpm 文件组备份', DESCRIPTION='mystpm 文件组备份'
```

（6）从完整备份中还原数据库 mystpm。

```
RESTORE DATABASE mystpm
FROM bd_mystpm
WITH FILE=1, REPLACE
```

（7）从差异备份中还原数据库 mystpm。

```
RESTORE DATABASE mystpm
FROM bd_mystpm
WITH FILE=1, NORECOVERY, REPLACE
GO
RESTORE DATABASE mystpm
FROM bd_mystpm
WITH FILE=2
GO
```

（8）从事务日志备份中还原数据库 mystpm。

```
RESTORE DATABASE mystpm
FROM bd_mystpm
WITH FILE=1, NORECOVERY, REPLACE
GO
RESTORE DATABASE mystpm
FROM bd_mystpm
WITH FILE=3
GO
```

（9）从文件组备份中还原数据库 mystpm。

```
RESTORE DATABASE mystpm
FILEGROUP='PRIMARY'
FROM bd_mystpm
WITH FILE=4, REPLACE
```

3．设计性实验

设计、编写和调试备份数据和还原数据的语句的代码，解决下列应用问题。

（1）在硬盘 D:\目录下创建一个备份设备 bd_newstpm。

（2）将 newstpm 数据库完整备份到 bd_newstpm 设备上。

（3）将 newstpm 数据库差异备份到 bd_newstpm 设备上。

（4）备份 newstpm 数据库的事务日志到备份设备 bd_newstpm 上。

（5）备份 newstpm 数据库的文件组到备份设备 bd_newstpm 上。

（6）从完整备份中还原数据库 newstpm。

（7）从差异备份中还原数据库 newstpm。

（8）从事务日志备份中还原数据库 newstpm。

（9）从文件组备份中还原数据库 newstpm。

4．观察与思考

（1）命名备份设备和临时备份设备有何不同？

（2）数据的备份和还原各有哪几种类型？

附录 A   习题参考答案

第 1 章   SQL Server 2019 概述

一、选择题
1. B   2. A   3. B   4. D   5. C   6. D

二、填空题
1. 数据完整性约束
2. 多对多
3. 减少数据冗余
4. 集成服务
5. 网络

三、问答题 略

四、应用题
1.
（1）

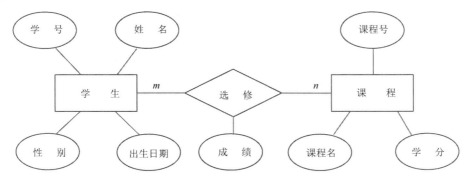

（2）

学生（<u>学号</u>，姓名，性别，出生日期）
课程（<u>课程号</u>，课程名，学分）
选修（<u>学号</u>，<u>课程号</u>，成绩）

外码：学号，课程号

2.

（1）

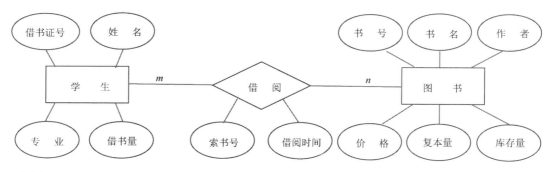

（2）

学生（<u>借书证号</u>，姓名，专业，借书量）

图书（<u>书号</u>，书名，作者，价格，复本量，库存量）

借阅（<u>书号，借书证号</u>，索书号，借阅时间）

外码：书号，借书证号

第2章　SQL Server 数据库

一、选择题

1. B　　2. D　　3. C　　4. D　　5. B

二、填空题

1. 容器

2. 视图

3. 盘区

4. 64KB

5. 事务日志文件

三、问答题　略

四、应用题

1.

```
CREATE DATABASE rs1
    ON
    (
        NAME='rs1',
        FILENAME='C:\Program  Files\Microsoft  SQL  Server\MSSQL15.MSSQLSERVER\
MSSQL\DATA\ rs1.mdf',
        SIZE=14MB,
        MAXSIZE=UNLIMITED,
```

```
        FILEGROWTH=8MB
    )
    LOG ON
    (
        NAME=' rs1_log',
        FILENAME='C:\Program Files\Microsoft SQL Server\MSSQL15.MSSQLSERVER\
MSSQL\DATA\ rs1_log.ldf',
        SIZE=3MB,
        MAXSIZE=110MB,
        FILEGROWTH=10%
    )
```

2．略

第3章　数据表

一、选择题

　　1．B　　2．D　　3．C　　4．B　　5．D　　6．C　　7．B

二、填空题

　　1．数据类型

　　2．不可用

　　3．列名

　　4．tinyint

　　5．可变长度的字符数据类型

　　6．非英语语种

　　7．UPDATE

　　8．顺序

　　9．所有记录

　　10．所有行

　　11．文件组

三、问答题　略

四、应用题

　　1．

```
/*创建 employee 表*/
CREATE TABLE employee
    (
        emplid char(4) NOT NULL PRIMARY KEY,
        emplname  char(8) NOT NULL,
        sex char(2) NOT NULL,
```

```
        birthday date NOT NULL,
        native char(10) NULL,
        wages money NOT NULL,
        deptid char(4) NULL
    )

/*创建 orderform 表*/
CREATE TABLE orderform
    (
        orderid char(6) NOT NULL PRIMARY KEY,
        emplid char(4) NULL,
        customerid char(4) NULL,
        saledate date NOT NULL,
        cost money NOT NULL
    )

/*创建 orderdetail 表*/
CREATE TABLE orderdetail
    (
        orderid char(6) NOT NULL,
        goodsid char(4) NOT NULL,
        saleunitprice money NOT NULL,
        quantity int NOT NULL,
        total money NOT NULL,
        discount float NOT NULL,
        discounttotal money NOT NULL,
        PRIMARY KEY(orderid,goodsid)
    )

/*创建 goods 表*/
CREATE TABLE goods
    (
        goodsid char(4) NOT NULL PRIMARY KEY,
        goodsname char(30) NOT NULL,
        classification char(6) NOT NULL,
        unitprice money NULL,
        stockquantity int NULL ,
        goodsafloat int NULL
    )

/*创建 department 表*/
CREATE TABLE department
    (
        deptid char(4) NOT NULL PRIMARY KEY,
        deptName char(10) NOT NULL
    )
```

2. 略

3.

```
/*插入数据到 employee 表中*/
INSERT INTO employee
    VALUES('E001','孙浩然','男','1982-02-15','北京',4600.00,'D001'),
    ('E002','乔桂群','女','1991-12-04','上海',3500.00,NULL),
    ('E003','夏婷','女','1986-05-13','四川',3800.00,'D003'),
    ('E004','罗勇','男','1975-09-08','上海',7200.00,'D004'),
    ('E005','姚丽霞','女','1984-08-14','北京',3900.00,'D002'),
    ('E006','田文杰','男','1983-06-25',NULL,4800.00,'D001');

/*插入数据到 orderform 表中*/
INSERT INTO orderform
    VALUES('S00001','E006','C001','2021-12-20',21503.70),
    ('S00002','E001','C002','2021-12-20',27536.40),
    ('S00003','E002','C003','2021-12-20',10078.20),
    ('S00004',NULL,'C004','2021-12-20',11318.40);

/*插入数据到 orderdetail 表中*/
INSERT INTO orderdetail
    VALUES('S00001','3001',6699.00,2,13398.00,0.1,12058.20),
    ('S00001','4002',2099.00,5,10495.00,0.1,9445.50),
    ('S00002','2001',5399.00,2,10798.00,0.1,9718.20),
    ('S00002','3002',9899.00,2,19798.00,0.1,17818.20),
    ('S00003','1002',5599.00,2,11198.00,0.1,10078.20),
    ('S00004','1001',6288.00,2,12576.00,0.1,11318.40);

/*插入数据到 goods 表中*/
INSERT INTO goods
    VALUES('1001','Microsoft Surface Pro 7','10',6288.00,7,4),
    ('1002','Apple iPad Pro 11','10',5599.00,8,4),
    ('2001','DELL 5510 11','20',5399.00,10,5),
    ('3001','DELL Precision T3450','30',6699.00,7,4),
    ('3002','HP HPE ML30GEN10','30',9899.00,4,NULL),
    ('4001','EPSON L565','40',1899.00,12,6),
    ('4002','HP LaserJet Pro M405d','40',2099.00,8,4);

/*插入数据到 department 表中*/
INSERT INTO department
    VALUES('D001','销售部'),
    ('D002','人事部'),
    ('D003','财务部'),
    ('D004','经理办'),
    ('D005','市场部');
```

4. 略

第4章 数据查询

一、选择题

　　1．D　　2．C　　3．C　　4．B　　5．D

二、填空题

　　1．汇总

　　2．外层表的行数

　　3．内　　外

　　4．外　　内

　　5．ALL

　　6．WHERE

三、问答题 略

四、应用题

　　1．

```
USE sales
SELECT *
FROM goods
WHERE unitprice>4000
```

　　2．

```
USE sales
SELECT emplid , emplname, wages
FROM employee a, department b
WHERE a.deptid=b.deptid AND deptname='财务部'
UNION
SELECT emplid , emplname, wages
FROM employee a, department b
WHERE a.deptid=b.deptid AND deptname='经理办'
```

　　3．

```
USE sales
SELECT deptname AS '部门名称',COUNT(emplid ) AS '人数'
FROM employee a, department b
WHERE a.deptid=b.deptid AND deptname='销售部'
GROUP BY deptname
UNION
SELECT deptname AS '部门名称',COUNT(emplid ) AS '人数'
FROM employee a, department b
WHERE a.deptid=b.deptid AND deptname='人事部'
GROUP BY deptname
```

4.

```
USE sales
SELECT deptname AS '部门名称', SUM(wages) AS '总工资', AVG(wages) AS '平均工资'
FROM employee  a, department  b
WHERE a.deptid=b.deptid
GROUP BY deptname
```

5.

```
USE sales
SELECT deptid AS '部门号', sex AS '性别', COUNT(*) AS '人数'
FROM employee
WHERE deptid='D001' OR deptid='D002'
GROUP BY CUBE(deptid, sex)
```

6.

```
USE sales
SELECT orderid, saledate, cost
FROM employee a, orderform b
WHERE a.emplid=b.emplid AND emplname='田文杰'
```

7.

```
USE sales
SELECT b.emplname, c.saledate, c.cost
FROM department a, employee b, orderform c
WHERE a.deptid=b.deptid AND b.emplid=c.emplid AND deptname='销售部'
ORDER BY c.cost
```

8.

```
USE sales
SELECT *
FROM employee
ORDER BY wages DESC
```

9.

```
USE sales
SELECT TOP 3 emplname, wages
FROM employee
ORDER BY wages DESC
```

10.

（1）左外连接

```
USE sales
SELECT emplname, deptname
```

```
FROM employee LEFT JOIN department ON employee.deptid=department.deptid
```

（2）右外连接

```
USE sales
SELECT emplname, deptname
FROM employee RIGHT JOIN department ON employee.deptid=department.deptid
```

（3）全外连接

```
USE sales
SELECT emplname, deptname
FROM employee FULL JOIN department ON employee.deptid=department.deptid
```

11.

```
USE sales
SELECT *
FROM employee
WHERE deptid IN
    (SELECT deptid
     FROM department
     WHERE deptname='财务部' OR deptname='经理办'
    )
```

12.

```
USE sales
SELECT emplname AS 姓名
FROM employee
WHERE EXISTS
    (SELECT *
     FROM department
     WHERE employee.deptid=department.deptid AND deptid='D001'
    )
```

第5章 索引和视图

一、选择题

1．C   2．B   3．A   4．C   5．D   6．A   7．B   8．D   9．C

二、填空题

1．UNIQUE CLUSTERED

2．提高查询速度

3．CREATE INDEX

4．一个或多个表或其他视图

5. 虚表

6. 定义

7. 基表

8. 唯一聚集索引

三、问答题 略

四、应用题

1.

```
USE sales
CREATE INDEX I_goodsname ON goods(goodsname)
```

2.

```
USE sales
CREATE UNIQUE CLUSTERED INDEX I_orderid_emplid ON orderform(orderid,emplid)
```

3.

```
USE sales
GO
CREATE VIEW V_emplSituation
AS
SELECT emplid, emplname, sex, wages, deptname
FROM employee a INNER JOIN department b ON a.deptid=b.deptid
WHERE deptname='销售部'
GO

USE sales
SELECT *
FROM V_emplSituation
```

4.

```
USE sales
GO
ALTER VIEW V_emplSituation
AS
SELECT emplid, emplname, sex, wages, deptname
FROM employee a INNER JOIN department b ON a.deptid=b.deptid
GO

USE sales
SELECT *
FROM V_emplSituation
```

5.

```
USE sales
GO
CREATE VIEW V_maxWages(deptid, Max_Wages)
AS
SELECT deptid, MAX(wages)
    FROM employee
    GROUP BY deptid
GO

USE sales
SELECT *
FROM V_maxWages
```

6.

```
USE sales
GO
CREATE VIEW V_indexGoods
WITH SCHEMABINDING
AS
SELECT goodsid, goodsname, classification, unitprice, stockquantity
    FROM dbo.goods
GO
CREATE UNIQUE CLUSTERED INDEX I_goodsidGoods ON V_indexGoods(goodsid)
GO
```

第6章　完整性约束

一、选择题

1．C　　2．B　　3．D　　4．A　　5．C

二、填空题

1．列

2．行完整性

3．DEFAULT '男' FOR 性别

4．CHECK(成绩>=0 AND 成绩<=100)

5．PRIMARY KEY (商品号)

6．FOREIGN KEY(商品号) REFERENCES 商品表(商品号)

三、问答题　略

四、应用题

1.

提示：可通过图形用户界面查出 orderform 表的 PRIMARY KEY 约束的名称。

```
USE sales
ALTER TABLE orderform
DROP CONSTRAINT PK__orderfor__080E3775E4396785
GO
ALTER TABLE orderform
ADD CONSTRAINT PK_orderform_orderid PRIMARY KEY(orderid)
GO
```

2.

```
USE sales
ALTER TABLE orderdetail
ADD CONSTRAINT FK_orderdetail_orderid FOREIGN KEY(orderid) REFERENCES
orderform(orderid)
```

3.

```
USE sales
ALTER TABLE goods
ADD CONSTRAINT CK_goods_unitprice CHECK(unitprice<=10000)
```

4.

```
USE sales
ALTER TABLE employee
ADD CONSTRAINT DF_employee_sex DEFAULT '男' FOR sex
```

第 7 章 数据库程序设计

一、选择题

1．D　　2．B　　3．D　　4．C　　5．B

二、填空题

1．T-SQL 语句

2．结束标志

3．一条或多条

4．/*…*/（正斜杠-星号对）

5．可以改变

6．操作

7．运算符

8．标量函数

9．多语句表值函数

10．DROP FUNCTION

三、问答题 略

四、应用题

1.

```
USE sales
IF EXISTS(
    SELECT name FROM sysobjects WHERE type='u' and name='employee')
    PRINT '存在'
ELSE
    PRINT '不存在'
GO
```

2.

```
DECLARE @i int, @sum int
SET @i=1
SET @sum=0
while(@i<100)
    BEGIN
        SET @sum=@sum+@i
        SET @i=@i+2
    END
PRINT CAST(@sum AS char(10))
```

3.

```
USE sales
GO
/* 创建标量函数 F_deptWage，@did 为该函数的形参，对应实参为部门号 */
CREATE FUNCTION F_deptWage(@did char(4))
RETURNS int                     /* 函数的返回值类型为整数类型 */
AS
BEGIN
    DECLARE @maxWage int        /* 定义变量@maxWage 为整数类型 */
    /* 将实参指定的部门号传递给形参@did 作为查询条件，查询统计出该部门的最高工资 */
    SELECT @maxWage=(SELECT MAX(Wages) FROM employee WHERE deptid=@did GROUP
BY deptid)
    RETURN @maxWage             /* 返回该部门的最高工资的标量值 */
END
GO

USE sales
DECLARE @dtid char(4)
```

```
DECLARE @maxWg  int
SELECT @dtid = 'D001'
SELECT @maxWg =dbo.F_deptWage(@dtid)
SELECT @maxWg  AS 'D001部门员工的最高工资'
```

4.

```
USE sales
GO
/* 创建内联表值函数 F_emplSituation，@eid 为该函数的形参，对应实参为员工号 */
CREATE FUNCTION F_emplSituation(@eid char(4))
RETURNS TABLE            /* 函数的返回值类型为表类型 */
AS
RETURN(SELECT emplname, sex, native
    FROM employee
    /* 将实参指定的员工号传递给形参@eid 作为查询条件，查询员工的姓名、性别、籍贯 */
    WHERE emplid=@eid)
GO

USE sales
SELECT * FROM F_emplSituation('E003')
```

5.

```
USE sales
GO
/* 创建多语句表值函数 F_deptEmployee，@dname 为该函数的形参，对应实参为部门名 */
CREATE FUNCTION F_deptEmployee(@dname char(10))
RETURNS @tbEmpl TABLE            /* 函数的返回值类型为表类型 */
(
    eid char(4),
    ename char(8),
    ewages money
)
AS
BEGIN
    /*将实参指定的部门号传递给形参@dname 作为查询条件，查询该部门的员工号、员工姓名、
工资，通过 INSERT 语句插入@tbEmpl 表中 */
    INSERT @tbEmpl    /*向@tbEmpl 表插入满足条件的记录*/
    SELECT emplid, emplname, wages FROM department a JOIN employee b ON
a.deptid=b.deptid WHERE deptname=@dname
    RETURN
END
GO

USE sales
SELECT * FROM F_deptEmployee ('销售部')
```

第8章　数据库编程技术

一、选择题

1. A　　2. B　　3. A　　4. D　　5. C　　6. D　　7. A　　8. B

9. C　　10. D　　11. D　　12. D　　13. A　　14. D

二、填空题

1. 预编译后

2. CREATE PROCEDURE

3. EXECUTE

4. 变量及类型

5. OUTPUT

6. 激发

7. 后

8. 1

9. inserted

10. ROLLBACK

11. 约束

12. 逐行处理

13. 游标当前行指针

三、问答题　略

四、应用题

1.

```
USE sales
GO
CREATE PROCEDURE P_dispGoods              /* 创建不带参数的存储过程 */
AS
BEGIN
    SELECT * FROM goods
END
GO

USE sales
GO
EXECUTE P_dispGoods
GO
```

2.

```
USE sales
GO
```

```
CREATE PROCEDURE P_reductionGoods @cf char(6)
AS
    UPDATE goods SET unitprice=unitprice*0.9
    WHERE goodsid IN
        (SELECT goodsid FROM goods
        WHERE classification=@cf
        )
GO

EXEC P_reductionGoods '30'
GO
```

3.

```
USE sales
GO
/* 定义商品号形参@gid、库存量形参@sq、未到货商品数量形参@ga 为输入参数 */
CREATE PROCEDURE P_updateGoods(@gid char(4), @sq int, @ga int)
AS
BEGIN
    UPDATE goods SET stockquantity=@sq, goodsafloat=@ga WHERE goodsid=@gid
    SELECT * FROM goods WHERE goodsid=@gid
END
GO

EXEC P_updateGoods '1001', 5, 2
GO O
```

4.

```
USE sales
GO
/* 定义商品号形参@gid 为输入参数，形参@msg 为输出参数 */
CREATE PROCEDURE P_deleteGoods(@gid char(4), @msg char(8) OUTPUT)
AS
BEGIN
    DELETE FROM goods WHERE goodsid=@gid
    SET @msg='删除成功';
END
GO

DECLARE @msg char(8)
EXEC P_deleteGoods '4001', @msg OUTPUT
SELECT @msg
GO
```

5.

```
USE sales
DROP PROCEDURE P_dispGoods
```

6.

```
USE sales
GO
CREATE TRIGGER T_updateGoods
    ON goods
AFTER UPDATE
AS
PRINT '正在修改商品表'
GO


USE sales
UPDATE goods SET stockquantity=6 WHERE goodsid='3002';
GO
```

7.

```
USE sales
GO
CREATE TRIGGER T_insertOrderform
    ON orderform
AFTER INSERT
AS
BEGIN
    DECLARE @oid char(6)
    SELECT @oid=inserted.orderid FROM inserted
    PRINT @oid
END
GO


USE sales
INSERT INTO orderform VALUES('S00005',NULL,'C008','2021-12-20',6029.10)
GO
```

8.

```
USE sales
GO
CREATE TRIGGER T_updateOrderform
    ON orderform
AFTER UPDATE
AS
BEGIN
```

```
        DECLARE @oidOld char(6)
        DECLARE @oidNew char(6)
        SELECT @oidOld=orderid FROM deleted
        SELECT @oidNew=orderid FROM inserted
        UPDATE orderdetail SET orderid=@oidNew WHERE orderid=@oidOld
END
GO


USE sales
UPDATE orderform SET orderid='S00014' WHERE orderid='S00004'
GO
```

9.

```
USE sales
GO
CREATE TRIGGER T_deleteOrderform
    ON orderform
AFTER DELETE
AS
BEGIN
    DECLARE @oidOld char(6)
    SELECT @oidOld=orderid FROM deleted
    DELETE orderdetail WHERE orderid=@oidOld
END
GO

USE sales
DELETE orderform WHERE orderid='S00014'
GO
```

10.

```
USE sales
DROP TRIGGER T_updateGoods
```

11.

```
USE sales
SET NOCOUNT ON
DECLARE @gid char(4), @gname char(30), @cf char(6), @up money
/* 声明游标，查询与所声明的游标相关联的商品情况结果集 */
DECLARE Cur_goods CURSOR FOR SELECT goodsid, goodsname, classification,
unitprice FROM goods
OPEN Cur_goods                                      /* 打开游标 */
FETCH NEXT FROM Cur_goods INTO @gid, @gname, @cf, @up    /* 提取第一行数据 */
PRINT '商品号    商品名称    商品类型    单价 '          /* 打印表头 */
PRINT '----------------------------------------------------------------'
```

```
    WHILE @@fetch_status = 0                              /* 循环打印和提取各行数据 */
    BEGIN
        PRINT CAST(@gid as char(8))+CAST(@gname as char(30))+@cf+'    '+CAST(@up as
char(12))
        FETCH NEXT FROM Cur_goods INTO @gid, @gname, @cf, @up
    END
    CLOSE Cur_goods                                        /* 关闭游标 */
    DEALLOCATE Cur_goods                                   /* 释放游标 */
```

12.

```
    USE sales
    DECLARE @dtname char(10), @Maxwg money,@Minwg money,@Avgwg money
    DECLARE Cur_Wages CURSOR FOR
        SELECT deptname, MAX(wages), MIN(wages), AVG(wages)
        FROM department a JOIN  employee b ON a.deptid=b.deptid
        GROUP BY deptname
    OPEN Cur_Wages
    FETCH NEXT FROM Cur_Wages INTO  @dtname, @Maxwg, @Minwg, @Avgwg
    PRINT '部门名称        最高工资      最低工资      平均工资'
    PRINT '--------------------------------------------'
    WHILE @@fetch_status = 0
    BEGIN
        PRINT @dtname+CAST(@Maxwg as  char(10))+'  '+CAST(@Minwg  as  char(10))+'
'+CAST(@Avgwg as char(10))
        FETCH NEXT FROM Cur_Wages INTO  @dtname, @Maxwg, @Minwg, @Avgwg
    END
    CLOSE Cur_Wages
    DEALLOCATE Cur_Wages
```

第9章 安全管理

一、选择题

    1．C   2．A   3．B   4．D   5．C   6．B   7．C   8．A

二、填空题

    1．对象级别安全机制

    2．SQL Server

    3．授权用户

    4．CREATE LOGIN

    5．GRANT SELECT

    6．GRANT CREATE TABLE

    7．DENY INSERT

8. REVOKE CREATE TABLE

三、问答题 略

四、应用题

1.

```
CREATE LOGIN sp1
  WITH PASSWORD='1234',
  DEFAULT_DATABASE=sales
GO

CREATE LOGIN sp2
  WITH PASSWORD='1234',
  DEFAULT_DATABASE=sales
GO
```

2.

```
USE sales
GO
CREATE USER gds1
  FOR LOGIN sp1
GO

USE sales
GO
CREATE USER gds2
  FOR LOGIN sp2
GO
```

3.

```
USE sales
GO
CREATE ROLE shop AUTHORIZATION dbo
GO

GRANT SELECT ON goods TO shop
  WITH GRANT OPTION
GO
```

4.

```
EXEC sp_addrolemember 'shop','gds2'
```

5.

```
USE sales
GO
```

```
CREATE SCHEMA S_gds1 AUTHORIZATION gds1
GO
```

6.

```
USE sales
GO
GRANT INSERT, UPDATE, DELETE ON goods TO gds1
GO
```

7.

```
USE sales
GO
DENY UPDATE ON goods TO gds2
GO
```

8.

```
USE sales
GO
REVOKE INSERT ON goods FROM gds1
GO
```

第 10 章　备份和还原

一、选择题

　　1．C　　　2．A　　　3．B　　　4．D　　　5．D　　　6．B

二、填空题

　　1．事务日志备份

　　2．完整还原模式

　　3．完整

　　4．日志

　　5．允许

　　6．备份设备

三、问答题　略

四、应用题

　　1．

```
EXEC sp_addumpdevice 'disk', 'dev_mysales', 'd:\dev_mysales.bak'
```

　　2．

```
BACKUP DATABASE mysales TO dev_mysales
```

```
WITH NAME='mysales 完整备份', DESCRIPTION='mysales 完整备份'
```

3.

```
BACKUP DATABASE mysales TO dev_mysales
WITH DIFFERENTIAL, NAME='mysales 差异备份', DESCRIPTION='mysales 差异备份'
```

4.

```
BACKUP LOG mysales TO dev_mysales
WITH NAME='mysales 事务日志备份', DESCRIPTION='mysales 事务日志备份'
```

5.

```
RESTORE DATABASE mysales
FROM dev_mysales
WITH FILE=1, REPLACE
```

6. 略

7. 略

第 11 章　事务和锁

一、选择题

　　1. D　　2. B　　3. D

二、填空题

　　1. 持久性

　　2. BEGIN TRANSACTION

　　3. ROLLBACK TRANSACTION

　　4. 数据块

　　5. 幻读

　　6. 释放

　　7. 互斥

　　8. 一

　　9. 层次

　　10. 释放

三、问答题　略

四、应用题

　　1.

```
BEGIN TRANSACTION
    USE sales
```

```
        SELECT * FROM orderform
COMMIT TRANSACTION
```

2.

```
SET IMPLICIT_TRANSACTIONS ON                        /* 启动隐性事务模式 */
GO
USE sales
INSERT INTO department VALUES ('D010','行政部')
COMMIT TRANSACTION
GO
USE sales
SELECT COUNT(*) FROM department
INSERT INTO department VALUES ('D011','计算中心')
COMMIT TRANSACTION
GO
SET IMPLICIT_TRANSACTIONS OFF                       /* 关闭隐性事务模式 */
GO
```

3.

```
BEGIN TRANSACTION
    USE sales
    INSERT INTO orderform VALUES('S00005',NULL,'C005','2021-12-20',9718.20)
    SAVE TRANSACTION orderfm_point              /* 设置保存点 */
    DELETE FROM orderform WHERE orderid='S00005'
    ROLLBACK TRANSACTION orderfm_point              /* 回滚到保存点 orderfm_point */
COMMIT TRANSACTION
```

4.

```
USE sales
GO
SELECT * FROM goods WITH(TABLOCK HOLDLOCK)
GO
```

第 12 章 基于 Visual C#和 SQL Server 数据库的学生管理系统的开发

一、选择题

　　1．A　　2．B

二、填空题

　　1．.NET

　　2．内存

三、应用题 略

附录 B 案例数据库——销售数据库 sales 的表结构和样本数据

1．sales（销售数据库）的表结构

sales 数据库的表结构见表 1～表 5。

表 1 employee（员工表）的表结构

列名	数据类型	允许 NULL 值	是否主键	说明
emplid	char(4)		主键	员工号
emplname	char(8)			姓名
sex	char(2)			性别
birthday	date			出生日期
native	char(10)	√		籍贯
wages	money			工资
deptid	char(4)	√		部门号

表 2 orderform（订单表）的表结构

列名	数据类型	允许 NULL 值	是否主键	说明
orderid	char(6)		主键	订单号
emplid	char(4)	√		员工号
customerid	char(4)	√		客户号
saledate	date			销售日期
cost	money			总金额

表 3 orderdetail（订单明细表）的表结构

列名	数据类型	允许 NULL 值	是否主键	说明
orderid	char(6)		主键	订单号
goodsid	char(4)		主键	商品号
saleunitprice	money			销售单价
quantity	int			数量
total	money			总价
discount	float			折扣率
discounttotal	money			折扣总价

表 4　goods（商品表）的表结构

列名	数据类型	允许 NULL 值	是否主键	说明
goodsid	char(4)		主键	商品号
goodsname	char(30)			商品名称
classification	char(6)			商品类型代码
unitprice	money	√		单价
stockquantity	int	√		库存量
goodsafloat	int	√		未到货商品数量

表 5　department（部门表）的表结构

列名	数据类型	允许 NULL 值	是否主键	说明
deptid	char(4)		主键	部门号
deptname	char(10)			部门名称

2．sales（销售数据库）的样本数据

sales 数据库的样本数据见表 6~表 10。

表 6　employee（员工表）的样本数据

员工号	姓名	性别	出生日期	籍贯	工资	部门号
E001	孙浩然	男	1982-02-15	北京	4600.00	D001
E002	乔桂群	女	1991-12-04	上海	3500.00	NULL
E003	夏婷	女	1986-05-13	四川	3800.00	D003
E004	罗勇	男	1975-09-08	上海	7200.00	D004
E005	姚丽霞	女	1984-08-14	北京	3900.00	D002
E006	田文杰	男	1980-06-25	NULL	4800.00	D001

表 7　orderform（订单表）的样本数据

订单号	员工号	客户号	销售日期	总金额
S00001	E006	C001	2021-12-20	21503.70
S00002	E001	C002	2021-12-20	27536.40
S00003	E002	C003	2021-12-20	10078.20
S00004	NULL	C004	2021-12-20	11318.40

表 8　orderdetail（订单明细表）的样本数据

订单号	商品号	销售单价	数量	总价	折扣率	折扣总价
S00001	3001	6699.00	2	13398.00	0.1	12058.20
S00001	4002	2099.00	5	10495.00	0.1	9445.50
S00002	2001	5399.00	2	10798.00	0.1	9718.20
S00002	3002	9899.00	2	19798.00	0.1	17818.20
S00003	1002	5599.00	2	11198.00	0.1	10078.20
S00004	1001	6288.00	2	12576.00	0.1	11318.40

表 9　goods（商品表）的样本数据

商品号	商品名称	商品类型代码	单价	库存量	未到货商品数量
1001	Microsoft Surface Pro 7	10	6288.00	7	4

商品号	商品名称	商品类型代码	单价	库存量	未到货商品数量
1002	Apple iPad Pro 11	10	5599.00	8	4
2001	DELL 5510 11	20	5399.00	10	5
3001	DELL Precision T3450	30	6699.00	7	4
3002	HP HPE ML30GEN10	30	9899.00	4	NULL
4001	EPSON L565	40	1899.00	12	6
4002	HP LaserJet Pro M405d	40	2099.00	8	4

表 10　department（部门表）的样本数据

部门号	部门名称
D001	销售部
D002	人事部
D003	财务部
D004	经理办
D005	市场部

参考文献

[1] Abraham Silberschatz, Henry F.Korth, S.Sudarshan. Database System Concepts, Sixth Editon[M]. McGraw-Hill Book Copanies, Inc, 2014.

[2] 王珊，萨师煊，等. 数据库系统概论（第 5 版）[M]. 北京：高等教育出版社，2014.

[3] 教育部考试中心. 数据库技术（2021 年版）[M]. 北京：高等教育出版社，2020.

[4] 王英英. SQL Server 2019 从入门到精通（视频教学超值版）[M]. 北京：清华大学出版社，2021.

[5] 郑阿奇. SQL Server 实用教程（第 6 版）（含视频教学）[M]. 北京：电子工业出版社，2021.

[6] 王晴，王歆晔. SQL Server 2019 教程与实训[M]. 北京：清华大学出版社，2021.

[7] 屠建飞. SQL Server 2019 数据库管理 微课视频版[M]. 北京：清华大学出版社，2020.

[8] 贾铁军，曹锐，等. 数据库原理及应用 SQL Server 2019（第 2 版）[M]. 北京：机械工业出版社，2020.